土木工程材料测试原理与技术

主　编　伍勇华　房志勇
副主编　南　峰　宋学锋

中国建材工业出版社

图书在版编目（CIP）数据

土木工程材料测试原理与技术/伍勇华，房志勇主编.—北京：中国建材工业出版社，2010.5

ISBN 978-7-80227-699-4

Ⅰ.①土… Ⅱ.①伍…②房… Ⅲ.①土木工程—建筑材料—测试 Ⅳ.①TU502

中国版本图书馆 CIP 数据核字（2010）第 069024 号

内 容 简 介

本书介绍了土木工程材料检验测试的基础知识、常用仪器设备、主要性能的测试原理及方法以及正交设计、方差分析和回归分析的基本知识。编写中强调通用测试原理的介绍，并结合原理对常用土木工程材料的主要技术性能测试方法给予说明，注重测试原理与技术相结合。

本书可作为高等院校材料科学与工程、无机非金属材料、建筑材料等相关专业高年级学生教材或教学参考书，建筑材料检测人员培训教材或参考书，也可供从事土木工程施工、工程监理、试验检测工作的工程技术人员参考。

土木工程材料测试原理与技术

主　编　伍勇华　房志勇

副主编　南　峰　宋学锋

出版发行：中国建材工业出版社

地　　址：北京市西城区车公庄大街 6 号

邮　　编：100044

经　　销：全国各地新华书店

印　　刷：北京鑫正大印刷有限公司

开　　本：710mm×1000mm　1/16

印　　张：17

字　　数：314 千字

版　　次：2010 年 5 月第 1 版

印　　次：2010 年 5 月第 1 次

书　　号：ISBN 978-7-80227-699-4

定　　价：35.00 元

本社网址：www.jccbs.com.cn

本书如出现印装质量问题，由我社发行部负责调换。联系电话：（010）88386906

前　言

土木工程材料是土木工程建设的物质基础，其质量直接关系到土木工程的使用质量和使用年限。一方面，加强土木工程材料的进场检测是保证土木工程质量的重要措施。另一方面，在土木工程材料的生产控制、研究与开发中也要对土木工程材料的性能进行测试。为提高材料科学与工程专业等相关专业学生对材料性能测试原理与技术的掌握水平，特编写本教材。

本书主要介绍了土木工程材料测试技术的基本知识、常用仪器设备、主要性能的测试原理与方法、现场结构的常用非破损检测方法，以及试验设计中常用的正交设计、回归分析和方差分析等内容。本书不同于以往有关建筑材料检测书籍常按照材料品种分类的方法，而采用按照材料性能分类的方法进行编排，这样有利于学生更好地了解材料不同性能测试的原理，认清不同材料同一性能测试的目的及侧重点，从整体上把握材料性能测试的基本原理与方法，这样便于学生学习和教师教学，避免成为一本建筑材料检测标准的汇编手册。

材料检测涉及多门学科，如材料性能、材料力学、仪器仪表、数理统计等方面的知识，但近年来，土木工程材料性能的测试和质量监督在行业中的地位日益突出，因此有必要针对土木工程材料的测试原理与技术进行有针对性的系统介绍。本书对土木工程中常用材料，如水泥、混凝土、钢材、砌块、木材、防水材料、石材、沥青等材料的物理性能、耐久性能及混凝土现场结构检测技术等进行了系统介绍，并在编写过程中注意采用相关材料的最新技术规范，可作为从事土建行业试验检测人员的培训教材，以及从事土木工程施工、工程监理、试验检测工作的工程技术人员参考资料。

本书由伍勇华、房志勇主编，南峰、宋学锋为副主编，其中第 1、4、5 章由伍勇华编写，第 2、3 章由房志勇编写，第 6 章由南峰编写，第 7、8 章由宋学锋编写。在编写过程中还得到了西安建筑科技大学何廷树教授、王福川教授等的大力帮助，在此一并表示感谢。本教材在编写中参考了大量的文献、标准和产品说明书，因篇幅所限，不能一一列出，也未能与各位作者取得联系，在此向有关作者表示衷心感谢。

由于编者水平有限，书中错漏难免，恳请读者及时给予批评指正，以便在今后教材修订时进一步完善。

作者

2010. 3

目　录

第1章 绪 论

1.1 材料性能测试的意义和作用

材料性能测试技术对材料科学研究和产品质量检验都有重要作用。

材料性能测试是进行科学研究的重要方法。科学技术的发展史上，许多重大发现都是靠科学实验得到的。一切科学原理、定律、法则或符合科学的结论、数据，无一不是经过反复实践总结得出的。实验是最有效的实践，没有实验根据的定律、法则、结论或数据都是经不起推敲、不能长期存在的。可以说没有实验，科学就难以发现，也就没有人类今天的物质文明。实验不仅能验证理论模型的合理性，而且是从实践中寻找理论模型的有效手段。材料性能测试是获得材料物理性能参数、发现新现象、新规律的主要途径。

材料性能测试还是解决工程实际问题的重要手段。例如，为了解决工程设计中的强度、刚度和稳定性问题，就必须了解材料的力学性能，而材料的力学性质只有通过试验才能测定；在研究新材料和热处理新工艺时，也需要测定其力学性质以检验它们的质量指标和工艺要求；在研究焊接技术时，需要对焊接结构的强度和变形进行测试以及对热影响所引起的残余应力进行测量，在研究桥梁的强度和刚度时，需要对它的上、下部结构进行缺陷的无损检测、模态分析和应力测试。有些复杂的工程实际问题，用理论分析往往无法得出可靠的结论，这时，试验方法常常是解决这些问题的有效途径。特别是对于某些边界条件不明确，甚至连材料性质都不清楚的问题，理论分析和数值计算均已无法进行，但却可以通过试验来测出其应力和变形数据，从而解决这些问题。可见，材料性能测试是工科各类专业学生应该掌握且可用来解决许多工程实际问题的基本方法之一。

材料性能测试技术对产品质量检验有着重要作用。土木工程材料质量的优劣，直接影响到建筑物的质量和安全。材料性能检验包括四个基本内容：采用试验、测量、化验、分析与感观检查等方法测定产品的质量特性；将测定结果同质量标准进行比较；根据比较结果，对检验项目或产品做出合格性的判定；对单件受检产品，决定合格放行还是不合格返工、返修或报废。对受检批量产品，决定是接收还是拒收。对拒收的不合格批产品，还要进一步做出是否重新进行全检或筛选甚至是报废的结论。

质量检验的内容主要有以下几点：制定产品的检验计划；进货物料的检验和试验；工序之间制品的检验和试验；成品的检验和验证；不合格品的处置；纠正措施的实施；测量和试验设备的控制；检验和试验的记录、报告及质量信息的反馈。

按照检验的数量特征可将质量检验分为全数检验和抽样检验。全数检验就是对待检产品批100%地逐一进行检验。抽样检验是按照数理统计原理预先设计的抽样方案，从待检总体（一批产品、一个生产过程等）取得一个随机样本，对样本中每一个体逐一进行检验，获得质量特性值的样本统计值，并和相应的标准比较，从而对总体质量做出判断（接收或拒收、受控或失控等）。按检验的质量特性值的特征质量检验可分为计数检验和计量检验，计数检验适用于质量特性值为计点值或计件值的场合，计量检验适用于质量特性值为计量值的场合。按检验对象检验后的状态特征质量检验可分为破坏性检验和非破坏性检验，破坏性检验后，受检物的完整性遭到破坏，不再具有原来的使用功能，如寿命试验、强度试验等往往是破坏性检验。破坏性检验只能采用抽样检验方式，非破坏性检验则相反，检验后不影响受检物的使用功能。

按检验目的的特征可将质量检验分为验收检验和监控检验。验收检验包括原材料、外购件、外协件及配套件的进货检验，半成品的入库检验，产成品的出厂检验等。监控检验也叫过程检验，目的是检定生产过程是否处于受控状态，以预防由于系统性质量因素的出现而导致不合格品的大量出现，如生产过程质量控制中的各种抽样检验就是监控检验。

材料科学与研究中的性能测试方法应结合研究的目的进行选择，有成熟方法或标准的，应当优先选用。没有成熟方法和标准的，可以通过设计科学合理的试验方法对材料的性能进行表征。而产品的质量检验所采用的试验方法都是有标准严格规定的，必须按照产品标准中所规定的试验方法进行测试。这样才能保证测试的公正性。

本书主要对常用土木工程材料产品的质量检验技术、相关基础知识等进行较为系统的介绍。

1.2 材料性能测试的分类

土木工程材料品种繁多，内容广泛，分类方法各异，有按材料性能划分的，也有按材料功能划分的，还有按材料科学技术划分的。因此，建筑材料测试方法的划分也有许多种，主要有：

(1) 按材料结构分

①微观测试技术

采用现代测试技术研究材料原子、分子、晶体、非晶体等与物质性质的关系。微观测试技术一般指空间线度在10nm以内的结构，由微观结构到目视范围内的亚微观结构，也包括在微观测试技术内。例如用X射线衍射仪研究晶体、非晶体形态；用电子显微镜观察原子结构；利用红外光谱分析有机化合物的官能团；利用差热分析以观察材料在温度变化时的热反应；利用压汞仪对材料的孔结构进行分析等现代测试技术。

②宏观测试技术

利用各种仪器设备对材料的物理或物理化学性能进行测试研究。包括材料力学性能、物理性能、化学性能、热工性能、光学性能、声学性能、装饰性能等。

本书主要介绍土木工程材料宏观性能的测试技术。

(2) 按材料性能分

物理性能：材料的密度、表观密度、孔隙率等；

化学性能：材料的耐酸性、耐碱性、抗腐蚀性；

物理化学性能：吸水性、防水性、电化学腐蚀性、收缩与膨胀性等；

力学性能：拉伸、压缩、剪切和弯曲强度，弹性、塑性、脆性、韧性、冲击强度、硬度、疲劳强度等；

热学性能：绝热性、热膨胀性、传热性等；

声学性能：吸声性、隔声性等；

光学性能：光泽度、白度、色度等。

土木工程材料在建筑物中不同的部位有不同的功能要求，因此，对材料性能的要求也不同。如屋面材料主要用来遮挡日光、风、雨、露、雪。因此，对屋面材料主要应具有足够的防水性和隔热性能。墙体材料主要用作围护、遮挡隔断，同时还承受传递荷载的功能，因此墙体材料应具有足够的绝热性和强度。地面材料则应具有足够的强度、硬度和耐摩擦性。但是，多数材料都必须具有足够的强度，以承受外力或自身的重量。这里所说的强度，包括抵抗外力断裂破坏和过度变形两个方面。所以土木工程材料测试技术以测试材料的力学性能为主，也包括一些基本的物理性能和物理化学性能。

(3) 按材料品种分

建筑材料包括金属材料、无机非金属材料、有机高分子材料三大类。不同种类的材料性能存在共性，因此在测试时，不同品种材料测试的主要指标存在差异。

金属材料具有较高的抗拉强度，也具有较高的抗压强度，作为受拉力作用的材料则更为有效，而用作受压件时，若为细长杆件容易失稳，为此需增加杆件截面积，而材料的强度值未能充分得到应用，所以对金属材料常进行拉伸试验。

大多数无机非金属材料都具有较大的脆性，例如，混凝土、砂浆、砖瓦、石膏、石材等制品，其抗拉强度与抗压强度相比很低，因此在建筑工程中常用于承受抵抗力的作用，其抗压试验的作用和意义与拉伸试验相比就显得很重要。因此，无机非金属材料主要测试抗压强度，并以此划分等级。而建筑陶瓷内墙砖、外墙砖和地砖主要作为装饰面板使用，因此对弯曲强度和耐急冷急热性能有较高要求。

建筑工程中应用的有机高分子材料有木材、沥青、塑料以及大部分的涂料等。木材的顺纹抗拉强度是相当高的，但因其抗剪强度低，在充分发挥其抗拉强度之前，端部连接处先告破坏。因此对木材来说，抗压试验比拉伸试验具有较大的实际意义。沥青则以黏性、塑性、耐热性为主要性能指标。涂料以黏度、遮盖力、耐老化等为其性能指标。防水卷材对抗渗透性、抗拉强度及抗顶破力等有一定要求。

(4) 按材料破损状况分

按测试后试件破损或无破损可分为破损试验与非破损试验两大类。破损试验是常用的测试方法，用各种试验机施加荷载，直到试件破坏为止。非破损试验如声发射、超声波、表面硬度法、辐射法、电磁法等，测试后试件不破坏，仍有使用价值。

其他还可按测量获得数据的方法分为直接测量与间接测量；按被测量的状态分为静态测量与动态测量；按测量时是电量或是非电量分为电测量与非电测量等。

本书主要按照材料的不同性能设立章节，重点在材料的力学性能，同时对主要品种土木工程结构材料的耐久性及无损检测等内容进行了介绍。

1.3 材料性能测试的一般程序

土木工程材料产品性能的测试通常按照以下程序进行：

(1) 取样

在进行试验之前，首先要选取试样，试样必须具有代表性。取样原则为随机取样，即在若干堆（捆、包）材料中，对任意堆放材料随机抽取试样。

(2) 仪器的选择

试验仪器设备的精度要与试验规程的要求一致，并且有实际意义。试验需要称量时，称量要有一定的精确度，如试样称量精度要求为0.1g，则应选择感量0.1g的天平。对试验机量程也有选择要求，根据试件破坏荷载的大小，应使指针停在试验机度盘的第二、第三象限内为好。

（3）试验

试验前一般应将取得的试样进行处理、加工或成型，以制备满足试验要求的试样或试件。试验应严格按着试验规程进行。

（4）结果计算与评定

对各次试验结果进行数据处理，一般取 n 次平行试验结果的算术平均值作为试验结果。试验结果应满足精确度与有效数字的要求。试验结果经计算处理后应给予评定，看是否满足标准要求或评定其等级，在某种情况下还应对试验结果进行分析，并得出结论。

本书第2章主要介绍抽样技术、量值溯源、测量误差、数据处理、法定计量单位、技术标准等材料性能测试基础知识，第3章主要介绍土木工程材料物理力学性能测试的常用仪器设备，第4~7章分别介绍材料力学性能、耐久性能、混凝土拌合物性能测试技术及材料非破损检测，第8章简要介绍了正交设计，第9章介绍了方差分析和回归分析的基本方法。

1.4 材料性能测试技术的发展

测试技术的发展经历了几百年的历史，1638年，意大利伽利略首先提出以力学性能为基础的材料强度的概念；17世纪以后，胡克、杨氏对材料力学性能进行了系统的测试和理论研究；19世纪初，英国设计制造出300吨卧式拉伸试验机；1949年，美国设计并制造出电子拉伸试验机。1960年以后电子学、光学、声学、液压技术获得迅速发展，电子技术与无线电技术、自动控制技术、计算机技术、数字显示技术、电液伺服技术、应力-应变测量技术、近代无损检测技术等广泛应用，使现代测试技术飞速发展。

第2章 材料性能测试基础知识

2.1 技术标准

标准化是人类由自然人进入社会共同生活实践的必然产物，它随着生产的发展、科技的进步和生活质量的提高而产生、发展，受生产力发展的制约，同时又为生产力的进一步发展创造条件。

标准是为在一定的范围内获得最佳秩序，对活动或其结果规定共同的和重复使用的规则、导则或特性的文件。该文件经协商一致制定并经一个公认机构的批准。标准应以科学、技术和经验的综合成果为基础，以促进最佳社会效益为目的。

标准化的重要意义是改进产品、过程和服务的适用性，防止贸易壁垒，促进技术合作。"通过制定、发布和实施标准，达到统一"是标准化的实质。标准化的目的是"获得最佳秩序和社会效益"。

我国加入世界贸易组织之后，由于许多技术标准达不到发达国家的要求，出口受到越来越多的限制。欧盟通过的技术标准达10万多件，涉及电器、玩具、机械、建筑等产品，凡是达不到要求的，一律不准进入欧盟国家的市场。这些标准表面上一视同仁，但实际上不少是经过精心研究、专门针对某些国家或产品的。从我国国内的情况来看，存在标准总体水平低、制定周期长、修订不及时，跟不上市场变化等问题，特别是在高新技术领域严重缺乏国家标准，受制于人。而很多企业对于标准化的实施也不认真对待。以前的行业和国家标准往往迁就工艺落后、设备陈旧的企业，指标明显低于国际标准。

2.1.1 标准的级别与种类

材料性能的测试应当按照一定的试验方法进行，尤其对产品质量的检验，必须采用国家标准规定的试验方法，只有这样才能保证检验测试的公正性。标准和规范是以科学、技术和实践经验的综合成果为基础，经有关方面协商一致，由主管机构批准，以特定形式发布，作为共同遵守的准则和依据。我国从1989年4月1日起施行"中华人民共和国标准化法"。国家标准化工作对社会经济的发展起到了不可替代的作用。技术标准包括基础技术标准，产品标准，工艺标准，检测试验标准，原材料、半成品、外购件标准，安全卫生环保标准等。标准根据适用范围可分为国际标准、区域标准、国家标准、部门（专业）标准、地方标准和企业标准等。

国际标准是指由国际标准化团体通过的标准。国际标准化组织很多，其中以国际标准化组织（ISO）和国际电工委员会（IEC）的影响范围和作用最大。国际标准化组织成立于1947年，其宗旨是在世界范围内促进标准化工作的开展，其主要任务是制定国际标准、协调世界范围内的标准化工作，报道国际标准化的交流情况以及与其他国际性组织合作研究有关标准化问题等。

我国政府鼓励采用国际标准和国外先进标准。根据我国标准与被采用的国际标准之间技术内容和编写方法差异的大小，采用程度分为等同采用、等效采用和参照采用三种。等同采用是指技术内容完全相同，不做或稍做编辑修改；等效采用是指内容只有小的差异，编写上不完全相同；参照采用是指技术内容根据我国实际做了某些变动，但性质和质量水平与被采纳的国际标准相当，在通用、互换、安全、卫生等方面与国际标准协调一致。

区域标准是指世界某一区域标准化团体通过的标准。如欧洲标准化委员会（CEN）、欧洲电工标准化委员会（CENELEC）等组织制定的标准。美国试验与材料协会标准（ASTM）也是国际上通行的标准。

国家标准是指不同国家制定的适用于本国范围内的技术标准，如美国国家标准（ANSI）、德国国家标准（DIN）、英国国家标准（BS）、日本工业标准（JIS）、法国国家标准（NF）和中国国家标准（GB）等。我国国家标准又分为强制性标准和推荐性标准两类。保障人体健康，人身、财产安全的标准，规定强制执行的标准为强制性标准，其他标准为推荐性标准。推荐性标准一经采用，就必须执行。

我国的部门（专业）标准是指由专业标准化主管机构（或主管部门）批准发布，报国家标准局备案，在某专业或部门范围内统一实施的标准。在国家标准公布后，该部门（专业）标准即行废止。

对没有国家标准和部门（专业）标准而又需要在该地区统一的工业产品，可制定地方标准。地方标准由省、自治区、直辖市标准化行政主管部门制定，并报国家标准局和有关行政主管部门备案，在本地区范围内统一实施。

企业标准是由企（事）业或其上级有关机构批准发布的标准。企业生产的产品没有国家标准和部门（专业）标准的，应当制定企业标准，作为组织生产的依据，并报有关行政主管部门备案。产品已有国家标准或部门（专业）标准的，国家鼓励企业制定严于国家标准或部门（专业）标准的企业标准，在企业内部使用。

2.1.2 标准的代号及编号

技术标准一般由标准代号、序号、发布年代和名称四部分组成。技术标准是根据当时的科学技术水平制定的，因而是暂时的、相对稳定的。随着科学技术的发展，现行标准在一定时期后，就可能失去促进产品质量提高的作用，因此应根据需要进行修订或废止。标准的修订周期一般为五年左右。

2.1.3 土木工程材料检测常用标准

土木工程材料检测中常用的有关标准可分为基础标准、产品标准、方法标准（取样方法标准、试验方法标准及检测技术标准）等几类。有些土木工程材料产品有专门的取样方法标准，而有些则在产品标准中包含取样方法及该产品的特殊性能的测试方法。检测技术规程对复杂的、综合的结构检测进行统一规定。

（1）基础标准

①GB/T 8170—2008《数值修约规则与极限数值的表示和判定》；

②GB/T 4883—2008《数据的统计处理和解释正态样本离群值的判断和处理》；

③GB/T 10111—2008《随机数的产生及其在产品质量抽样检验中的应用程序》；

④GB/T 13393—2008《验收抽样检验导则》；

⑤GB 3100—1993《国际单位制及其应用》。

（2）产品标准

①GB/T 699—1999《优质碳素结构钢》；

②GB/T 1591—2008《低合金高强度结构钢》；

③GB/T 714—2008《桥梁用结构钢》；

④GB/T 5224—2003《预应力混凝土用钢绞线》；

⑤GB 14975—2002《结构用不锈钢无缝钢管》；

⑥GB 175—2007《通用硅酸盐水泥标准》；

⑦GB 200—2003《中热硅酸盐水泥、低热硅酸盐水泥和低热矿渣硅酸盐水泥》；

⑧GB 13693—2005《道路硅酸盐水泥》；

⑨GB 201—2000《铝酸盐水泥》；

⑩GB 748—2005《抗硫酸盐硅酸盐水泥》；

⑪JC/T 870—2000《彩色硅酸盐水泥》；

⑫JGJ 63—2006《混凝土用水标准》；
⑬GB 8076—2008《混凝土外加剂》；
⑭JC 473—2001《混凝土泵送剂》；
⑮JC 475—2004《混凝土防冻剂》；
⑯JG/T 164—2004《砌筑砂浆增塑剂》；
⑰JG/T 223—2007《聚羧酸系高性能减水剂》；
⑱GB/T 700—2006《碳素结构钢》；
⑲GB/T 3077—1999《合金结构钢》；
⑳GB 1499. 1—2008《钢筋混凝土用钢 第1部分：热轧光圆钢筋》；
㉑GB 1499. 2—2007《钢筋混凝土用钢 第2部分：热轧带肋钢筋》；
㉒GB 18242—2008《弹性体改性沥青防水卷材》；
㉓GB 18243—2008《塑性体改性沥青防水卷材》；
㉔GB 12953—2003《氯化聚乙烯防水卷材》；
㉕GB/T 23260—2009《带自粘层的防水卷材》；
㉖GB/T 23445—2009《聚合物水泥防水涂料》；
㉗GB 18173. 1—2006《高分子防水材料 第1部分 片材》；
㉘GB 18173. 2—2000《高分子防水材料 第2部分 止水带》；
㉙GB 18173. 3—2002《高分子防水材料 第3部分 遇水膨胀橡胶》；
㉚GB 5101—2003《烧结普通砖》；
㉛GB13545—2003《烧结空心砖和空心砌块》。

(3) 取样方法标准

①GB/T 12573—2008《水泥取样方法》；
②GB/T 2975—1998《钢及钢产品力学性能试验取样位置及试样制备》；
③GB/T 20066—2006《钢和铁 化学成分测定用试样的取样和制样方法》；
④GB/T 20740—2006《胶粘剂取样》；
⑤GB 2649—89《焊接接头机械性能试验取样方法》；
⑥GB/T 20740—2006《胶粘剂取样》；
⑦GB/T 13760—2009《土工合成材料取样和试样准备》；
⑧GB/T 2547—2008《塑料取样方法》；
⑨JC/T 620—2009《石灰取样方法》
⑩JGJ 89—1992《原状土取样技术标准》；
⑪SH/T 0229—1992《固体和半固体石油产品取样法》。

(4) 试验方法标准

①GB/T 228—2002《金属材料室温拉伸试验方法》；

②GB/T 7314—2005《金属材料室温压缩试验方法》；

③GB/T 232—1999《金属材料弯曲试验方法》；

④GB/T 10128—2007《金属室温扭转试验方法》；

⑤GB/T 1446—2005《纤维增强塑料性能试验方法总则》；

⑥GB/T 1447—2005《玻璃纤维增强塑料拉伸性能试验方法》；

⑦GB/T 229—2007《金属材料夏比摆锤冲击试验方法》；

⑧GB/T 4161—2007《金属材料平面应变断裂韧度 K_{IC} 试验方法》；

⑨GB/T 238—2002《金属材料线材反复弯曲试验方法》；

⑩GB/T 239—1999《金属材料扭转试验方法》；

⑪GB/T 4337—2008《金属旋转弯曲疲劳试验方法》；

⑫GB/T 6398—2000《金属材料疲劳裂纹扩展速率试验方法》；

⑬GB/T 2651—2008《焊接接头拉伸试验法》；

⑭GB/T 2652—2008《焊缝及熔敷金属拉伸试验方法》；

⑮GB 11345—89《钢焊缝手工超声波探伤方法和探伤结果分级》；

⑯GB/T 246—2007《金属管压扁试验方法》；

⑰JT 329. 2—1997《公路桥梁预应力钢绞线用锚具、连接器试验方法及检验规则》；

⑱GB/T 17671—1999《水泥胶砂强度检验方法 ISO 法》；

⑲GB/T 8074—2008《水泥比表面积测定方法 勃氏法》；

⑳GB/T 1345—2005《水泥细度检验方法 筛析法》；

㉑GB/T 750—1992《水泥压蒸安定性试验方法》；

㉒GB/T 12959—2008《水泥水化热测定方法》；

㉓GB/T 749—2008《水泥抗硫酸盐侵蚀试验方法》；

㉔GB/T 205—2008《铝酸盐水泥化学分析方法》；

㉕GB/T 50080—2002《普通混凝土拌合物性能试验方法标准》；

㉖GB/T 50081—2002《普通混凝土力学性能试验方法标准》；

㉗GB 50107—2009《混凝土强度检验评定标准》；

㉘GB/T 2542—2003《砌墙砖试验方法》；

㉙GB/T 12957—2005《用于水泥混合材的工业废渣活性试验方法》；

㉚GB/T 328—2007《建筑防水卷材试验方法》；

㉛GB/T 18244—2000《建筑防水材料老化试验方法》；

㉜GB/T 2542—2003《砌墙砖试验方法》。

（5）检测技术规程

①GB 50152—92《混凝土结构试验方法标准》；

②JGJT 23—2001《回弹法检测混凝土抗压强度技术规程》；

③CECS：02—2005《超声回弹综合法检测混凝土强度技术规程》；

④CECS：03—2007《钻芯法检测混凝土强度技术规程》；

⑤JGJ/T 136—2001《贯入法检测砌筑砂浆抗压强度技术规程》；

⑥GB/T 50315—2000《砌体工程现场检测技术标准》；

⑦JGJ78－91《网架结构工程质量检验评定标准》。

2.2　抽样技术

2.2.1　全数检查和抽样检查

要对产品质量进行检验，首先要抽取样品，取样方法按照取样数量可分为全数检查和抽样检查，全数检查是对全部产品逐个进行检查，剔除不合格品。要进行全数检查，必须采用非破损的测试方法，不能影响产品的正常使用。对一些特殊商品的重要性能指标需要进行全数检查，如流体输送用钢管及混凝土上水管等要求每根都要进行液压试验，合格后方能出厂。但对大多数产品由于数量巨大，全数检查的检测成本过高，因此多采用抽样检查。抽样检查是从检查批中抽取规定数量的产品作为样本进行检查，再根据所得数据，运用数理统计知识评价检查批总体的质量。

鉴于检查批内单位产品质量的波动性和样本抽取的偶然性，抽样检查的错判往往是不可避免的，极有可能把合格批错判为不合格，也可能把不合格批错判为合格。因此供方和需方都要承担风险，这是抽样检查的缺陷。与全数检查相比，其明显的优势是经济性，因为它只从批中抽取少量产品，只要合理设计抽样方案，就可以将抽样检查固有的错判风险控制在可接受的范围内。

现代抽样检查方法建立在概率统计的基础上，主要以假设检验为其理论依据。抽样检查所研究的问题包括三个方面：一是如何从批中抽取样品，即采用什么样的抽样方法；二是从批中抽取多少个单位产品，即样本容量的大小；三是如何根据样本的质量数据来判定批是否合格，即确定判定规则。抽样方法、样本大小和判定规则即构成了抽样方案。

2.2.2　抽样检查的基本概念

(1) 单位产品、批和样本

单位产品是为实施抽样检查的需要而划分的基本单位，它有时可以自然划分，例如：一只灯泡、一台电视机可以作为一个单位产品。有些则不可能自然划分，而根据抽样检查的需要划分，例如：连续体的棉布，可以一尺布、一丈布甚至一匹布作为单位。对液态产品（如硫酸）和散状产品（如糖、盐、化肥），则可按包装单位划分，例如：一瓶硫酸、一袋糖等。有时对一件件生产出来的小型产品，也可按包装单位划分，例如：一箱螺丝钉。但对有些产品，诸如液体、气体、固体的化工产品以及煤炭等散装货物，则很难划分为单位产品，对它们的抽样检查可参见相关专业标准的规定。

批是指按抽样目的，在基本相同条件下组成的总体的一个确定部分，它是抽样检查和判定的对象。一个批通常是由在基本稳定的生产条件下，在同一生产周期内生产出来的同形式、同等级、同尺寸以及同成分的单位产品构成的，该批包含的单位产品数量，称为批量，通常用符号 N 表示。

从批中抽取用于检查的单位产品，称为样本单位，有时也称为样品。样品（样本单位）的全体称为样本。样本中所包含的样本单位数，称为样本大小，通常用符号 n 表示。

(2) 单位产品的质量及其特性

单位产品的质量是以其质量特性表示的，简单产品可能只有一项特性，大多数产品具有多项特性。质量特性可分为计量值和计数值两类，计数值又可分为计点值和计件值。

计量值在数轴上是连续分布的，用连续的量值来表示产品的质量特性，如尺寸、强度、化学成分的含量等。当单位产品的质量特性是用某类缺陷的个数度量时，即称为计点法，如一个铸件上的气泡或砂眼数、一块棉布上的疵点数等。某些质量特性不能定量地度量，而只能简单地分成合格和不合格，或者分成若干等级，这时就称为计件法，如产品的外观特性。计点值和计件值统称计数值，显然计数值在数轴上是离散分布的。

在产品的技术标准或技术合同中，通常都要规定质量特性的判定标准。对于用计量值表示的质量特性，可以用明确的量值作为判定标准，例如：规定上限或下限，也可以同时规定上、下限。对于用计点值表示的质量特性，也可以对缺陷数规定一个界限。至于缺陷本身的判定，除了靠经验外，也可以规定判定标准，例如：棉布的某种疵点直径超过 2.0cm 的才算缺陷。对于用计件值表示的质量特性，则不能用一个明确的量值作为标准，而是直接判定该项是否合格，例如：与参考物质、标准样品、标准照片等进行对比，有的则只能根据文字描述，靠检查人员的经验判断。

在产品质量检验中，通常先按技术标准对有关项目分别进行检查，然后对各项质量特性按标准分别进行判定，最后再对单位产品的质量做出判定。这里涉及“不合格”和“不合格品”两个概念，前者是对质量特性的判定，后者是对单位产品的判定。单位产品的质量特性不符合规定，即为不合格。在判定质量特性的基础上，对单位产品的质量进行判定，只有全部质量特性符合规定的单位产品才是合格品；有一个或一个以上不合格的单位产品，即为不合格品。

（3）样本的质量

对于计件检查，当样本大小 n 一定时，可用样本的不合格品数即样本中所含的不合格品数 d 表示。对不同类的不合格品应分别计算。

对于计点检查，当样本大小 n 一定时，可用样本的不合格数即样本中所含的不合格数 d 表示。对不同类的不合格应分别计算。

对于计量检查，则可以用样本的平均值 $\bar{x}$ 和标准（偏）差 s 表示，即

$$\bar{x} = \frac{\sum_{i=1}^{n} x_i}{n} \tag{2-1}$$

$$s = \sqrt{\frac{\sum_{i=1}^{n}(x_i - \bar{x})^2}{n-1}} \tag{2-2}$$

式中　$\bar{x}$——样本的平均值；

n——样本的大小；

x_i——第 i 个单位产品质量特性的数值；

s——标准差。

对每个质量特性值应分别计算。

2.2.3　验收抽样和监督抽样

（1）验收抽样检查

目前抽样检查的理论研究和实际应用，以及通行的国际标准和国外先进标准大多是针对验收检查的场合。验收检查是指需方（即第二方）对供方（即第一方）提供的检查批进行抽样检查，以判定该批是否符合规定的要求，并决定对该批是接收还是拒收。验收检查也可以委托独立于供需双方的第三方进行。由供方检验机构进行的出厂检验，从广义上有时也可归类为验收检查。我国已经大量采用了适用于验收检查的国际标准和国外先进标准，比较典型的国家标准有 GB/T 13262—2008《不合格品率的计数标准型一次抽样检查程序及抽样表》、GB/T 2828. 1—2003《计数抽样检验程序第 1 部分：按接收质量限（AQL）检索的逐批检验抽样计划》、GB/T 2828. 2—2008《计数抽样检验程序第 2 部分：按极限质量 LQ 检索的孤立批检验抽样方案》等。

（2）监督抽样检查

在我国，产品质量监督是一项独具特点的宏观质量管理工作，其目的是利

用统计抽样检查方法对产品的质量进行宏观调控。

监督抽样检查类似于验收检查对孤立批的抽样，但由于质检机构能力的限制，往往不可能采用计数标准型那样的大样本，而只能采用小样本抽样的方法。鉴于对检查不合格的企业可能采取较严厉的处罚措施，因此对受监督方的保护必要时予以优先考虑，即把供方风险控制为较小的数值，在此前提下只能放松对需方风险的控制。

监督抽样检查的对象称为监督总体，它是指受监督的产品的集合。通常把监督抽查时在场的产品作为监督总体；当监督抽查不通过时，可以对不在场的产品进行合理追溯。

2.2.4 抽样方法简介

从检查批中抽取样本的方法称为抽样方法。抽样方法的正确性是指抽样的代表性和随机性。代表性反映样本与批质量的接近程度，即样本与总体的分布相同，而随机性反映检查批中单位产品被抽入样本是由随机因素所决定，即各个样本单位的抽取相互独立。样品没有代表性就会产生对总体质量的误判。当试验对象为均匀总体时，即试验对象的各个部分都是相同分布的，随机抽样是最基本的方法。在对总体质量状况一无所知的情况下，显然不能以主观的限制条件去提高抽样的代表性，抽样应当是完全随机的，这时采用简单随机抽样最为合理。在对总体质量构成有所了解的情况下，可以采用分层随机抽样或系统随机抽样来提高抽样的代表性。在采用简单随机抽样有困难的情况下，可以采用代表性和随机性较差的分段随机抽样或整群随机抽样。这些抽样方法除简单随机抽样外，都是带有主观限制条件的随机抽样法。通常只要不是有意识地抽取质量好或坏的产品，尽量从批的各部分抽样，都可以近似地认为是随机抽样。

(1) 简单随机抽样

根据GB/T 10111—2008《随机数的产生及其在产品质量抽样检验中的应用程序》规定，简单随机抽样是指“从总体中抽取 n 个个体，使包含有 n 个个体的所有可能的组合被抽取的可能性都相等”。显然，采用简单随机抽样法时，批中的每一个单位产品被抽入样本的机会均等，它是完全不带主观限制条件的随机抽样法。操作时可将批内的每一个单位产品按1到 N 的顺序编号，根据获得的随机数抽取相应编号的单位产品，随机数可按国标规定的随机数骰子法、随机数表法、伪随机数法或扑克牌法获得。

(2) 分层随机抽样

如果一个批是由质量明显差异的几个部分所组成，则可将其分为若干层，使层内的质量较为均匀，而层间的差异较为明显。从各层中按一定的比例随机抽样，即称为分层按比例抽样。在正确分层的前提下，分层抽样的代表性比简单随机抽样好；但是，如果对批质量的分布不了解或者分层不正确，则分层抽样的效果可能会适得其反。

（3）系统随机抽样

如果一个批的产品可按一定的顺序排列，并可将其分为数量相当的 n 个部分，此时，从每个部分按简单随机抽样方法确定的相同位置，各抽取一个单位产品构成一个样本，这种抽样方法即称为系统随机抽样。它的代表性在一般情况下比简单随机抽样要好些；但在产品质量波动周期与抽样间隔正好相当时，抽到的样本单位可能都是质量好的或都是质量差的产品，显然此时代表性较差。

（4）分段随机抽样

如果先将一定数量的单位产品包装在一起，再将若干个包装单位（例如若干箱）组成批时，为了便于抽样，此时可采用分段随机抽样的方法：第一段抽样以箱作为基本单元，先随机抽出 k 箱；第二段再从抽到的 k 个箱中分别抽取 m 个产品，集中在一起构成一个样本，k 与 m 的大小必须满足 $k \times m = n$。分段随机抽样的代表性和随机性，都比简单随机抽样要差些。

（5）整群随机抽样

如果在分段随机抽样的第一段，将抽到的 k 组产品中的所有产品都作为样本单位，此时即称为整群随机抽样。实际上，它可以看作是分段随机抽样的特殊情况，显然这种抽样的随机性和代表性都是较差的。

2.3　量值溯源

2.3.1　计量及其溯源性

计量是为实现单位统一、量值准确可靠而进行的科技、法制和管理活动，准确性、一致性、溯源性及法制性是计量工作的重要特点。

（1）准确性是指测量结果与被测量真值的一致程度。由于实际上不存在完全准确无误的测量，因此在给出量值的同时，必须给出适应于应用目的或实际需要的不确定度或误差范围。否则，所进行测量的质量（品质）就无从判断，量值也就不具备充分的实用价值。所谓量值的准确，即是在一定的不确定度、误差极限或允许误差范围内的准确。

（2）一致性是指在统一计量单位的基础上，无论在何时、何地，采用何种方法，使用何种计量器具，以及由何人测量，只要符合有关要求，其测量结果就应在给定的区间内一致。也就是说，测量结果应是可重复、可再现（复现）、可比较的。换言之，量值是确实可靠的，计量的核心是对测量结果及其有效性、可靠性的确认，否则，计量就失去其社会意义。计量的一致性不仅限于国内，也适用于国际，例如国际关键比对和辅助比对结果应在等效区间或协议区间内一致。

(3) 溯源性是指任何一个测量结果或计量标准的值，都能通过一条具有规定不确定度的连续比较链，与计量基准联系起来。这种特性使所有的同种量值，都可以按这条比较链通过校准向测量的源头追溯，也就是溯源到同一个计量基准（国家基准或国际基准），从而使准确性和一致性得到技术保证。否则，量值出于多源或多头，必然会在技术上和管理上造成混乱。所谓“量值溯源”，是指自下而上通过不间断的校准而构成溯源体系；而“量值传递”，则是自上而下通过逐级检定而构成检定系统。

(4) 法制性来自于计量的社会性，因为量值的准确可靠不仅依赖于科学技术手段，还要有相应的法律、法规和行政管理。特别是对国计民生有明显影响，涉及公众利益和可持续发展或需要特殊信任的领域，必须由政府主导建立起法制保障。否则，量值的准确性、一致性及溯源性就不可能实现，计量的作用也难以发挥。

由此可见，计量不同于一般的测量。测量是为确定量值而进行的全部操作，一般不具备、也不必具备计量的上述四个特点。所以，计量属于测量而又严于一般的测量，在这个意义上可以狭义地认为，计量是与测量结果置信度有关的、与不确定度联系在一起的规范化的测量。实际上，科技、经济和社会越发展，对单位统一、量值溯源的要求越高，计量的作用也就越显重要。

2.3.2 量值溯源体系

通过一条具有规定不确定度的、不间断的比较链，使测量结果或测量标准的值能够与规定的参考标准（通常是国家计量基准或国际计量基准）联系起来的特性，称为量值溯源性。

量值溯源等级图，也称为量值溯源体系表，它是表明测量仪器的计量特性与给定量的计量基准之间关系的一种代表等级顺序的框图。该图对给定量及其测量仪器所用的比较链进行量化说明，以此作为量值溯源性的证据。

建立溯源等级图的目的，是要对所进行的测量在其溯源到计量基准的途径中，尽可能减少环节和降低测量不确定度，能给出最大的可信度。为实现溯源性，用等级图的方式应给出：①不同等级标准器的选择；②等级间的连接及其平行分支；③标准器特性的重要信息，如测量范围、不确定度或准确度等级或最大允许误差等；④溯源链中比较用的装置和方法。

根据溯源等级图的概念，不同国家可以采取不同形式的比较链（常被称为校准链），并附有足够的文字信息，以保证不同国家建立的校准链有相当程度的一致性，便于溯源到国家基准并与国际基准相联系。

实现量值溯源的最主要的技术手段是校准和检定。

2.3.3　检定系统表

检定系统框图分三部分，即计量基准器具、计量标准器具及工作计量器具。在分割这三部分的点划线中说明其检定的方法，比如是直接测量还是间接测量或比对；在每一部分内部各级标准器间，也以一定方式表示其相互关系及比较的方法。该框图的第一级应为国家基准（或原级标准）。

现有的国家计量检定系统表仅适用于目前属于检定范畴的、已经建立了国家基准的计量器具的量值传递。对于大量的进行校准的计量器具，尚需制定出国家溯源等级图。

2.3.4　校准

在规定条件下，为确定测量仪器或测量系统所指示的量值，或实物量具或参考物质所代表的量值，与对应的由标准所复现的量值之间关系的一组操作，称为校准。

校准的主要含义有两点：（1）在规定的条件下，用一个可参考的标准，对包括参考物质在内的测量器具的特性赋值，并确定其示值误差；（2）将测量器具所指示或代表的量值，按照校准链，将其溯源到标准所复现的量值。

校准的主要目的有：确定示值误差，并可确定是否在预期的允差范围之内；得出标称值偏差的报告值，调整测量器具或对示值加以修正；给任何标尺标记赋值或确定其他特性值，或给参考物质特性赋值；实现溯源性。

校准的依据是校准规范或校准方法，对其应作统一规定，特殊情况下也可自行制定。校准的结果可记录在校准证书或校准报告中，也可用校准因数或校准曲线等形式表示。

2.3.5　检定

测量器具的检定，是指查明和确认测量器具是否符合法定要求的程序，它包括检查、加标记和（或）出具检定证书。

检定具有法制性，其对象是法制管理范围内的计量器具。根据检定的必要程度和我国对其依法管理的形式，可将检定分为强制检定和非强制检定两类。

(1) 强制检定

强制检定是指由政府计量行政主管部门所属的法定计量检定机构或授权的计量检定机构，对某些测量仪器实行的一种定点定期的检定。我国规定，用于贸易结算、安全防护、医疗卫生、环境监测四个方面且列入《中华人民共和国强制检定的工作计量器具明细目录》的工作计量器具，属于国家强制检定的管理范围。此外，我国对社会公用计量标准，以及部门和企业、事业单位的各项最高计量标准，也实行强制检定。强制检定的特点，是由政府计量行政部门统管，指定的法定或授权技术机构具体执行，固定检定关系，定点送检；检定周期由执行强检的技术机构按照计量检定规程，结合实际使用情况确定。

(2) 非强制检定

非强制检定是指由使用单位自己或委托具有社会公用计量标准或授权的计量检定机构，对强检以外的其他测量仪器依法进行的一种定期检定。其特点是使用单位依法自主管理，自由送检，自求溯源，自行确定检定周期。

强制检定与非强制检定均属于法制检定，是我国对测量仪器依法管理的两种形式，都要受法律的约束。不按规定进行周期检定的，要负法律责任。计量检定工作应当按照经济合理的原则，就近就地进行。

检定的依据是按法定程序审批公布的计量检定规程。我国《计量法》规定："计量检定必须按照国家计量检定系统表进行。国家计量检定系统表由国务院计量行政部门制定。计量检定必须执行计量检定规程。国家计量检定规程由国务院计量行政部门制定。没有国家计量检定规程的由国务院有关主管部门和省、自治区、直辖市人民政府计量行政部门分别制定部门计量检定规程和地方计量检定规程，并向国务院计量行政部门备案。"因此，任何企业和其他实体是无权制定检定规程的。

对检定结果，必须做出合格与否的结论，并出具证书或加盖印记。从事检定的工作人员必须是经考核合格，并持有有关计量行政部门颁发的检定员证。

校准和检定的主要区别：校准不具法制性，是企业自愿溯源行为；检定具有法制性，属计量管理范畴的执法行为。校准主要确定测量器具的示值误差；检定是对测量器具的计量特性及技术要求的全面评定。校准的依据是校准规范、校准方法，可作统一规定也可自行制定；检定的依据是检定规程。校准不判断测量器具合格与否，但当需要时，可确定测量器具的某一性能是否符合预期的要求；检定要对所检的测量器具做出合格与否的结论。校准结果通常是发校准证书或校准报告；检定结果合格的发检定证书，不合格的发不合格通知书。

2.4　测量误差及不确定度

2.4.1　测量的分类

测量的分类方法很多，如按照被测量的获得方式可分为直接测量和间接测量；按照测量状态可分为静态测量和动态测量；按被测量是否为电量分为电测量和非电测量。

(1) 直接测量

直接测量是指将被测量（或称未知量）与作为标准的量直接进行比较，或者用标定了的仪器对被测量进行测量，不需要通过方程式计算而直接求得未知量。直接测量可用下式表示：

$$Y = x \tag{2-3}$$

式中　Y——被测量值；

x——由测量直接获得的数值。

例如用卷尺测量杆件长度，用温度计测量温度，用压力试验机测量破坏荷载等都属于直接测量。

(2) 间接测量

间接测量是指通过直接测量与被测量有确定函数关系的其他量后，经过计算得到被测量的测量方法。间接测量可用下式表示：

$$Y = f(x_1, x_2, \cdots, x_n) \tag{2-4}$$

式中　Y——间接测量的未知参量的值；

x_1，x_2，…，x_n——直接测量的数值。

如混凝土弹性模量 E 是间接测量值，它是直接测量值 P(荷载)、L(标距)、A(试件受力面积)、ΔL(标距间变形值) 的函数：

$$E = \frac{PL}{A\Delta L} \tag{2-5}$$

直接测量值的误差与仪器、环境、方法、操作等有关，而间接测量值的误差还涉及误差传递的问题。

2.4.2　测量误差

(1) 误差的定义

①绝对误差

一个物体的尺寸或质量，一种材料的抗拉强度或弹性模量都存在一个真正的值，称为真值。而在测量这些量时所得到的结果称为实测值。实测值与真值之差称为误差（绝对误差），计算见式（2-6）：

$$\varepsilon = x - x_0 \tag{2-6}$$

式中 ε——绝对误差；

x——量的实测值；

x_0——量的真值。

量的真值是一个理想的概念。一般是不知道的（确实存在，但具体值不知道）。但在个别特殊情况下是可知的，如三角形的三个内角和为180°，一个圆周角为360°等。

实践中，测量次数无限增加且不考虑系统误差时，测量值的算术平均值趋向于真值。但不可能无限次进行，一般用多次测量后测量值的算术平均值（样本均值）代替真值的估计值。此时测量值与样本均值之差称为偏差。

$$\nu = x - \bar{x} \tag{2-7}$$

式中 ν——偏差；

x——测量值；

$\bar{x}$——多次测量后测量值的算术平均值。

有时可用对偏差的分析代替对误差的分析。

偏差是指测试值与其参考值（设定值、应有值或标称值）之差。生产中产品的某项技术参数往往给定一个标称值，偏差就表示某一实测值与标称值之差。

②相对误差

相对误差是绝对误差与真值之比。不考虑系统误差时，样本均值和真值接近，故也可近似表示为绝对误差与样本均值的比值。

$$\delta = \frac{\varepsilon}{\bar{x}} \tag{2-8}$$

式中 δ——相对误差；

ε——绝对误差；

$\bar{x}$——样本均值。

对相同的被测量，绝对误差可以评定其测量精度的高低，但对不同的被测量及不同的物理量，绝对误差就难以评定其精度的高低，而采用相对误差来评定较为确切。绝对误差与被测量的量纲相同，而相对误差是无量纲量。

③引用误差

引用误差是指仪器仪表示值的相对误差，它以仪器仪表某一刻度处的示值误差与测量上限之比表示。

$$引用误差 = \frac{示值误差}{测量范围上限} \tag{2-9}$$

例如：某测力计最大量程为19600N，在标定示值为14700N处实际作用力为14778.4N，则此测力计在该刻度点的引用误差为

$$\frac{14700\mathrm{N}-14778.4\mathrm{N}}{19600\mathrm{N}}=\frac{-78.4}{19600}=-0.4\%$$

(2) 误差的分类

误差依据产生的原因可分为系统误差、粗大（过失）误差和随机误差(偶然误差)。由于试验设备的不准确，试验条件的非随机性变化，试验方法的不合理以及试验人员不良的操作习惯而产生的误差称为系统误差。由于试验人员的疏忽大意以致操作错误而产生的误差称为过失误差。通过对试验过程的质量控制，上述两种误差都可以避免。除系统误差和过失误差以外的一切误差称为随机误差。

①随机误差

测量结果与在重复性条件下，对同一被测量进行无限多次测量所得结果的平均值（总体均值）之差，称为随机误差。产生随机误差的原因都具有无规则性。例如试验人员对仪器度盘最小分格的判读，试验条件（温度、电压等）无规则的涨落以及仪器性能的不稳定等。当反复观测一个量时，这种误差表现为有时大有时小，不能人为地加以控制。由于偶然误差具有随机性的特点，它必然服从正态分布规律。因此可以运用数学方法对试验数据进行处理，从而达到提高试验准确度的目的，使试验结果最大限度地接近于真值。

随机误差的统计规律性，主要可归纳为对称性、有界性和单峰性三条：

a. 对称性是指绝对值相等而符号相反的误差，出现的次数大致相等，也即测得值是以它们的算术平均值为中心而对称分布的。由于所有误差的代数和趋近于零，故随机误差又具有抵偿性，这个统计特性是最为本质的；换言之，凡具有抵偿性的误差，原则上均可按随机误差处理。

b. 有界性是指测得值误差的绝对值不会超过一定的界限，也即不会出现绝对值很大的误差。

c. 单峰性是指绝对值小的误差比绝对值大的误差数目多，也即测得值是以它们的算术平均值为中心而相对集中地分布的。

②系统误差

在重复性条件下，对同一被测量进行无限多次测量所得结果的平均值与被测量的真值之差，称为系统误差。由于只能进行有限次数的重复测量，真值也只能用约定真值代替，因此可能确定的系统误差只是其估计值，并具有一定的不确定度。

系统误差主要来源于工具误差（仪差）、装置误差（设备仪器的电路、安装、布置和调整不当）、人员误差、环境误差、方法误差（理论误差，测量方法本身所依据的理论、模型不完善所带来的误差）等。

③粗大误差

超出规定条件下预期的误差称为粗大误差，此误差值较大，明显歪曲测量结果，如测量时对错了标志、读错或记错数字，使用有缺陷的仪器及测量时不细心引起的过失性误差等，亦称过失误差。

对测试值中明显偏大或偏小的测试值，应当首先对其进行分析，如果确定该值为由于操作错误等原因而引起的，则应当舍去不用。如果不能确定，则应按照可疑数据的取舍规则或有关标准规范进行判断是否舍去。

三类误差的定义是科学而严谨的，但在测量实践中，对测量误差的划分是人为的、有条件的。三种误差之间是辩证统一关系，在一定的条件下，它们的性质可以相互转化。例如，随着人们对误差来源及其变化规律认识的加深，往往有可能把以往认识不到、把握不住而归为随机误差的某项误差予以澄清，从而明确为系统误差，并给予技术上的处理。反之，当认识不足或虽有所认识，但由于其规律性过分复杂时，也常会把这样的一些系统误差当作随机误差，经过数据统计分析加以处理。

又如，指示仪表面板的刻度误差，在厂方制造时具有随机性；但用户利用一个特定的仪表来测量时，其造成的误差是系统误差。经常使用此仪表而累积了一定经验的技术员则能克服此系统误差。

再如，由一个仪表测量某一被测参数时会产生系统误差，但若使用多个不同的仪表测量此参数，则由于各仪表误差的随机性使各测量值具有随机性，可采用对测量值进行算术平均的方法削弱其误差。

(3) 测量误差的来源

按产生误差的原因，测量误差可分为：

①原理性误差

又称方法误差，是由于测量原理、方法的不完善（如多变量因素的影响没有考虑周到等），或对理论特性方程中的某些参数做了近似处理引起的误差等。

②构造误差

又称设备误差，是仪器仪表制造、调试、计量定标时已限定的精度。要取得可靠有效、高精度的数据，必须综合考虑上述两类误差。

③环境误差

设备外部环境和工作条件变化（如温度、湿度、振动、电源波动）引起的误差。

④人员误差

人员的心理素质、固有习惯、工作责任心以及测量的技术水平等引起的误差。

(4) 误差的表示方法

①范围误差（极差）

测试值中最大值与最小值之差，为该样本的极差。

【例】10 个测量值如下：

序号	1	2	3	4	5	6	7	8	9	10
测量值（MPa）	745	750	750	759	763	766	770	781	784	785

其范围误差为：(785 - 745) = 40（MPa）

范围误差的优点是直观、简便，缺点是只取决于最大值和最小值，与测量次数无关，与中间数据无关，这显然与随机误差和测量次数有关这一事实相悖。

②算术平均误差

$$\theta = \frac{1}{n}\sum_{i=1}^{n} |x_i - \bar{x}| \tag{2-10}$$

式中　θ——算术平均误差；

n——样本大小；

x_i——第 i 个观测值；

$\bar{x}$——样本均值。

因偏差有正有负，故取绝对值加以平均。以上面 10 个测量值为例，$\bar{x}$ = 765.3MPa，θ = 11.9MPa。其优点是较范围误差精细，考虑了每一个 $|x_i - \bar{x}|$；缺点是无法鉴别两组测量值之间偏差的大小。

③平方和

平方和误差为各测试值与算术平均值之差的平方和。

$$M = \sum_{i=1}^{n} (x_i - \bar{x})^2 \tag{2-11}$$

M 是表示每个数据距平均值有多远的一个量度，M 越大表示数据间差异越大。

④标准误差

标准误差也称均方根误差，它是衡量测试值波动大小的指标。

$$\sigma = \sqrt{\frac{1}{n}\sum_{i=1}^{n} (x_i - \bar{x})^2} \tag{2-12}$$

n 较小时，取

$$\sigma = \sqrt{\frac{1}{n-1}\sum_{i=1}^{n}(x_i - \bar{x})^2} \tag{2-13}$$

σ 是各观测值 x_i 的函数，对 x_i 的大小比较敏感，故是表示精密度的较好指标，广泛应用于误差分析。标准差越大，表示观测值的波动越大。反之，观测值越精确，其标准差越小。

⑤变异系数（离散系数）

变异系数反映一组测试值的相对误差，即相对的离散程度。变异系数为标准差占算术平均值的百分数。

$$C_v = \frac{\sigma}{\bar{x}} \tag{2-14}$$

式中 C_v——变异系数；

σ——标准误差；

$\bar{x}$——样本均值。

⑥或然误差（最可几误差）

或然误差是指在一组观测值中，误差落入 $-\gamma$ 与 $+\gamma$ 之间的观测次数为总观测值的一半。此时 γ 即为或然误差。

$$P = \frac{1}{\sqrt{2\pi}}\int_{-\gamma}^{+\gamma}\exp\left[-\frac{(x-\mu)^2}{2\sigma^2}\right]dx \tag{2-15}$$

式中 γ——或然误差；

x——测试量；

μ——样本均值；

σ——标准差；

P——概率。

令 $P=1/2$，即落在 $-\gamma$ 与 $+\gamma$ 之间的观测数占总观测数的一半，可解得 $\gamma=0.6745\sigma$。即或然误差是标准误差的 0.6745 倍。对上例 10 个测量值 $\sigma=14.5\text{MPa}$，$\gamma=9.8\text{MPa}$。

正态分布中落在 $\mu\pm\sigma$ 间的概率为 68.3%；$\mu\pm2\sigma$ 间的概率为 95.4%；$\mu\pm3\sigma$ 间的概率为 99.7%。

（5）间接测量中误差的传递

①一般公式

设某指标 N（间接测量量）是由 u_1，u_2，…，u_n 个直接测量量所决定，即

$$N = f(u_1, u_2, \cdots, u_n) \tag{2-16}$$

令 Δu_1，Δu_2，…，Δu_n 分别代表 u_1，u_2，…，u_n 的误差，ΔN 表示由以上

误差引起的 N 的误差。

$$N+\Delta N=f(u_1+\Delta u_1,u_2+\Delta u_2,\cdots,u_n+\Delta u_n) \tag{2-17}$$

右边按泰勒级数展开：

$$N+\Delta N=f(u_1,u_2,\cdots,u_n)+f'_{u_1}\Delta u_1+f'_{u_2}\Delta u_2+\cdots+ f'_{u_n}\Delta u_n+\frac{1}{2}f''_{u_1}(\Delta u_1)^2+\frac{1}{2}f''_{u_2}(\Delta u_2)^2+\cdots \tag{2-18}$$

取一级近似得

$$\Delta N=f'_{u_1}\Delta u_1+f'_{u_2}\Delta u_2+\cdots+f'_{u_n}\Delta u_n \tag{2-19}$$

式中 f'_{u_1}，f'_{u_2}，$\cdots$，f'_{u_n}——f 对 u_1，u_2，$\cdots$，u_n 的一阶偏导数。

相对误差

$$E_r=\frac{\Delta N}{N}$$

展开

$$E_r=f'_{u_1}\frac{\Delta u_1}{N}+f'_{u_2}\frac{\Delta u_2}{N}+\cdots+f'_{u_n}\frac{\Delta u_n}{N} \tag{2-20}$$

即

$$E_r=f'_{u_1}E_1+f'_{u_2}E_2+\cdots+f'_{u_n}E_n \tag{2-21}$$

最大绝对误差要加绝对值。

②简单函数的误差传递公式

a. 加法

$$N=u_1+u_2+\cdots+u_n \tag{2-22}$$

$$\Delta N=|\Delta u_1|+|\Delta u_2|+\cdots+|\Delta u_n| \tag{2-23}$$

和的最大误差等于各个直接测量值误差之和。

b. 减法

$$N=u_1-u_2 \tag{2-24}$$

$$\Delta N=|\Delta u_1|+|\Delta u_2| \tag{2-25}$$

差的最大误差等于各个直接测量值误差之和。

c. 乘法

$$N=u_1u_2\cdots u_n \tag{2-26}$$

$$\begin{aligned}E_r&=\frac{\Delta N}{N}\\&=f'_{u_1}\frac{\Delta u_1}{N}+f'_{u_2}\frac{\Delta u_2}{N}+\cdots+f'_{u_n}\frac{\Delta u_n}{N}\\&=u_2u_3\cdots u_n\cdot\frac{\Delta u_1}{N}+u_1u_3\cdots u_n\cdot\frac{\Delta u_1}{N}+\cdots+u_1u_2\cdots u_{n-1}\cdot\frac{\Delta u_1}{N}\\&=\left|\frac{\Delta u_1}{u_1}\right|+\left|\frac{\Delta u_2}{u_2}\right|+\cdots+\left|\frac{\Delta u_n}{u_n}\right|\end{aligned} \tag{2-27}$$

【例】求 349.1mm ×863.4mm 的相对误差，两数均准确到 0.1。

相对误差 $E_r = \frac{0.1}{349.1} + \frac{0.1}{863.4} = 0.0004$

绝对误差 $\Delta N = N \cdot E_r = 349.1 \times 863.4 \times 0.0004 = 120.6$ （mm^2）

故 $349.1 \times 863.4 = 301412.94 = 3.014 \times 10^5$ （mm^2）

d. 除法

$$N = \frac{u_1}{u_2} \tag{2-28}$$

$$E_r = \frac{\Delta N}{N} = f'_{u_1}\frac{\Delta u_1}{N} + f'_{u_2}\frac{\Delta u_2}{N} = \frac{1}{u_2} \cdot \frac{\Delta u_1}{\frac{u_1}{u_2}} + \left(-u_1\frac{1}{u_2^2}\right) \cdot \frac{\Delta u_2}{\frac{u_1}{u_2}} = \left|\frac{\Delta u_1}{u_1}\right| + \left|\frac{\Delta u_2}{u_2}\right| \tag{2-29}$$

【例】求$\frac{56.3}{45.0}$的相对误差和绝对误差，分子精确到 0.1，分母精确到 0.2。

相对误差 $E_r = \frac{0.1}{56.3} + \frac{0.2}{45.0} = 0.0062$

绝对误差 $\Delta N = N \cdot E_r = \frac{56.3}{45.0} \times 0.0062 = 0.0078$

e. 幂

$$N = u^m \tag{2-30}$$

$$E_r = \frac{\Delta N}{N} = f'_u\frac{\Delta u}{N} = m \cdot u^{m-1}\frac{\Delta u}{u^m} = m\left|\frac{\Delta u}{u}\right| \tag{2-31}$$

【例】求 56.3^2 的相对误差和绝对误差，其中 56.3 精确到 0.1。

相对误差 $E_r = 2 \times \frac{0.1}{56.3} = 0.0036$

绝对误差 $\Delta N = N \cdot E_r = 56.3^2 \times 0.0036 = 11.41$

故 $56.3^2 = 3169.69 = 3.16 \times 10^3$

f. 对数

$$N = \lg u \tag{2-32}$$

$$\because E_r = \frac{\Delta N}{N} = f'_u\frac{\Delta u}{N} = (\lg u)' \cdot \frac{\Delta u}{N} = \frac{1}{u\ln 10} \cdot \frac{\Delta u}{N} = 0.43429\,\frac{1}{u}\,\frac{\Delta u}{N} \tag{2-33}$$

$$\therefore \Delta N = 0.43429\frac{\Delta u}{u} \tag{2-34}$$

常用对数的绝对误差等于该量相对误差的 0.43429 倍。

【例】求 lg 3151.6 的绝对误差，3151.6 精确到 0.1。

$$\Delta N = 0.43429 \times \frac{0.1}{3151.6} = 0.0000138$$

故　　$$\lg 3151.6 = 3.498531092 = 3.49853$$。

2.4.3　测试精度

在测试中，常常提出一定的精度要求，而测量仪器有一定的精密度表示。因此应当明确精密度、准确度和精确度的概念。

（1）精密度：表示多次重复测试中所测数据的重复性或分散程度，它反映随机误差的影响程度。

（2）准确度：表示测试结果与被测量真值之间的偏离程度。它反映系统误差的影响程度。

（3）精确度（精度）：是测试结果精密度与准确度的综合反映。可用相对误差表示。

图 2-1 所示的打靶结果，子弹着靶点有三种情况：图 2-1（a）为系统误差和随机误差都大，即准确度、精密度都低；图 2-1（b）为系统误差大，随机误差小，即准确度低，精密度高；图 2-1（c）为系统误差和随机误差都小，即精确度高。

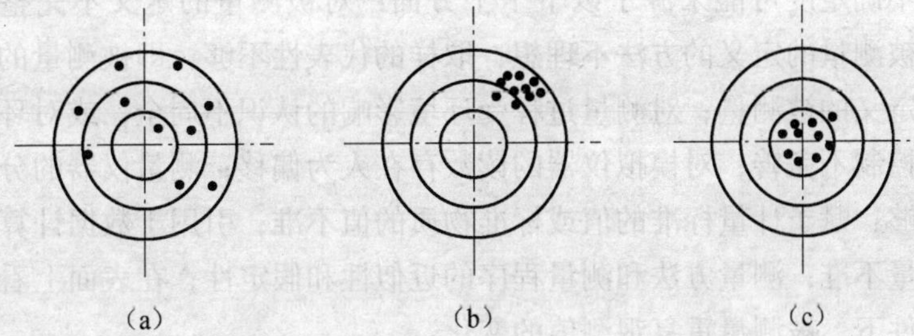

图 2-1　精密度、准确度及精确度示意图

2.4.4　测量不确定度

对材料的任何特性参数（物理的或化学的等）进行检测或测量时，不管方法和仪器设备如何完善，其测量结果始终存在着不确定性，这种不确定性长期以来是用测量误差来描述的。然而，对材料的许多特征参数，真值是无法知道的。此时，常用近似真值代替，而近似真值本身就具有不确定性，因此，误差本身也存在着相当的不确定度。误差表明了测量结果偏离真值的大小，但具有不确定的因素存在，这个不确定因素的大小是不知道的。而且，误差不能给出置信区间和置信概率的概念。因此，测量结果的不确定性用误差来描述是不

完善和不确切的，应当采用测量不确定度。

（1）测量不确定度和标准不确定度

①测量不确定度

表征合理地赋予被测量之值的分散性、与测量结果相联系的参数，称为测量不确定度。测量不确定度从词义上理解，意味着对测量结果可信性、有效性的怀疑程度或不肯定程度，是定量说明测量结果的质量的一个参数。实际上由于测量不完善和人们的认识不足，所得的被测量值具有分散性，即每次测得的结果不是同一值，而是以一定的概率分散在某个区域内的许多个值。虽然客观存在的系统误差是一个不变值，但由于我们不能完全认知或掌握，只能认为它是以某种概率分布存在于某个区域内，而这种概率分布本身也具有分散性。测量不确定度就是说明被测量之值分散性的参数，它不说明测量结果是否接近真值。

为了表征这种分散性，测量不确定度用标准（偏）差表示。在实际使用中，往往希望知道测量结果的置信区间，因此规定测量不确定度也可用标准（偏）差的倍数或说明了置信水准的区间的半宽度表示。为了区分这两种不同的表示方法，分别称它们为标准不确定度和扩展不确定度。

测量不确定度可能来源于以下十个方面：对被测量的定义不完整或不完善；实现被测量的定义的方法不理想；取样的代表性不够，即被测量的样本不能代表所定义的被测量；对测量过程受环境影响的认识不周全，或对环境条件的测量与控制不完善；对模拟仪器的读数存在人为偏移；测量仪器的分辨力或鉴别力不够；赋予计量标准的值或标准物质的值不准；引用于数据计算的常量和其他参量不准；测量方法和测量程序的近似性和假定性；在表面上看来完全相同的条件下，被测量重复观测值的变化。

②标准不确定度和标准（偏）差

以标准（偏）差表示的测量不确定度，称为标准不确定度。标准不确定度用符号 u 表示，它不是由测量标准引起的不确定度，而是指不确定度以标准（偏）差表示，来表征被测量之值的分散性。

（2）不确定度的 A 类、B 类评定及合成

不确定度按其获得方法分为 A、B 两类评定分量。A 类评定分量是通过观测列统计分析做出的不确定度评定；B 类评定分量是依据经验或其他信息进行估计，并假定存在近似的“标准偏差”所表征的不确定度分量。

由于测量结果的不确定度往往由许多原因引起，对每个不确定度来源评定的标准（偏）差，称为标准不确定度分量，用符号 u_i 表示。对这些标准不确

定度分量有两类评定方法，即A类评定和B类评定。A类评定方法是先对被测量重复观测，然后根据测量数据进行统计分析，得到实验标准偏差，这个标准偏差就是A类标准不确定度，用u_A表示。对于B类评定，被测量的估计值不是由重复观测得到的，估计方差或标准不确定度主要是用与被测量有关的信息或资料来评定，一般根据经验或有关的信息和资料，分析判断被测量的可能值区间（$-a$，a），并假设被测量值的概率分布，由要求的置信水平估计包含因子k，然后获得不确定度，用u_B表示。这两类标准不确定度仅是估算方法不同，不存在本质差异，它们都是基于统计规律的概率分布，都可用标准（偏）差来定量表达，合成时同等对待。只不过A类是通过一组与观测得到的频率分布近似的概率密度函数求得，而B类是由基于事件发生的信任度（主观概率或称为先验概率）的假定概率密度函数求得。对某一项不确定度分量究竟用A类方法评定，还是用B类方法评定，应由测量人员根据具体情况选择。

当测量结果是由若干个其他量的值求得时，按其他各量的方差和协方差算得的标准不确定度，称为合成标准不确定度。合成标准不确定度是测量结果标准（偏）差的估计值，用符号u_c表示。

（3）*扩展不确定度*

扩展不确定度是确定测量结果区间的量，合理赋予被测量之值分布的大部分可望含于此区间。它有时也被称为展伸不确定度或范围不确定度。实际上扩展不确定度是由合成标准不确定度的倍数表示的测量不确定度，通常用符号U表示。它是将合成标准不确定度扩展了k倍得到的，即$U=ku_c$，这里k值一般为2，有时为3，取决于被测量的重要性、效益和风险。

（4）*测量误差与测量不确定度*

测量不确定度按某一置信概率给出真值可能落入的区间。它可以是标准差或其倍数，或是说明了置信水准区间的半宽。它不是具体的真误差，它只是以参数形式定量表示了无法修正的那部分误差范围，是用于表征合理赋予的被测量值的分散性参数。误差多数情况下是指测量误差，是测量结果与被测量真值之差，通常分为系统误差和偶然误差两类。误差是客观存在的，它应该是一个确定的值，但由于在绝大多数情况下，真值是不知道的，所以真误差也无法准确知道。我们只是在特定的条件下寻求最佳的真值近似值，并称之为约定真值。

测量误差与测量不确定度之间存在的主要区别见表2-1。

表 2-1 测量误差与测量不确定度的主要区别

序号	内容	测量误差	测量不确定度
1	定义的要点	表明测量结果偏离真值的程度，是一个差值	表明赋予被测量之值的分散性，是一个区间
2	评定结果	为有正号或负号的量值，其值为测量结果减去被测量的真值，由于真值未知，往往不能准确得到，当用约定真值代替真值时，只可得到其估计值	是无符号的参数，用标准差或标准差的倍数或置信区间的半宽表示，由人们根据试验、资料、经验等信息进行评定，可以通过 A、B 两类评定方法定量确定
3	可操作性	由于真值未知，只能通过约定真值求得其估计值	按试验、资料、经验评定，试验方差是总体方差的无偏估计
4	影响因素	客观存在的，不受外界因素的影响，不以人的认识程度而改变	由人们经过分析和评定得到，因而与人们对被测量、影响量及测量过程的认识有关
5	合成的方法	为各误差分量的代数和	当各分量彼此独立时为方根和，必要时加入协方差
6	结果的修正	已知系统误差的估计值时，可以对测量结果进行修正，得到已修正的测量结果	不能用不确定度对结果进行修正，在已修正结果的不确定度中应考虑修正不完善引入的分量
7	结果的说明	属于给定的测量结果，只有相同的结果才有相同的误差	合理赋予被测量的任一个值，均具有相同的分散性

虽然测量不确定度与误差有着种种不同，但它们仍存在着密切的联系。不确定度的概念是误差理论的应用和拓展，而误差分析依然是测量不确定度评估的理论基础，在估计 B 类分量时，更是离不开误差分析。例如测量仪器的特性可以用最大允许误差、示值误差等术语描述。在技术规范、规程中规定的测量仪器允许误差的极限值，称为“最大允许误差”或“允许误差限”。它是制造厂对某种型号仪器所规定的示值误差的允许范围，而不是某一台仪器实际存在的误差。测量仪器的最大允许误差可在仪器说明书中查到，用数值表示时有正负号，通常用绝对误差、相对误差、引用误差或它们的组合形式表示。测量仪器的最大允许误差不是测量不确定度，但可以作为测量不确定度评定的依据。测量结果中由测量仪器引入的不确定度可根据该仪器的最大允许误差按 B 类评定方法评定。

2.5　数据处理

2.5.1　有效数字

（1）（末）的概念

所谓（末），指的是任何一个数最末一位数字所对应的单位量值。例如：用分度值为 1mm 的钢卷尺测量某物体的长度，测量结果为 19.8mm，最末一位的量值 0.8mm，即为最末一位数字 8 与其所对应的单位量值 0.1mm 的乘积，故 19.8mm 的（末）为 0.1mm。

（2）有效数字的概念

人们在日常生活中接触到的数，有准确数和近似数。对于任何数，包括无限不循环小数和循环小数，截取一定位数后所得的即是近似数。同样，根据误差公理，测量总是存在误差，测量结果只能是一个接近于真值的估计值，其数字也是近似数。

例如：将无限不循环小数 $p=3.14159\cdots$ 截取到百分位，可得到近似数 3.14，则此时引起的误差绝对值为

$|3.14-3.14159\cdots|=0.00159\cdots$

近似数 3.14 的（末）为 0.01，因此 0.5（末）$=0.5\times0.01=0.005$，而 $0.00159\cdots<0.005$，故近似数 3.14 的误差绝对值小于 0.5（末）。

由此可以得出关于近似数有效数字的概念：当该近似数的绝对误差的模小于 0.5（末）时，从左边的第一个非零数字算起，直到最末一位数字为止的所有数字。根据这个概念，3.14 有 3 位有效数字。

测量结果的数字，其有效位数代表结果的不确定度。例如：某长度测量值为 19.8mm，有效位数为 3 位；若是 19.80mm，有效位数为 4 位。它们的绝对误差的模分别小于 0.5（末），即分别小于 0.05mm 和 0.005mm。

显而易见，有效位数不同，它们的测量不确定度也不同，测量结果 19.80mm 比 19.8mm 的不确定度要小。同时，数字右边的“0”不能随意取舍，因为这些“0”都是有效数字。

2.5.2　数据修约

（1）数据修约的基本概念

对某一拟修约数，根据保留数位的要求，将其多余位数的数字进行取舍，按照一定的规则，选取一个其值为修约间隔整数倍的数（称为修约数）来代替拟修约数，这一过程称为数据修约，也称为数的化整或数的凑整。为了简化

计算，准确表达测量结果，必须对有关数据进行修约。

修约间隔又称为修约区间或化整间隔，它是确定修约保留位数的一种方式。修约间隔一般以 $k\times10^n$（$k=1$，2，5；n 为正、负整数）的形式表示。人们经常将同一 k 值的修约间隔，简称为“k”间隔。

修约间隔一经确定，修约数只能是修约间隔的整数倍。例如：指定修约间隔为 0.1，修约数应在 0.1 的整数倍的数中选取；若修约间隔为 2×10^n，修约数的末位只能是 0，2，4，6，8 等数字；若修约间隔为 5×10^n，则修约数的末位数字必然不是“0”，就是“5”。

当对某一拟修约数进行修约时，需确定修约数位，其表达形式有以下几种：

①指明具体的修约间隔；

②将拟修约数修约至某数位的 0.1 或 0.2 或 0.5 个单位；

③指明按“k”间隔将拟修约数修约为几位有效数字，或者修约至某数位，有时“1”间隔可不必指明，但“2”间隔或“5”间隔必须指明。

(2) 数据修约规则

我国的国家标准 GB 8170—87《数值修约规则》，对“1”、“2”、“5”间隔的修约方法分别作了规定，但使用时比较繁琐，对“2”和“5”间隔的修约还需进行计算。下面介绍一种适用于所有修约间隔的修约方法，只需直观判断，简便易行：

①如果为修约间隔整数倍的一系列数中，只有一个数最接近拟修约数，则该数就是修约数。

例如：将 1.150001 按 0.1 修约间隔进行修约。此时，与拟修约数 1.150001 邻近的为修约间隔整数倍的数有 1.1 和 1.2（分别为修约间隔 0.1 的 11 倍和 12 倍），然而只有 1.2 最接近拟修约数，因此 1.2 就是修约数。

又如：要求将 1.015 修约至十分位的 0.2 个单位。此时，修约间隔为 0.02，与拟修约数 1.0151 邻近的为修约间隔整数倍的数有 1.00 和 1.02（分别为修约间隔的 0.02 的 50 倍和 51 倍），然而只有 1.02 最接近拟修约数，因此 1.02 就是修约数。

同理，若要求将 1.2505 按“5”间隔修约至十分位。此时，修约间隔为 0.5。1.2505 只能修约成 1.5 而不能修约成 1.0，因为只有 1.5 最接近拟修约数 1.2505。

②如果为修约间隔整数倍的一系列数中，有连续的两个数同等地接近拟修约数，则这两个数中，只有为修约间隔偶数倍的那个数才是修约数。

例如：要求将 1150 按 100 修约间隔修约。此时，有两个连续的为修约间

隔整数倍的数 1.1×10^3 和 1.2×10^3 同等地接近 1150，因为 1.1×10^3 是修约间隔 100 的奇数倍（11 倍），只有 1.2×10^3 是修约间隔 100 的偶数倍（12 倍），因而 1.2×10^3 是修约数。

又如，要求将 1.500 按 0.2 修约间隔修约。此时，有两个连续的为修约间隔整数倍的数 1.4 和 1.6 同等地接近拟修约数 1.500，因为 1.4 是修约间隔 0.2 的奇数倍（7 倍），所以不是修约数，而只有 1.6 是修约间隔 0.2 的偶数倍（8 倍），因而才是修约数。

同理，1.025 按“5”间隔修约到 3 位有效数字时，不能修约成 1.05，而应修约成 1.00。因为 1.05 是修约间隔 0.05 的奇数倍（21 倍），而 1.00 是修约间隔 0.05 的偶数倍（20 倍）。

需要指出的是：数据修约导致的不确定度呈均匀分布，约为修约间隔的 1/2。在进行修约时还应注意：不要多次连续修约（例如：12.251→12.25→12.2），因为多次连续修约会产生累积不确定度。此外，在有些特别规定的情况（如考虑安全需要等）下，最好只按一个方向修约。

2.5.3　近似数运算

（1）加、减运算

如果参与运算的数不超过 10 个，运算时以各数中（末）最大的数为准，其余的数均比它多保留一位，多余位数应舍去。计算结果的（末），应与参与运算的数中（末）最大的那个数相同。若计算结果尚需参与下一步运算，则可多保留一位。

例如：$18.3\Omega+1.4546\Omega+0.876\Omega$ ⇨

$18.3\Omega+1.45\Omega+0.88\Omega=20.63\Omega\approx20.6\Omega$

计算结果为 20.6Ω。若尚需参与下一步运算，则取 20.63Ω。

（2）乘、除（或乘方、开方）运算

在进行数的乘除运算时，以有效数字位数最少的那个数为准，其余的数的有效数字均比它多保留一位。运算结果（积或商）的有效数字位数，应与参与运算的数中有效数字位数最少的那个数相同。若计算结果尚需参与下一步运算，则有效数字可多取一位。

例如：$1.1\text{m}\times0.3268\text{m}\times0.10300\text{m}$ ⇨

$1.1\text{m}\times0.327\text{m}\times0.103\text{m}=0.0370\text{m}^3\approx0.037\text{m}^3$

计算结果为 0.037m^3。若需参与下一步运算，则取 0.0370m^3。

乘方、开方运算类同。

(3) 对数运算

小数点后的位数与有效数字最少者同。

(4) 系列运算

中间结果多保留一位。

2.5.4 可疑数据的取舍

由于随机误差的影响，测量数据有一定的分散性，但有时会得到残差绝对值特别大的测量数据，这类可疑数据不一定都是坏值，它可能预示着测量仪器、方法和条件的不正常，有时则可能预示着一种新的物理现象将被发现。鉴别测量中出现的可疑数据是否是粗差，首先需要分析测量条件，判断该次测量是否受到较大偶然因素的影响，找出物理或技术原因，决定对可疑数据的取舍；其次，增补等精度测量次数，观测有无抵偿或削弱该数据影响的可能；在确实难以从物理和技术原因做出判断时，可考虑由统计学的方法处理可疑数据。

异常值可能是总体固有的随机变异性的极端表现。这种异常值和样本中其余观测值属于同一总体。异常值也可能是由于试验条件和试验方法的偶然偏离所产生的后果，或产生于观测、计算、记录中的失误。这种异常值和样本中其余观测值不属于同一总体。对检出的异常值，应尽可能寻找产生异常值的技术上的、物理上的原因，作为处理异常值的依据。

处理异常值的方式有：异常值保留在样本中参加其后的数据分析；允许剔除异常值，即把异常值从样本中排除；允许剔除异常值，并追加适宜的观测值计入样本；在找到实际原因时修正异常值。

(1) 三倍标准差法（拉依达准则）

拉依达准则是根据经典误差理论中随机误差不会超过标准误差的3倍的结论给出的。

在一组等精度测量结果中，凡是数据的残差 Δu_i 大于 3σ 的测量值，即认定为是坏值，应从数据列中予以剔除。剔除后的数据列要重新计算平均值和标准差。由于拉依达准则是以随机误差的正态分布（$N \to \infty$）规律为依据的，当测量次数样本 N 值较小时，以 3σ 为判据并不很可靠。

$$\Delta u_i = |x_i - \bar{x}| > 3\sigma \tag{2-35}$$

式中 Δu_i——残差；

x_i——第 i 个观测值；

$\bar{x}$——样本均值；

σ——标准差。

落在 $\bar{x} \pm 3\sigma$ 内的概率为99.73%，故在区域外的为小概率事件，可舍去。

但是，当 $n<10$ 时，该准则失效。

$$\because \Delta u_i^2 < \sum \Delta u_i^2$$

$$\therefore |\Delta u_i| < \sqrt{\sum \Delta u_i^2} = \sqrt{n-1}\sqrt{\frac{\sum \Delta u_i^2}{n-1}} = \sqrt{n-1}\sigma$$

$$\therefore n < 10 \qquad |\Delta u_i| < 3\sigma$$

式中，n 为样本大小。

(2) 格拉布斯法

格拉布斯准则，是以 t 分布为基础推导出来的，主要用来处理小样本的测量数据，理论上较严密，概率意义明确，是一个较好的判别准则。

当下式成立时，则 x_i 为异常值，应舍去。

$$\frac{|x_i - \bar{x}|}{\sigma} > G_{1-\alpha}(n) \tag{2-36}$$

$G_{1-\alpha}(n)$ 为格拉布斯检验的临界值，它与 n(样本容量) 和 α(检验水平) 有关。

表 2-2　格拉布斯检验临界值 $G_{1-\alpha}(n)$ 表

n	0.90	0.95	0.975	0.99	0.995	n	0.90	0.95	0.975	0.99	0.995
						21	2.408	2.580	2.733	2.912	3.031
						22	2.429	2.603	2.758	2.939	3.060
3	1.148	1.153	1.155	1.155	1.155	23	2.448	2.624	2.781	2.963	3.087
4	1.425	1.463	1.481	1.492	1.496	24	2.467	2.644	2.802	2.987	3.112
5	1.602	1.672	1.715	1.749	1.764	25	2.486	2.663	2.822	3.009	3.135
6	1.729	1.822	1.887	1.944	1.973	26	2.502	2.681	2.841	3.029	3.157
7	1.828	1.938	2.020	2.097	2.139	27	2.519	2.698	2.859	3.049	3.178
8	1.909	2.032	2.126	2.221	2.274	28	2.534	2.714	2.876	3.068	3.199
9	1.977	2.110	2.215	2.323	2.387	29	2.549	2.730	2.893	3.085	3.218
10	2.036	2.176	2.290	2.410	2.482	30	2.563	2.745	2.908	3.103	3.236
11	2.088	2.234	2.355	2.485	2.564	31	2.577	2.759	2.924	3.119	3.253
12	2.134	2.285	2.412	2.550	2.636	32	2.591	2.773	2.938	3.135	3.270
13	2.175	2.331	2.462	2.607	2.699	33	2.604	2.786	2.952	3.150	3.286
14	2.213	2.371	2.507	2.659	2.755	34	2.616	2.799	2.965	3.164	3.301
15	2.247	2.409	2.549	2.705	2.806	35	2.628	2.811	2.979	3.178	3.316
16	2.279	2.443	2.585	2.747	2.852	36	2.639	2.823	2.991	3.191	3.330
17	2.309	2.475	2.620	2.785	2.894	37	2.650	2.835	3.003	3.204	3.343
18	2.335	2.504	2.651	2.821	2.932	38	2.661	2.846	3.014	3.216	3.356
19	2.361	2.532	2.681	2.854	2.968	39	2.671	2.857	3.025	3.228	3.369
20	2.385	2.557	2.709	2.884	3.001	40	2.682	2.866	3.036	3.240	3.381

续表

n	0.90	0.95	0.975	0.99	0.995	n	0.90	0.95	0.975	0.99	0.995
41	2.692	2.877	3.046	3.251	3.393	71	2.897	3.087	3.262	3.476	3.627
42	2.700	2.887	3.057	3.261	3.404	72	2.903	3.092	3.267	3.482	3.633
43	2.710	2.896	3.067	3.271	3.415	73	2.908	3.098	3.272	3.487	3.638
44	2.719	2.905	3.075	3.282	3.425	74	2.912	3.102	3.278	3.492	3.643
45	2.727	2.914	3.085	3.292	3.435	75	2.917	3.107	3.282	3.496	3.648
46	2.736	2.923	3.094	3.302	3.445	76	2.922	3.111	3.287	3.502	3.654
47	2.744	2.931	3.103	3.310	3.455	77	2.927	3.117	3.291	3.507	3.658
48	2.753	2.940	3.111	3.319	3.464	78	2.931	3.121	3.297	3.511	3.663
49	2.760	2.948	3.120	3.329	3.474	79	2.935	3.125	3.301	3.516	3.669
50	2.768	2.956	3.128	3.336	3.483	80	2.940	3.130	3.305	3.521	3.673
51	2.775	2.964	3.136	3.345	3.491	81	2.945	3.134	3.309	3.525	3.677
52	2.783	2.971	3.143	3.353	3.500	82	2.949	3.139	3.315	3.529	3.682
53	2.790	2.978	3.151	3.361	3.507	83	2.953	3.143	3.319	3.534	3.687
54	2.798	2.986	3.158	3.368	3.516	84	2.957	3.147	3.323	3.539	3.691
55	2.804	2.992	3.166	3.376	3.524	85	2.961	3.151	3.327	3.543	3.695
56	2.811	3.000	3.172	3.383	3.531	86	2.966	3.155	3.331	3.547	3.699
57	2.818	3.006	3.180	3.391	3.539	87	2.970	3.160	3.335	3.551	3.704
58	2.824	3.013	3.186	3.397	3.546	88	2.973	3.163	3.339	3.555	3.708
59	2.831	3.019	3.193	3.405	3.553	89	2.977	3.167	3.343	3.559	3.712
60	2.837	3.025	3.199	3.411	3.560	90	2.981	3.171	3.347	3.563	3.716
61	2.842	3.032	3.205	3.418	3.566	91	2.984	3.174	3.350	3.567	3.720
62	2.849	3.037	3.212	3.424	3.573	92	2.989	3.179	3.355	3.570	3.725
63	2.854	3.044	3.218	3.430	3.579	93	2.993	3.182	3.358	3.575	3.728
64	2.860	3.049	3.224	3.437	3.586	94	2.996	3.186	3.362	3.579	3.732
65	2.866	3.055	3.230	3.442	3.592	95	3.000	3.189	3.365	3.582	3.736
66	2.871	3.061	3.235	3.449	3.598	96	3.003	3.193	3.369	3.586	3.739
67	2.877	3.066	3.241	3.454	3.605	97	3.006	3.196	3.372	3.589	3.744
68	2.883	3.071	3.246	3.460	3.610	98	3.011	3.201	3.377	3.593	3.747
69	2.888	3.076	3.252	3.466	3.617	99	3.014	3.204	3.380	3.597	3.750
70	2.893	3.082	3.257	3.471	3.622	100	3.017	3.207	3.383	3.600	3.754

(3) 肖维纳法

肖维纳法的判别公式如下：

$$|x_i - \bar{x}| > k\sigma \tag{2-37}$$

k 为肖维纳系数，它与 n 有关，适用于 $n>20$。

表 2-3　肖维纳法 k 值表

n	K	n	K	n	K
3	1.38	13	2.07	23	2.30
4	1.53	14	2.10	24	2.31
5	1.65	15	2.13	25	2.33
6	1.73	16	2.15	30	2.39
7	1.80	17	2.17	40	2.49
8	1.86	18	2.20	50	2.58
9	1.92	19	2.22	75	2.71
10	1.96	20	2.24	100	2.81
11	2.00	21	2.26	200	3.02
12	2.03	22	2.28	500	3.20

注意事项：

①从大到小排列，先对最大最小值进行判断；

②每次只能剔除一个值。

2.6　法定计量单位

2.6.1　法定计量单位的构成

我国计量法明确规定，国家实行法定计量单位制度。法定计量单位是政府以法令的形式，明确规定在全国范围内采用的计量单位。国际单位制计量单位和国家选定的其他计量单位，为国家法定计量单位。实行法定计量单位对我国国民经济和文化教育事业的发展，推动科学技术的进步和扩大国际交流都有重要意义。

（1）国际单位制计量单位

①国际单位制的来历和特点

在人类历史上，计量单位是伴随着生产与交换的发生、发展而产生的。随着社会和科学技术的进步，要求计量单位稳定和统一，以维护正常的社会、经济和生产活动的秩序，于是逐渐形成了各个国家的古代计量制度。这些制度是根据各自的经验和习惯确定的，自然是千差万别、各行其是。有时在一个国家内，还有多种计量制度并存，这种状况阻碍着生产和贸易的发展和社会进步。

法国在 1790 年建议创立一种新的、建立在科学基础上的计量制度，随后制定了“米制法”，通过对地球子午线长度的精密测量来确定最初的米原器。

这一制度逐渐得到其他国家的认同，1875 年 17 个国家在巴黎签署了“米制公约”，成立国际计量委员会（CIPM）并设立国际计量局（BIPM）。我国于 1977 年加入米制公约国组织。

随着科学技术的发展，在米制的基础上先后形成了多种单位制，又出现混乱局面。1960 年第 11 届国际计量大会（CGPM）总结了米制经验，将一种科学实用的单位之命名为“国际单位制”，并用符号 SI 表示。后经多次修订，现已形成了完整的体系。

SI 遵从一贯性原则。有比例因数为 1 的基本单位幂的乘积来表示的导出计量单位，叫一贯计量单位，而 SI 的全部导出单位均为一贯计量单位，所以它是一贯计量单位制，从而是符合科学规律的量的方程与数值方程相一致。

SI 是在科技发展中产生的，也将随着科技的发展而不断完善。由于结构合理、科学简便、方便实用，适用于众多科技领域和各行各业，可实现世界范围内计量单位的统一，因而获得国际上广泛的承认和接受，成为科技、经济、文教、卫生等各界的共同语言。

②国际单位制的构成

国际单位制的构成如图 2-2 所示。

- 国际单位制（SI）
  - SI 单位
    - SI 基本单位
    - SI 导出单位
      - 包括 SI 辅助单位在内的具有专门名称的 SI 导出单位
      - 组合形式的 SI 导出单位
  - SI 单位的倍数单位
    - SI 单位的十进倍数单位
    - SI 单位的分数单位

图 2-2　国际单位制的构成

③SI 基本单位

要建立一种计量单位制，首先要确定基本量，即约定地认为在函数关系上彼此独立的量。SI 选择了长度、质量、时间、电流、热力学温度、物质的量和发光强度 7 个基本单位，并给基本单位规定了严格的定义。这些定义体现了现代科技发展的水平，其量值能以高准确度复现出来。SI 基本单位是 SI 的基础。其名称和符号见表 2-4。

表 2-4　国际单位制的 SI 基本单位

量的名称	单位名称	单位符号
长度	米	m
质量	千克（公斤）	kg
时间	秒	s
电流	安［培］	A

续表

量的名称	单位名称	单位符号
热力学温度	开［尔文］	K
物质的量	摩［尔］	mol
发光强度	坎［德拉］	cd

④SI 导出单位

SI 导出单位是基本单位以代数形式表示的单位。这种单位符号中的乘和除采用数学符号。例如速度的 SI 单位为米每秒（m/s）。属于这种形式的单位称为组合单位。

为了读写和实际应用的方便，以便于区分某些具有相同量纲和表达式的单位，在历史上出现了一些具有专门名称的导出单位。但是，这样的单位不宜过多，SI 仅选用了 18 个，其专门名称可以合法使用。没有选用的，如电能单位“度”（千瓦时），光亮度单位“尼特”（及坎德拉每平方米）等名称，就不能再使用了。应注意在表 2-5 和表 2-6 中，单位符号和其他表示式可以等同使用。例如：力的单位牛顿（N）和千克米每二次方秒（$kg \cdot m/s^2$）是完全等同的。

表 2-5　包括 SI 辅助单位在内的具有专门名称的 SI 导出单位

量的名称	SI 导出单位		
	名称	符号	用 SI 基本单位和 SI 导出单位表示
［平面］角	弧度	rad	$1rad = 1m/m = 1$
立体角	球面度	sr	$1sr = 1m^2/m^2 = 1$
频率	赫［兹］	Hz	$1Hz = 1s^{-1}$
力	牛［顿］	N	$1N = 1kg \cdot m/s^2$
压力，压强，应力	帕［斯卡］	Pa	$1Pa = 1N/m^2$
能［量］，功，热量	焦［耳］	J	$1J = 1N \cdot m$
功率，辐［射能］通量	瓦［特］	W	$1W = 1J/s$
电荷［量］	库［仑］	C	$1C = 1A \cdot s$
电压，电动势，电位，（电势）	伏［特］	V	$1V = 1W/A$
电容	法［拉］	F	$1F = 1C/V$
电阻	欧［姆］	Ω	$1\Omega = 1V/A$
电导	西［门子］	S	$1S = 1\Omega^{-1}$
磁通［量］	韦［伯］	Wb	$1Wb = 1V \cdot s$
磁通［量］密度，磁感应强度	特［斯拉］	T	$1T = 1Wb/m^2$
电感	亨［利］	H	$1H = 1Wb/A$
摄氏温度	摄氏度	℃	$1℃ = 1K$

续表

量的名称	SI 导出单位		
	名称	符号	用 SI 基本单位和 SI 导出单位表示
光通量	流［明］	lm	1lm = 1cd · sr
［光］照度	勒［克斯］	lx	$1lx = 1lm/m^2$

表 2-6　由于人类健康安全防护上的需要而确定的具有专门名称的 SI 导出单位

量的名称	SI 导出单位		
	名称	符号	用 SI 基本单位和 SI 导出单位表示
［放射性］活度	贝克［勒尔］	Bq	$1Bq = 1s^{-1}$
吸收剂量 比授［予］能 比释动能	戈［瑞］	Gy	1Gy = 1J/kg
剂量当量	希［沃特］	Sv	1Sv = 1J/kg

SI 的两个辅助单位，即弧度和球面度是由长度单位导出的，属于量纲一的量的单位，在某些领域（如光度学和辐射度学）有着重要的应用，是一个独立而具体的单位。以前曾将它们单独列为一类，像基本单位一样使用；现在则归为具有专门名称的导出单位一类。这样，包括 SI 辅助单位在内的具有专门名称的导出单位一共有 21 个。

⑤SI 单位的倍数单位

基本单位、具有专门名称的导出单位，以及直接由它们构成的组合形式的导出单位都称之为 SI 单位，它们有主单位的含义。在实际使用时，量值的变化范围很宽，仅用 SI 单位来表示量值是很不方便的。为此，SI 中规定了 20 个构成十进倍数和分数单位的词头和所表示的因数。这些词头不能单独使用，也不能重叠使用，它们仅用于与 SI 单位（kg 除外）构成 SI 单位的十进倍数单位和十进分数单位。需要注意的是：相应于因数 10^3（含 10^3）以下的词头符号必须用小写正体，等于或大于因数 10^6 的词头符号必须用大写正体，从 10^3 到 10^{-3}是十进位，其余是千进位。详见表 2-7。

表 2-7　用于构成十进倍数和分数单位的词头

所表示的因数	词头名称	词头符号	所表示的因数	词头名称	词头符号
10^1	十	da	10^6	兆	M
10^2	百	h	10^9	吉［咖］	G
10^3	千	k	10^{12}	太［拉］	T

续表

所表示的因数	词头名称	词头符号	所表示的因数	词头名称	词头符号
10^{15}	拍［它］	P	10^{-6}	微	μ
10^{18}	艾［可萨］	E	10^{-9}	纳［诺］	n
10^{21}	泽［它］	Z	10^{-12}	皮［可］	p
10^{24}	尧［它］	Y	10^{-15}	飞［母托］	f
10^{-1}	分	d	10^{-18}	阿［托］	a
10^{-2}	厘	c	10^{-21}	仄［普托］	z
10^{-3}	毫	m	10^{-24}	幺［科托］	y

SI单位加上SI词头后，两者结合为一整体，就不再称为SI单位，而称为SI单位的倍数单位，或者叫SI单位的十进倍数或分数单位。

(2) 我国选定的其他计量单位

尽管SI有大量的优越性，但并非十全十美。在日常生活中和一些特殊领域，还有一些广泛使用的、重要的非SI单位不能废除，尚须继续使用。因此，我国选定了若干非SI单位与SI单位一起，作为国家的法定计量单位，它们具有同等的地位。

我国选定的非SI单位包括10个由CGPM确定的允许与SI并用的单位，3个暂时保留与SI并用的单位（海里、节、公顷）。此外，根据我国的实际需要，还选取了“转每分”、“分贝”和“特克斯”3个单位，一共16个SI制外单位，作为国家法定计量单位的组成部分。

表2-8　我国选定的非国际单位制单位

量的名称	单位名称	单位符号	换算关系和说明
时间	分	min	1min = 60s
	［小］时	h	1h = 60min = 3600s
	天（日）	d	1d = 24h = 86400s
平面角	［角］秒	(″)	1″ = (π/648000) rad　（π为圆周率）
	［角］分	(′)	1′ = 60″ = (π/10800) rad
	度	(°)	1° = 60′ = (π/180) rad
旋转速度	转每分	r/min	1r/min = $(1/60)\,s^{-1}$
长度	海里	n mile	1n mile = 1852m　（只用于航程）
速度	节	kn	1kn = 1n mile/h = (1852/3600) m/s　（只用于航行）
质量	吨	t	1t = 10^3kg
	原子质量单位	u	1u≈1.660540×10^{-27}kg

续表

量的名称	单位名称	单位符号	换算关系和说明
体积	升	L，(l)	$1L = 1dm^3 = 10^{-3}m^3$
能	电子伏	eV	$1eV \approx 1.602177 \times 10^{-19}J$
级差	分贝	dB	
线密度	特［克斯］	tex	1tex = 1g/km
面积	公顷	hm^2	$1hm^2 = 10^4m^2$ （国际通用符号为 ha）

说明：

(1) 周、月、年（年的符号为 a）为一般常用时间单位。

(2) [ ] 内的字是在不致混淆的情况下可以省略的字。

(3) ( ) 内的字为前者的同义语。

(4) 平面角单位度、分、秒的符号，在组合单位中应采用（°）、（′）、（″）的形式。例如，不用°/s 而用（°）/s。

(5) 升的符号中，小写字母 l 为备用符号。

(6) r 为“转”的符号。

(7) 日常生活和贸易中，质量习惯称为重量。

(8) 公里为千米的俗称，符号为 km。

(9) 10^4 称为万，10^8 称为亿，10^{12} 称为万亿，这类数词的使用不受词头名称的影响，但不应与词头混淆。

CGPM 确定暂时保留与 SI 并用的单位还有 9 个（表 2-9），它们可能出现在国际标准或国际组织的出版物中，但是在我国则不得使用。在个别科学技术领域，如需使用某些非法定计量单位（如天文学上的“光年”），则须与有关国际组织规定的名称、符号相一致。

表 2-9　我国没有选用的暂时保留与 SI 并用的单位

单位名称	单位符号	用 SI 单位表示的值
埃	Å	$1Å = 0.1nm = 10^{-10}m$
公亩	a	$1a = 1dam^2 = 10^2m^2$
靶恩	b	$1b = 100fm^2 = 10^{-28}m^2$
巴	bar	$1bar = 0.1MPa = 10^5Pa$
伽	Gal	$1Gal = 1cm/s^2 = 10^{-2}m/s^2$
居里	Ci	$1Ci = 3.7 \times 10^{10}Bq$
伦琴	R	$1R = 2.58 \times 10^{-4}C/kg$
拉德	rad	$1rad = 1cGy = 10^{-2}Gy$
雷姆	rem	$1rem = 1cSv = 10^{-2}Sv$

2.6.2　法定计量单位的使用规则

(1) 法定计量单位名称

①计量单位的名称，一般是指它的中文名称，用于叙述性文字或口述中，

不得用于公式、数据表、图、刻度盘等处。

②组合单位的名称与其符号表示的顺序一致，遇到除号时，读为“每”字，例如：$\frac{\text{J}}{\text{mol}\cdot\text{K}}$或 J/(mol · K) 的名称应为“焦耳每摩尔开尔文”。书写时亦应如此，不能加任何图形和符号，不要与单位中的中文符号相混。

③乘方形式的单位名称举例：m^4 的名称应为“四次方米”而不是“米四次方”。用长度单位的二次方或三次方表示面积或体积时，其单位名称应为“平方米”或“立方米”，否则仍应为“二次方米”或“三次方米”。

$℃^{-1}$的名称为“每摄氏度”，而不是“负一次方摄氏度”。

s^{-1}的名称应为“每秒”。

(2) 法定计量单位符号

计量单位的符号分为单位符号（国际通用符号）和单位的中文符号（单位名称的简称），后者便于在知识水平不高的场合下使用，一般推荐使用单位符号。十进制单位符号应置于数据之后。单位符号按其名称或简称读，不得按字母读音。

单位符号一般用正体小写字母书写，但是以人名命名的单位符号，第一个字母必须正体大写。“升”的符号“l”，可以用大写字母“L”。单位符号后，不得附加任何标记，也没有复数形式。

组合单位符号书写方式的举例及其说明见表 2-10。

表 2-10　组合单位符号书写方式的举例

单位名称	符号的正确书写方式	错误或不适当的书写方式
牛顿米	N · m，Nm 牛 · 米	N-m，mN 牛米，牛-米
米每秒	m/s，$m\cdot s^{-1}$，$\frac{m}{s}$ 米 · 秒$^{-1}$，米/秒，$\frac{米}{秒}$	ms^{-1} 秒米，米秒$^{-1}$
瓦每开尔文米	W/(K · m)，瓦/(开 · 米)	W/(开 · 米) W/K/m，W/K · m
每米	m^{-1}，米$^{-1}$	1/m，1/米

说明：

(1) 分子为 1 的组合单位的符号，一般不用分子式，而用负数幂的形式。

(2) 单位符号中，用斜线表示相除时，分子、分母的符号与斜线处于同一行内。分母中包括两个以上单位符号时，整个分母应加圆括号，斜线不得多于 1 条。

(3) 单位符号与中文符号不得混合使用。但是非物理量单位（如台、件、人等），可用汉字与符号构成组合形式单位；摄氏度的符号℃可作为中文符号使用，如 J/℃可写作焦/℃。

（3）词头使用方法

词头的名称紧接单位的名称，作为一个整体，其间不得插入其他词。例如：面积单位 km^2 的名称和含义是“平方千米”，而不是“千平方米”。

仅通过相乘构成的组合单位在加词头时，词头应加在第一个单位之前。例如：力矩单位 kN · m，不宜写成 N · km。

摄氏度和非十进制法定计量单位，不得用 SI 词头构成倍数和分数单位。它们参与构成组合单位时，不应放在最前面。例如：光量单位 lm · h，不应写成 h · lm。

组合单位的符号中，某单位符号同时又是词头符号，则应尽量将它置于单位符号的右侧。例如：力矩单位 Nm，不宜写成 mN。温度单位 K 和时间单位 s 和 h，一般也在右侧。

词头 h，da，d，c（即百、十、分、厘）一般只用于某些长度、面积、体积和早已习用的场合，例如 cm、dB 等。

一般不在组合单位的分子分母中同时使用词头。例如：电场强度单位可用 MV/m，不宜用 kV/mm。词头加在分子的第一个单位符号前，例如：热容单位 J/K 的倍数单位 kJ/K，不应写为 J/mK。同一单位中一般不使用两个以上的词头，但分母中长度、面积和体积单位可以有词头，kg 也作为例外。

选用词头时，一般应使量的数值处于 0.1 ~ 1000 范围内。例如：1401Pa 可写成 1.401kPa。

万（10^4）和亿（10^8）可放在单位符号之前作为数值使用，但不是词头。十、百、千、十万、百万、千万、亿、十亿、百亿、千亿等中文词，不得放在单位符号前作数值用。例如：“3 千秒$^{-1}$”应读作“三每千秒”，而不是“三千每秒”；对“三个每秒”，只能表示为“3000 秒$^{-1}$”。读音“一百瓦”，应写作“100 瓦”或“100W”。

计算时，为了方便，建议所有量均用 SI 单位表示，词头用 10 的幂代替。这样，所得结果的单位仍为 SI 单位。

2.6.3 SI 基本单位的定义

（1）米

光在真空中于 1/299792458 秒的时间间隔内所经过的距离。

（2）千克（公斤）

质量单位，等于国际千克（公斤）原器的质量。

（3）秒

铯-133 原子基态的两个超精细能级之间跃迁所对应的辐射的 9192631770

个周期的持续时间。

(4) 安［培］

一恒定电流，若保持在处于真空中相距1米的两无限长而圆截面可忽略的平行直导线内，则此两导线之间产生的力在每米长度上等于2×10^{-7}牛顿。

(5) 开［尔文］

水三相点热力学温度的1/273.16。

(6) 摩［尔］

一系统的物质的量，该系统中所包含的基本单元数与0.012千克碳-12的原子数目相等。在使用摩［尔］时应指明基本单元，可以是原子、分子、离子、电子及其他粒子，或是这些粒子的特定组合。

(7) 坎［德拉］

发射出频率为540×10^{12}赫兹单色辐射的光源在给定方向上的发光强度，而且在此方向上的辐射强度为1/683瓦特每球面度。

第3章　材料性能测试主要仪器与设备

仪器与设备是土木工程材料试验的基本手段，因此必须掌握测试中所用仪器设备的工作原理、使用方法，这样才能正确对材料的各项性能进行准确的测定。

在土木工程材料测试中所用到的仪器设备按照仪器用途可分为通用仪器设备和专用仪器设备。通用仪器设备主要包括各种衡器、容量计量器具、材料试验机、变形材料仪器等。

3.1　衡器

衡器计量的对象是物体或物质的质量。质量和重量是两个完全不同的物理量。首先，它们的定义不同：质量是物体所固有的一种物理属性，是物体惯性大小的量度；重量则表示物体所受到重力的大小，它的值等于物体质量与重力加速度的乘积；其次，它们的计量单位不同：质量的计量单位是 kg，是 SI 基本单位。重量的计量单位是 N，是 SI 的导出单位；第三，它们的特点不同：在物体运动速度远远小于光速时，质量是一个恒定不变的量；重量则是一个力的概念，其量值大小随地理、海拔高度等因素而发生变化。

质量测量是通过各种衡器测得的，衡器的种类很多，主要有杆秤、机械式秤和电子秤三类。杆秤在我国有悠久的历史，但由于操作不便，计量速度慢，精准度差，已被淘汰。机械式秤是指以机械结构为支点的称重器具的统称，包括天平、案秤、台秤、弹簧秤，以及工业用大型和专用衡器。电子秤是用来对货物进行称重的自动化称重设备，通过传感器的力电转换，经称重仪表处理来完成对货物的计量。

衡量原理一般有杠杆原理、弹性元件变形原理以及液压原理等。

3.1.1　天平

天平是测量物质质量的精密仪器和重要计量器具。

(1) 天平的种类

天平的种类很多，按被称量物体的平衡特点，天平可以分为：单杠杆天平，扭力天平，利用液压原理、电磁原理、石英振荡原理等制成的特殊用途天平。

单杠杆天平又可分为等臂天平和不等臂天平。等臂天平中有单盘天平和双盘天平。建筑材料试验中常用的是双盘等臂天平。天平的规格型号也很多，但其构造基本相同，主要由横梁、立柱、制动系统、框架、读数系统等组成，精密天平还有机械加码装置等。图 3-1 是电光分析天平示意图。

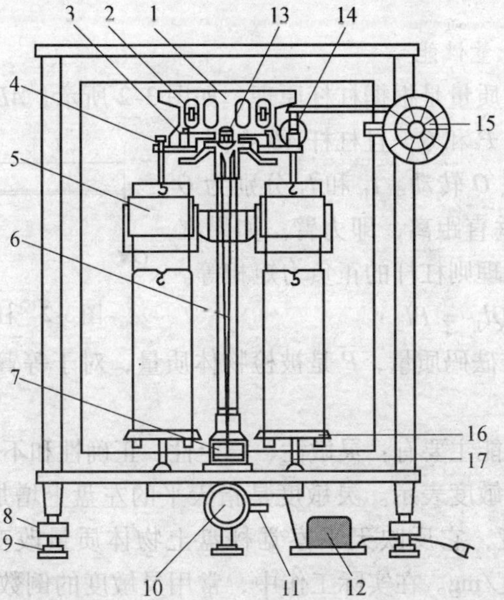

图 3-1　电光分析天平

1—横梁；2—平衡螺丝；3—支柱；4—吊耳；5—阻尼器；6—指针；7—投影屏；8—螺旋足；9—垫脚；10—升降旋钮；11—调屏拉杆；12—变压器；13—刀口；14—圈码；15—圈码指数盘；16—秤盘；17—盘托

①横梁是天平的主要部件，横梁直接影响天平的计量性能，它包括横梁本身及刀口、平衡螺丝、指针等。

②立柱是个空心圆柱体，它主要起横梁的基架作用，包括中刀承座、阻尼架、水准器、普通标牌等。

③制动系统主要用来控制天平工作，制止横梁及秤盘摆动装置。它包括开关器、升降杆、托盘架、托盘等。

④悬挂系统主要起承重作用，它包括秤盘、吊耳、阻尼器等部件。阻尼器是天平的速停装置。

⑤外罩主要用来保护天平，防止外界气流、热辐射、温气、尘埃等直接作用，它包括框架、底板、底脚等部件。

⑥光学读数系统通过光学放大，使读数微分标牌放大，以利提高读数

精度。

(2) 天平的精度级别划分

天平的精度是以相对精度表示的，它等于天平的名义分度值与其最大称量的比值。以此规定，单杠杆天平可以分为10级。同一精度级别天平有不同的分度值，所以在选购天平时，不仅要说明天平的最大称量，还要说明其分度值。

(3) 天平的计量性能

天平称量物质质量是根据杠杆原理，如图3-2所示，AB为一杠件，在AB两端各作用一个力P和Q，且杠杆AB在同一平面内，可绕支点O转动。l_1和l_2分别为Q和P到支点O的垂直距离，即力臂。如果杠杆平衡，按平衡原理则杠杆的正负力矩相等。

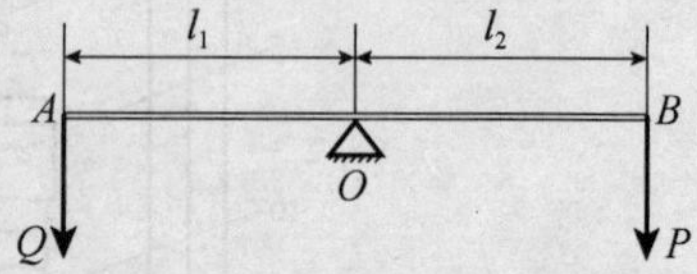

图3-2 杠杆原理示意图

$$Ql_1 = Pl_2$$

如果Q为标准砝码质量，P是被检物体质量，对于等臂天平$l_1 = l_2$，则有$P = Q$。

天平的计量性能主要有：灵敏性、稳定性、正确性和不变性。

①灵敏性用灵敏度表示。灵敏度是指天平的左盘上增加1mg质量所引起的指针的偏转程度，它反映天平察觉秤盘上物体质量改变的能力。灵敏度(E)的单位为分度/mg。在实际工作中，常用灵敏度的倒数分度值(S)来表示天平的灵敏度。例如半自动电光分析天平的灵敏度$E = 10$分度/mg，则分度值$S = 0.1$mg/分度，即秤盘上0.1mg的质量改变，天平也能察觉出来。

显然，天平灵敏度是单位质量所引起的天平标牌的分度数，分度数越多，天平越灵敏。分度值则是引起单位分度所具有的质量值，这个质量值越小，天平越灵敏。

②稳定性是指天平受到扰动后，能自动恢复到原来平衡能力。

③不变性是指天平在相同条件下，多次测量同一物体，所测定结果的一致性程度。

④正确性是指天平横梁两臂应具有正确的固定比例关系，对于等臂天平正确性通常称作天平的不等臂性。

(4) 天平的使用及维护保养

如果天平计量性能均能满足要求，若不能正确使用，同样不能保证衡量的精度。使用天平时应注意以下几个方面：

①根据使用要求，选择好天平和精度和最大称量，不得在天平上衡量超过其极限荷载的重物。

②正式使用前，要检查天平是否水平，必要时应调到水平使各部件位置正确；天平各部件均应清洁。

③操作天平时，位置要坐正，启动和关闭天平时动作要轻缓，称量过程中不要咳嗽说话，以免造成局部气流冲击。添加砝码和物料时必须关闭天平再进行，严禁在天平处于工作状态时取放砝码或物料。

④天平配套砝码应专用，不能乱挪用，称量时应用专用工具夹取砝码，切忌用赤手去取，不合格的砝码禁止使用。

⑤正确读数和记录。

天平的维护和保养要做到：

①天平应安装在清洁、干燥、明亮，室温为20±2℃的室内，七级以下天平工作室应无明显的振动，六级以上的天平要求随精度级别增加，越加严格。

②天平室应防尘、防止有毒蒸气和其他腐蚀性气体存在。

③每日天平工作完毕应做一次清洁工作，用软毛刷清扫底板及顶部浮尘等，并用防尘罩罩上，在使用一段时间后还应进行一次全面清洁工作。

④在天平室或天平罩内放置干燥剂，最好使用变色硅胶并定时换取。

⑤天平使用中若需搬动，应将横梁等部件取下再搬动。使用前应注意检查，发现毛病应找原因调修或停止使用。

3.1.2　其他常用衡器

(1) 其他常用衡器

①移动式杠杆秤

不固定在某一基础上的杠杆秤为移动式杠杆秤。这类秤的特点是不受位置限制，只要有一个平衡坚实的秤架或地面就能使用，移动方便。

②地中衡

由地基作基础，将秤体牢固地安装在基础上，秤的台面与地面跑道呈一水平面。它主要用于衡量汽车运载的货物、连车带货一次衡量，主要在工矿企业中使用。

③弹簧度盘秤

与杠杆秤的区别主要在于读数装置上，杠杆秤是用标尺和增砣来计量物体质量的，而弹簧度盘秤是以指针位置来指示称量，比杠杆秤省工省时，但称量一般较小。

④木杠杆

是最古老的一种衡器。

以上各种衡器都是由主要部件和附加部件组成的，主要部件包括承受重物的装置和供衡量结果用的读数装置，这两部分是通过杠杆来连接的。因此，它们的称量都是利用杠杆原理，即用杠杆使被测物体重与已知砝码重相平衡，而从称得物体质量。木杆秤只有一个杠杆，其他衡器有两个或两个以上的杠杆，而且是不等臂的杠杆结构。

(2) *移动式杠杆秤的使用和维护*

①要经常注意清洁工作，保持秤的清洁干燥，不得在刀口和刀承工作面上涂油。衡量有腐蚀性物品应立即清扫和擦拭干净。

②增砣即砝码，不得随意乱扔放，不用时应放在增砣架上。

③使用前应将秤安放在坚固、水平的台案上或地面上并调整至平衡。观察杠杆的摆动是否正常，零部件是否松动和齐全。

④使用时不允许超过该称的最大称量，其有效使用范围为最大称量的1/20至最大称量。衡量物品时要轻拿轻放，不许重砸和拖拉，被测物尽可能置于台板中央，不要偏于一侧。

⑤定期进行检定。

3.2 容量计量的基本概念

液态物质的数量可以用质量来计量。但若用体积来测量这些液态物质的数量即容量法更为方便、简单。

从物理学得知，液体有如下两个特性：

(1) 液体受到压力作用时，如果压力值不大，液体的体积变化很小，实际上可以认为是不变的，这个特性称为液体的不可压缩性。

(2) 与固体物质不同，液体不能保持固定的形状。液体的形状由盛装它的容器的形状决定，这个特性称为液体的流动性。

由于液体具有上述两个特性，在测量液体的数量时，主要是测量它的体积 v，已知液体的密度 ρ，其质量为 $m=\rho v$。利用液体的流动性，将其装入一个已知容量的容器来测量液体的体积。因此，测量液体体积主要是依靠容量器，简称量器。

粒状固体物质和气态物质也可以用容量器进行计量。但是，由于这两种物质的特性，前者不易均匀装满量器，准确计量很困难；后者的体积与温度、压力关系密切，计量体积时技术上产生一系列问题。因此，容量计量主要用于液态物质。

3.2.1 量具

(1) *量具的基本要求*

①材质必须是能长期使用而不易变形的；

②形状上必须满足计量时确定的有关数据的要求；

③玻璃量器的玻璃应清澈、透明、耐水，必须经过良好的退火处理，不允许有影响计量读数及使用强度的缺陷；

④玻璃量器的分度线和量值应清晰、完整、平直、分格均匀，必须与量器轴相垂直；

⑤玻璃量器除应标有厂名或商标、标准温度（20℃）外，还应有用法标记，量入式用“In”，量出式用“Ex”，吹出式用“吹”或“Blow out”，标称总容量与单位、有等级的量器还应标明准确度等级；

⑥量器必须经计量部门检定，并发给检定证书。

（2）量器的精度

容量计量精度有两种表示方法。

①相对精度

允许偏差值表示为刻度值的百分数，如精度0.1%标称容量为500L的量器，最大允许偏离度为500L×±0.1%=±0.5L，表示实际容量在499.5～500.5L范围内变化。

②绝对精度

直接给出允许偏差的绝对数值，简称允差，如±0.5mL、±1mL等。

目前使用的量器1L及其以下的标准量器是用玻璃制成的，它的精度用允差表示；20L以上的标准量器是用金属制成的，它的精度用相对误差表示。1～20L间标准量器用玻璃或金属制成的均有。

3.2.2　量器的种类及使用方法

量器的形式很多，习惯上根据量器的容量大小划分为两类。容量小于或等于20L时，称为小容量计量器；容量大于20L时，称为大容量量器。建筑材料试验中主要使用小容量计量器，大都是玻璃制成的。常用玻璃量器主要有量筒、量杯、容量瓶、单标线吸管、分度吸管和滴定管等（图3-3）。

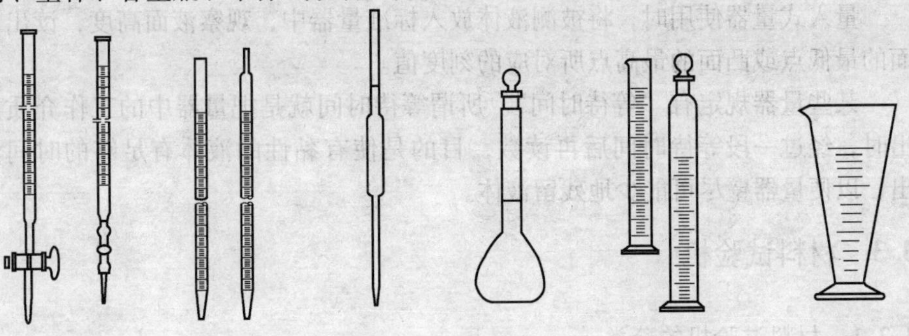

图3-3　量器的结构

量器的分类、用法、准确度等级及标称容量见表3-1。

表3-1　量器的分类、用法、准确度等级及标称容量

量器的分类			用法	准确度等级	标称总容量（mL或cm³）
滴定管	无塞、具塞、三通活塞、自动定零位滴定管		量出	A级 B	5，10，25，50，100
滴定管	座式滴定管		量出	A级 B	1，2，5，10
分度吸管	完全流出式	有等待时间15s	量出	A级	1，2，5，10，25，50
分度吸管	完全流出式	无等待时间	量出	A级 B	1，2，5，10，25，50
分度吸管	不完全流出式		量出	B级	0，1，0.2，0.25，0.5
分度吸管	不完全流出式 / 吹出式		量出	A级 B	1，2，5，10，25，50
分度吸管	吹出式		量出	B级	0.1，0.2，0.25，0.5，1，2.5，10
单标线吸管			量出	A级 B	1，2，3，5，10，15，20，25，50，100
单标线容量瓶			量入	A级 B	1，2，5，10，25，50，100，200，250，500，1000，2000
量筒	具塞		量入	—	5，10，25，50，100，200，250，500，1000，2000
量筒	不具塞		量出、入	—	5，10，25，50，100，200，250，500，1000，2000
量杯			量出	—	5，10，20，50，100，250，500，1000，2000

注：A级与B级容量允差相差一倍。

量出式量器使用时，先将量出式量器装满工作介质，此时盛于标准器中的工作介质体积等于量器的标称容量。

量入式量器使用时，将被测液体放入标准量器中，观察液面高度，读出凹面的最低点或凸面的最高点所对应的刻度值。

某些量器规定有“等待时间”。所谓等待时间就是把量器中的工作介质放出时，经过一段等待时间后再读数，目的是使有黏性的液体有足够的时间流出，以便量器壁尽可能少地残留液体。

3.3　材料试验机

3.3.1　材料试验机的分类

试验机是在各种条件、环境下测定材料性能的测试仪器。在开发新材料、研究新工艺、新技术和新结构的过程中，试验机是一种不可缺少的重要测试仪器。材料试验机的种类很多，可按照试验机的加荷方式、测力方式、结构特点及用途来分类。

（1）按加荷方式分类

材料试验机按加荷方式可分为机械传动式试验机和油压传动式试验机两类。机械传动式试验机是利用螺旋和齿轮、涡轮蜗杆传动机构，带动有活动横梁的荷重丝杆上升或下降，使试验机产生拉伸或压缩。这种加荷方式，加荷吨位小，一般在10t以下。而油压传动试验机是以油泵和油缸使活塞升降，使试验机产生压缩或拉伸。这种试验机的加荷吨位可达数百吨。

（2）按测力方式分类

材料试验机按照测力方式可分为杠杆材料试验机、摆锤测力试验机、弹簧测力试验机、电子测力试验机。此外，还有压力表测力试验机、电阻应变式传感器测力试验机等。

（3）按结构特点分类

材料试验机按结构特点分为立式试验机和卧式试验机两大类。立式试验机是垂直放置的，适用于试件尺寸较小的试验机，也是常用的一种试验机形式。而卧式试验机是水平放置的，试验机体积较大，适用于试件尺寸较大的试验。如钢绞线静载试验、大型管材的拉伸等。

（4）按用途分类

材料试验机按照用途可分为拉力试验机、压力试验机、万能试验机、扭转试验机和蠕变试验机等。拉力试验机只能做拉伸试验；压力试验机主要用于压力试验，配置夹具也可做弯曲试验；万能试验机可以做拉伸、压缩弯曲、剪切等试验。

3.3.2　材料试验机的测力原理

（1）液压弹簧测力原理

液压弹簧测力原理多用于建筑材料压力试验机，弹簧的形式主要是圆柱形拉伸弹簧。弹簧测力原理如图3-4所示。设工作活塞有效面积为A_1，所受到的压力为F；设测力活塞有效面积为A_2，所受到的压力为F_c，根据液压传递原理：

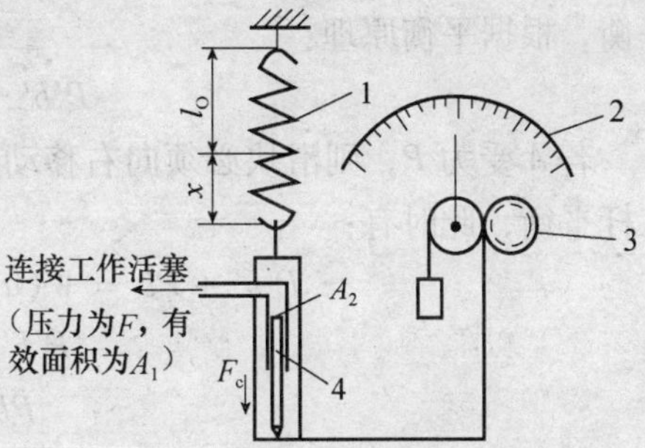

图3-4　弹簧测力原理示意图

1—弹簧；2—度盘；3—线轮；4—测力活塞

$$\frac{F}{A_1}=\frac{F_c}{A_2} \tag{3-1}$$

可得

$$F_c=\frac{A_2}{A_1}F \tag{3-2}$$

在力 F_c 作用下弹簧伸长了一段距离 x，x 与 F_c，有如下关系（公式推导从略）：

$$x=\frac{8nD^2}{d^4G}\cdot F_c \tag{3-3}$$

由式（3-2）和式（3-3）可得

$$F=\frac{d^4GA_1}{8nD^2A_2}\cdot x=kx \tag{3-4}$$

式中　$k=\dfrac{d^4GA_1}{8nD^2A_2}$

d——弹簧钢丝的直径；

D——弹簧圈的平均直径；

n——弹簧圈数；

G——弹簧材料抗剪弹性模量。

由式（3-4）可知，试件受到的力 F 与弹簧变形 x 呈正比，所以试验机刻度也是等分的。

（2）杠杆测力原理

杠杆测力原理如图 3-5 所示。AB 是一个杠杆，O 是支点，P 是试验机夹头对试件的拉力，C 是平衡砣，其重为 P'，W 是移动滑块的重。空载时 W 在 B'的位置，它是由 P'来平衡，根据平衡原理：

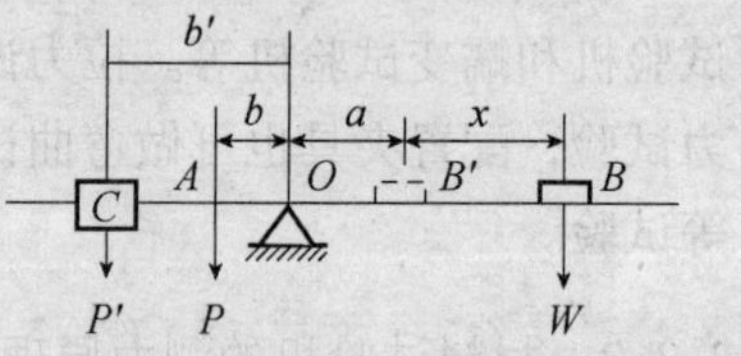

图 3-5　杠杆测力原理示意图

$$P'b'=Wa \tag{3-5}$$

若 A 受力 P，则滑块必须向右移动某段距离（设移动距离为 x）后才能使杠杆平衡，此时有：

$$P'b'+Pb=W(a+x)=Wa+Wx \tag{3-6}$$

$$\because\quad P'b'=Wa$$

$$\therefore\quad Pb=Wx$$

即

$$P=\frac{W}{b}x=kx \tag{3-7}$$

式中　$k=W/b$；

P——试件受力；

x——P 作用下滑块移动距离；

b——P 到支点 O 的距离；

W——滑块重。

由上式可知，试件受的力 P 与滑块移动距离 x 呈正比，所以在杠杆上表示力的刻度是等分的。

（3）杠杆摆锤测力原理

杠杆摆锤测力原理如图 3-6 所示。它是杠杆和摆锤相结合的测力机构。

试件受力 P 后，杠杆 AB 围绕支点 O 转动一个角度 α，杠杆 AB 通过杆 BC 与杆 O_1C 相连接，杆 O_1C 与摆杆 L 成一体，可绕 O_1 转动。根据几何关系，摆杆也扬起 α 角。同时推杆推动齿条移动一段距离 x，从而使试验机度盘指针转动。由杠杆 AB 静力平衡可得：$M_1 = M_2$。

$$M_1 = Pa, \qquad M_2 = Sb$$

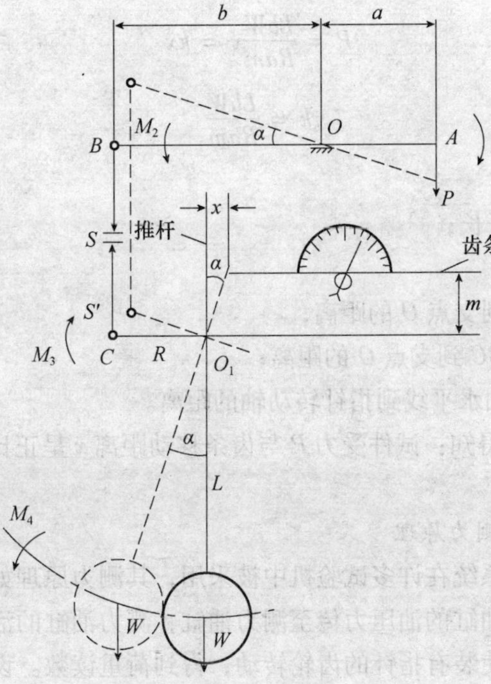

图 3-6　杠杆摆锤测力原理图

因此得：

$$Pa = Sb$$

即

$$S = \frac{a}{b}P \tag{3-8}$$

从杆 O_1C 和摆锤平衡条件得 $M_3 = M_4$。

$$M_3 = S' \cdot R\cos\alpha, \qquad M_4 = WL\sin\alpha$$

因此得：$$S'R\cos\alpha = WL\sin\alpha$$

同时 $S = S'$，所以

$$S = \frac{WL}{R}\mathrm{tg}\alpha \tag{3-9}$$

由式（3-8）与式（3-9）可得：

$$P = \frac{LbW}{Ra}\mathrm{tg}\alpha \tag{3-10}$$

从图 3-6 杠杆摆锤测力原理图中的几何关系得 $\mathrm{tg}\alpha = \frac{x}{m}$，代入式（3-10）中得：

$$P = \frac{LbW}{Ram}x = kx \tag{3-11}$$

$$k = \frac{LbW}{Ram}$$

式中 W——砣重；

R——O_1C 杆长；

L——摆长；

a——力 P 到支点 O 的距离；

b——连杆 BC 到支点 O 的距离；

m——过摆轴水平线到指针转动轴的距离。

由式（3-11）得知：试件受力 P 与齿条移动距离 x 呈正比，所以试验机度盘是等分刻度。

（4）*液压摆锤测力原理*

液压摆锤测力系统在许多试验机中被采用，其测力原理如图 3-7 所示。当试件受压时，工作油缸的油压力传至测力油缸，测力油缸的活塞下降带动摆锤偏转，平移齿条，使装有指针的齿轮转动，得到荷重读数。设工作油缸的油压为 F，其活塞面积为 A_1，则试件抵抗变形的反作用力 $P = \frac{F}{A_1}$。

工作油缸与测力油缸的油压强相等，测力油缸的活塞面积为 A_2，因此

$$F_c = F \cdot \frac{A_2}{A_1} \tag{3-12}$$

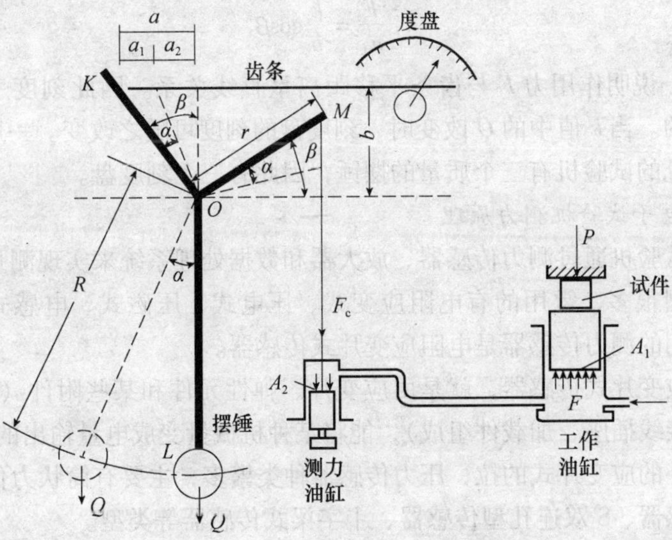

图3-7　液压摆锤测力原理图

在力 F_c 作用下，摆杆扬起角度 α，OM 与水平线夹角为 β，根据力矩平衡原理可得：

$$QR\sin\alpha = F_c r\cos(\beta - \alpha) \tag{3-13}$$

将式（3-12）代入（3-13）得：

$$QR\sin\alpha = F\frac{A_2}{A_1}r\cos(\beta - \alpha)$$

$$F = \frac{A_1 QR\sin\alpha}{A_2 r\cos(\beta - \alpha)} \tag{3-14}$$

式（3-14）中 A_1、A_2、Q、R、r 对某一试验机均为常数，所以

$$F = k\frac{\sin\alpha}{\cos(\beta - \alpha)} \tag{3-15}$$

其中 $k = \frac{A_1 QR}{rA_2}$，从式（3-15）可知，工作活塞所受的力 F，可由摆锤的扬起角 α 的大小来确定。

当摆锤扬起 α 角时，带动齿条移动距离为 a_1。

$$a_1 = a - a_2 = b\text{tg}\beta - b\text{tg}(\beta - \alpha) = b[\text{tg}\beta - \text{tg}(\beta - \alpha)] \tag{3-16}$$

由式（3-15）及式（3-16）得：

$$\frac{F}{a_1} = \frac{k\sin\alpha}{\cos(\beta - \alpha)b[\text{tg}\beta - \text{tg}(\beta - \alpha)]}$$

$$\because \text{tg}\alpha = \frac{\sin\alpha}{\cos\alpha}$$

$$\therefore \frac{F}{a_1}=\frac{k}{b}\cos\beta \tag{3-17}$$

式（3-17）说明作用力 F 与齿条平移距离呈直线关系。因此刻度上的分格是均匀分布的。当 k 值中的 Q 改变时，刻度盘的刻度可随之改变。一般油压摆锤式测力系统的试验机有三个质量的摆锤，因此有三个刻度盘。

（5）电子试验机测力原理

电子试验机通过测力传感器、放大器和数据处理系统来实现测量。测力传感器的类型很多，常用的有电阻应变式、压电式、压磁式、电感式、电容式等。最常用的测力传感器是电阻应变片式传感器。

所谓应变片式传感器，就是由应变片、弹性元件和某些附件（补偿元件、防护罩、接线插座、加载件组成），能将某种机械量变成电量输出的器件。

国内外的应变片式的拉、压力传感器种类繁多，主要有筒状力传感器、轮辐式力传感器、S 双连孔型传感器、十字梁式传感器等类型。

从材料力学上得知，在小变形条件下，一个弹性元件某一点的应变 ε 与弹性元件所受的力呈正比，也与弹性的变形呈正比。以 S 型传感器为例，当传感器受到拉力 P 的作用时，由于弹性元件表面粘贴有应变片，弹性元件的应变与外力 P 的大小呈正比例，故此将应变片接入测量电路中，即可通过测出其输出电压，从而测出力的大小。

3.3.3 液压式压力试验机

（1）压力试验机构造

压力试验机（图 3-8）构造可分为主体部分和测力系统两大部分。

①主体部分

机架上端装有球面座及上承压板，以保证承压板位置。下承压板固定在工作活塞上，为防止碎屑灰尘进入工作油缸与活塞之间，在下承压板与工作活塞之间装有遮屑板和防尘罩。工作油缸固定在机架下部。

②测力部分

在测力部分有回油阀、油泵、油箱，油箱与油泵用油管连接。油泵可以电动机驱动，也可以手摇。加荷前要关闭回油阀，加荷后打开回油阀，油便迅速回到油箱。

（2）压力试验机的使用

①试验前应对试件的最大载荷进行估计，然后选定相应的测力范围，根据不同的测量范围挂不同的弹簧及刻度盘，若测力系统为液压摆锤式，则挂不同的摆锤，以便减少测量误差。

图 3-8　压力试验机

②试验前将刻度盘指针对零。调整的方法是先开动油泵拧开送油阀，直到活塞自缸底升起 10～15mm，以便调零时将活塞及它所带起的下承压板、试件等的重量消除。活塞升起后，即可转动推杆，直到指针正对刻度盘的零点位置。

③试件加荷时，应按规定的加荷速度进行，否则试件易受冲击；也不能突然关闭，使压力突然下降，影响数据的精确性。试件破坏后，将送油阀关闭，慢慢地打开回油阀，使油缸内的油回到油箱。送油时，回油阀必须关紧，以免油漏回；但也不能过紧，以免损坏油针尖梢。

3.3.4　液压摆锤式万能试验机

（1）万能试验机的构造

万能试验机的构造分为两大部分，如图 3-9 所示。

①加载部分

如图 3-9 所示，在机器底座 1 上，装有两个固定立柱 5，它支承着固定横梁 15 和工作油缸 13。开动油泵电动机带动油泵 35 工作，将油液从油箱经油管 17 和送油阀 16 送入工作油缸，从而推动工作活塞 14、上横梁 15、活动立柱 10 和活动平台 8 上升。若将试件两端装夹在上、下夹头 7 和 6 中，因下夹头固

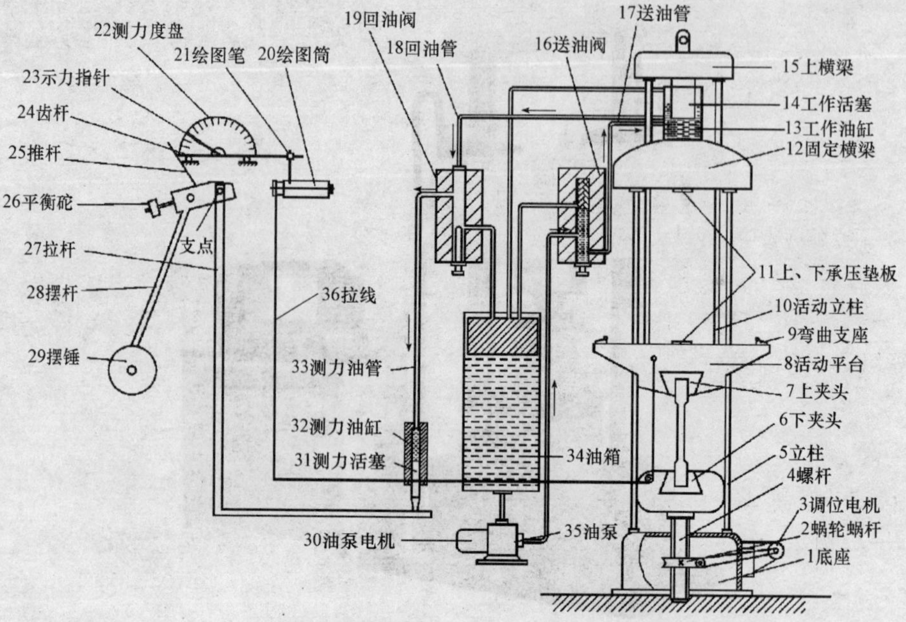

图 3-9　万能试验机构造图

定不动，当活动平台上升时试件就承受拉力。若将试件放在活动平台上、下垫板 11 之间，当活动平台上升到试件与上垫板接触时试件就承受压力。输油管路中的送油阀门用来控制进入工作油缸的油量，以调节对试件加载的速度。加载时回油阀置于关闭位置。回油阀打开时，则可将工作油缸中的油液泄回油箱，活动平台由于自重而下降，回到原始位置。

如果拉伸试件的长度不同，可用下夹头电动机（或人力）转动底座中的涡轮，使螺杆 4 上下移动，调节下夹头位置。注意：当试件已经夹紧或受力时，不能再开动下夹头电动机，否则就要造成用下夹头对试件加载，以致损伤机件，活动平台的行程对拉伸和压缩区间都有规定，使用者必须遵守。

②测力部分

加载时，工作油缸中的油压推动活塞 14 的力与试件所受的力呈正比，如果回油管 18、测力油管 33 将工作油缸 13 和测力油缸 32 连通，此油压便推动测力活塞 31 向下移动，使拉杆 27 拉动摆锤 29，使之绕支点转动而抬起，同时摆上的推杆 25 便推动齿杆 24，使齿轮和示力指针 23 旋转。指针的旋转角度和油压呈正比，亦与试件上所加载荷呈正比，因此在测力度盘 22 上，便可读出试件受力的大小。

如果增加或减少摆锤 29 的重量，指针虽然旋转同一角度，但所需的油压不同。这说明指针虽在同一位置，但所示出的载荷大小与摆锤的重量有关。一般试验机可以更换三种锤重，它相应地有三种刻度的测力度盘，分别表示三种测力范围。例如WE-30型万能试验机有三种度盘，分别为0～6t、0～15t、0～30t。试验时，为了保证测量的精度，要根据试件事先估算的力值大小来选择适当的测力度盘，并在摆杆28上放置相应重量的锤重。为了达到上述同样的目的，有些试验机采用的是调节摆杆长度的办法，而不是变更摆锤的重量。

加载前，应调整测力指针对准度盘上的零点。方法是开动油泵电动机送油，将活动平台8升起1cm左右，然后移动摆杆上的平衡砣26，使摆杆达到铅垂位置。再旋转刻度盘（或转动齿杆）使指针对准零点。这样做是为了消除上横梁、活动立柱和活动平台等部件的重量，因为这部分重量不应计入到试件所受的荷载上去。

（2）万能试验机的使用

①与压力试验机相似，在试验前应对试验的最大载荷进行估计，选用相应的测量范围。一般万能试验机有三个测量范围，相应的有三个摆锤及三个刻度盘。三个摆锤分别标有A、B、C字样，A摆锤固定在摆锤上。测量范围确定后，再看刻度盘上标明的摆锤示值范围而增加B摆锤或B、C两个摆锤。

②调节平衡砣。摆锤挂好后，打开送油阀，使活塞升起一小段，然后再关闭油阀，调节平衡砣，使摆杆上的刻线与标定的刻线相重。此时如果指针不对零，则可调整推杆，使指针对准刻度盘的零点。

③送油阀及回油阀的操作。在试台升起时，送油阀可开大一些。试件受力后，须按照规定的加荷速度增减送油量。试件破坏后关闭送油阀，然后慢慢打开回油阀卸除载荷，直至工作活塞落回到原来的位置。试件加荷时，回油阀应关紧，但亦不能过紧。

④试样的装夹。做拉伸试验时，先开动油泵，再打开送油阀，使工作油塞上升一小段距离，然后关闭送油阀。将试件一端夹于上钳口，对准指针零点，再调整下钳口，夹住试件下端，开始试验。

做压缩、弯曲或剪切试验时，将试件置于试台的压板或弯曲支座上，即可进行试验。

⑤绘制应力-应变图。试验时，试件产生的变形，经拉线36使绘图筒转动，构成应变坐标，绘图笔则画出曲线来。

3.3.5 电子万能试验机

电子式万能材料试验机是采用电子技术（或电子计算机）控制的万能材料试验机。近年来先后发展了四种不同的控制方式。

一种是采用松下电机及控制器只能实现等速模拟控制的电子式万能材料试验机；

第二种是采用单片机组成测量、控制单元，通过计算机与之通信实现模拟控制的电子式万能材料试验机。这种控制方式虽然实现了等速、等应力、等应变控制，但在试验过程中各种控制方式无法相互切换；

第三种是以计算机为内核的测量控制电箱，各生产厂家另配计算机及试验软件与之通信的电子式万能材料试验机，该方式只能实现程序控制，对试验员素质要求较高；

第四种是采用数字式脉冲调宽技术，全数字闭环多功能控制的电子式万能材料试验机，其测量控制系统既可以实现程序控制又可以实现随机控制试验。在试验过程中，各种控制速率及控制方式均可以互相平滑切换。电子式万能材料试验机由于采用了传感技术，自动化检测和微机控制等较先进的测控技术，该机不仅可以完成拉伸、压缩、弯曲、剪切等常规试验，还能进行载荷或变形循环、蠕变、松弛和应变疲劳等一系列静、动态力学性能试验，该机具有测量精度高，加载控制简单，试验范围宽，可以对整个试验过程进行预设和监控，直接提供试验分析结果和试验报告，再现试验数据等优点。

电子式万能材料试验机随制造厂家不同，其结构和功能略有差异，但其结构均包含下列五个系统：（1）加力系统；（2）测力系统；（3）试样变形测量系统；（4）动横梁位移测量与控制系统；（5）计算机自动测试与控制系统，如图 3-10 所示。

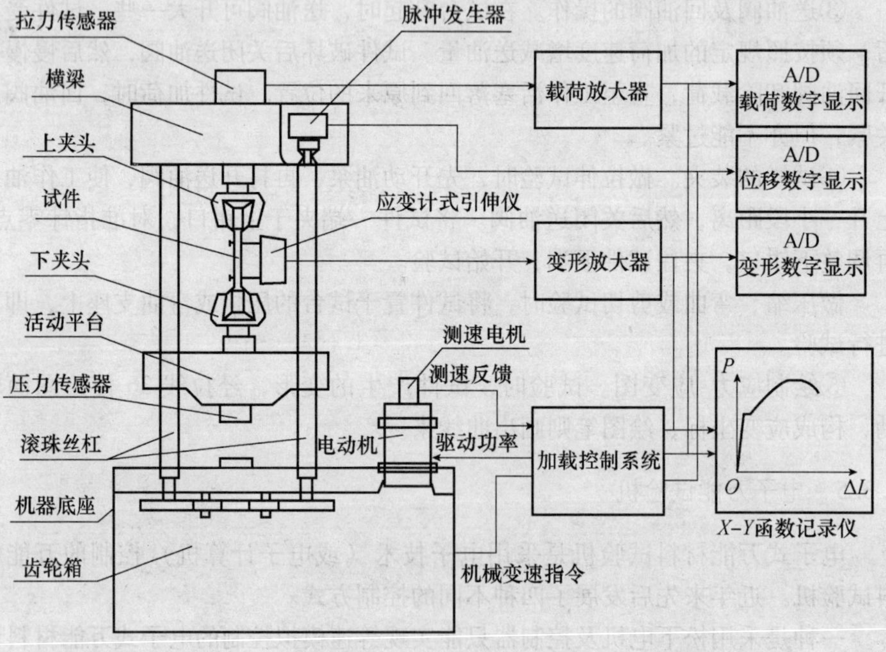

图 3-10　电子万能材料试验机基本构造和原理示意图

现简要介绍电子万能试验机的结构与工作原理。在试验机机座的工作台上对称固定两根立柱，立柱上端固定一根上横梁，上横梁、立柱和工作台组成一门式框架，构成对试样加力的反力系统。两根滚珠丝杠穿过横梁且两端分别安装在上横梁和工作台上。伺服电机驱动齿轮带动两根滚珠丝杠驱动活动平台上下移动，使夹持于上下夹头之间的试样受力变形，试样对变形的抵抗就是抗力，这种抗力作用于固定在活动平台上的载荷传感器上。载荷传感器将作用力转换成电信号，该信号被输送到测量放大器得到放大并进行载荷参量的测量，然后经 A/D 转换输送到试验机控制柜前面板的显示器显示。与载荷测量原理相同，在试样上装夹应变式变形测量传感器即引伸仪，试样受力变形后，引伸仪将标距范围的变形转换成电信号输送到测量放大器，经放大处理后将信号送到前面板的显示器显示。

电子式万能材料试验机采用了主从结构的计算机控制系统。试验机的测量与控制等功能模块内嵌于微处理器中作为下位机，下位机主要完成功能模块内部功能控制，如测量模块的标定、调零、换挡等，以及控制模块的参数设定，各种保护的自诊断等。主控计算机通过 GPIB 总线管理，控制试验机的测量与控制模块的下位机组键并完成各种功能的力学性能测试。

电子式万能材料试验机是一种多参量、多功能、高精度、智能型的力学试验设备，为了杜绝事故，在使用过程中应特别注意下列事项。

（1）在主机开动前，必须把位移行程限位保护装置调整好，以保证活动平台不与上横梁或工作台相撞。

（2）试验机单向加载不应超过载荷传感器的额定容量的110%，双向循环加载其拉伸与压缩载荷不宜超过载荷传感器容量的60%。

（3）拉伸夹具夹持试样部分的长度不得少于夹块长度的80%。

（4）载荷、变形测量仪器应预热30min后方可开机试验。

（5）新传感器与放大器配套使用前，必须对放大器各挡进行标定。

（6）当试验机处于应力（或应变）控制中，放大器的力值换挡和变形换挡键失效。

（7）计算机命令把引伸仪卸下或在大变形控制下，变形通道显示零。

（8）调整放大器对传感器的各种校准参数时，必须严格遵循操作规程，否则容易造成事故。

（9）试验过程中若出现异常情况应迅速按“急停”键，查找原因，系统正常后再按正确步骤试验。

3.4 试验机的检定

材料试验机使用及维修后都会影响其精确度，而试验机的精确度直接影响到试验结果的准确性。试验机的精确度越高，表示试验机刻度盘或电子显示的载荷数值与材料试样在试验机上所承受的实际载荷之间的误差越小。国家标准规定了试验机的误差范围，为了保证试验机的误差在国家标准规定的标准范围内，必须对试验机进行定期的检定，一般规定一年一次。

在整个力值检定系统中，力标准器可分为两类。第一类为产生力值的固定式标准器。这类标准器按结构为分静重式、杠杆式、液压式和叠加式等。第二类为传递力值的各种便携式标准器。这种标准器按其测量原理可分为百分表式、水银箱式、光学式、激光式、应变式、压磁式、电感式、电容式、振弦式等测力仪。

3.4.1 计量基准器具

力值国家基准由6台不同力值范围的静重式力基准机组成。静重式力基准机是以砝码产生的重力作为基准力值，通过适当的机构按预定顺序自动地把力值施加在被检定的测力仪上。这种机器的力值不确定度主要取决于砝码质量的不确定度，安装地点重力加速度的测量不确定度，砝码和空气密度的测量不确定度，同时还与砝码的稳定性、加卸方式及机器的结构等有关。

3.4.2 计量标准器具

力标准机有杠杆式、液压式、静重式和叠加式等四种形式。杠杆式力标准机以砝码产生的力作为标准负荷，经过适当的杠杆机构放大后按预定顺序自动地把力值加到被检测力仪上。它比静重式力标准机容易得到更大的力值，其计量学性能主要取决于杠杆的构造与组合情况，刀刃和刀承的构造以及加工安装质量等，目前国内这种机器均为单杠杆结构，其杠杆比为10:1和20:1，最大力值有1MN、30kN、100kN和60kN（包括少量50kN）四种。叠加式力标准机用一个（组）比被检定的测力仪精度高的测力仪作为标准，与被检的测力仪进行串联，以液压方式或机械方式施加力值。这种力标准机的力值总不确定度δ主要取决于标准测力仪的精度指标，加荷机构的性能以及安装质量等。

作为标准力值与一般工作之间的传递的标准测力仪分为三级，即0.1级、0.3级和0.5级。0.1级标准测力仪用于检定力值不确定度优于0.5%的试验机；0.3级标准测力仪用于检定力值不确定度优于1%的试验机；0.5级标准测力仪用于检定力值不确定度优于2%的试验机。

3.4.3 工作计量器具

一般材料试验机主要指用于材料力学性能试验的机器，根据其技术指标分别为两级。力值总不确定度不超过1%的机器大部分是传统的液压式或机械式材料试验机，用0.3级标准测力仪进行检定。力值总不确定度不超过0.5%的机器大部分是用力传感器进行力值测量的电子式材料试验机，用0.1级标准测力仪进行检定。

小力值试验机主要用于金属小试样和非金属材料的力学性能试验中。可用两种方法检定，或者是0.3级标准测力仪，或者是校验杠杆。

专用试验机主要指用于建筑、化工等行业的某些非金属材料试验机。由于样品分散性校大，准确度要求不高，因此将这类机器的力值总不确定度降低到2%，用0.5级标准测力仪检定即可。

微小力值试验机一般通过直接施加标准砝码产生力值，其力值总不确定度的确定与静重式力基准机相同，二者的差异只是前者测量精度较低，有些因素不必考虑。

随着科学技术的发展，有些部门要求用高精度试验机对某些材料进行力学性能试验，以便获得更可靠的试验数据。这类试验机主要是电子试验机，力值总不确定度为0.1%，需用0.03级标准测力仪进行检定。

其他测力仪主要指各种不同精度、不同原理、不同量程的测力与称重用传感器，除了少数0.01级和0.03级的测力仪用静重式力标（基）准机检定外，大多数根据需要与可能用相应的力标准机进行检定。

工作测力仪主要用于汽车、拖拉机的牵引力等测量中，大多数在条件较恶劣的现场中使用，对其力值的重复性和稳定度要求不高，一般为3%。这类仪器可用任何量程合适的力标准机检定。

3.5 变形测量仪器

材料在受到外力作用时，内部产生应力的同时也产生了应变，无机非金属材料通常变形较小，金属材料变形较大，而有些有机材料的变形可以达到400%以上。为了测量材料性能试验中所产生的变形，常采用变形放大机构将变形放大，或将变形转化为电阻的变化来间接测量材料的变形。测量变形的仪器常用的有百分表、千分表、杠杆式引伸仪和电阻应变仪等。

3.5.1 百分表、千分表

百分表（图3-11）和千分表主要用于测量位移，是材料变形测试中最常用的仪器。百分表和千分表利用机械中齿轮传动原理，使变形通过放大齿轮放大，从而提高灵敏度。千分表比百分表增加了一对放大齿轮（或放大杠杆），使灵敏度提高了10倍。百分表上的一小格代表1/100mm，即0.01mm，其量程一般为5~10mm；而千分表上的一小格代表1/1000mm，即0.001mm，量程一般为3mm左右。百分表和千分表的刻度盘一般可转动调零，使用时要将仪表安装在表座上，常用磁性基座固定或根据需要固定在特制的表架内，将测杆的触头紧靠在被测量物体上，物体的变形将引起触头的上下移动，测杆上的平齿推动小齿轮及与它同轴的大齿轮共同转动，大齿轮带动指针齿轮转动，指针随之转动。

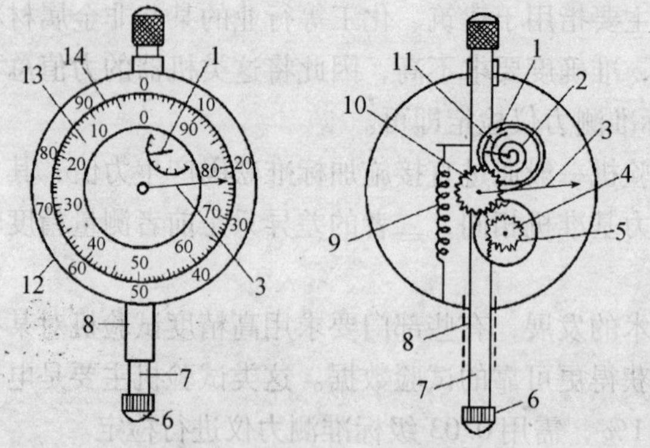

图3-11　百分表构造图

1—短针；2—齿轮弹簧；3—长针；4、5、10、11—齿轮；
6—顶头；7—测杆；8—轴颈；9—测杆弹簧；12—刻度盘；13、14—刻度

3.5.2　蝶式引伸仪

蝶式引伸仪又称为双表式引伸仪，即在组合表架上装有对称的两只百分表（或千分表），可用来测试试件两个相对面的变形值，以便消除偏心的影响。蝶式引伸仪主要用来测量金属材料和一些非金属材料的某些机械力学性能。可配合万能试验机来测定材料的位移或应变，通过换算可求得材料的弹性模量及屈服强度，并能用于钢筋张拉工艺的变形控制。

蝶式引伸仪主要由三部分组成：感受变形部分、传递部分、指示部分。

感受变形部分主要由上刀口和下刀口组成，直接与试件接触。上刀口可在标杆上上下移动，并可固定在所选择位置上。下刀口可绕自身中点转动。上、下刀口之间的纵向距离就是试样的标距长度。上、下刀口具有较高的硬度和耐磨性。

传递部分是通过装在左、右主体内的两个活动下刀口来实现的，它们被分

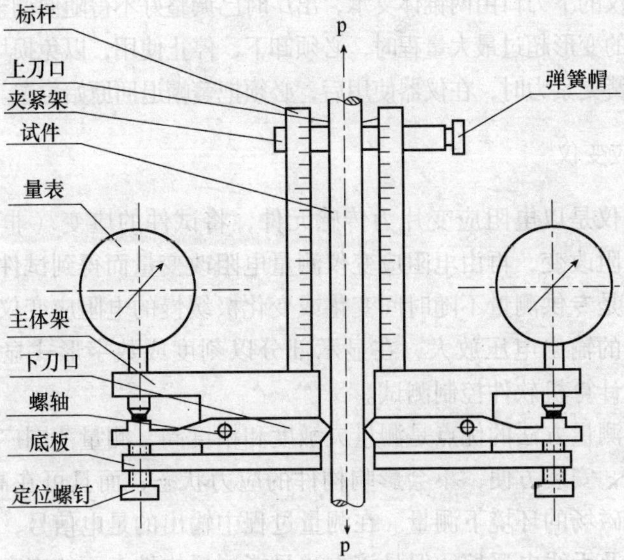

图 3-12 蝶式引伸仪构造图

别支承在旋入左、右主体的螺轴锥尖上，形成一等臂杠杆。引伸仪工作时，传递变形部分便将试件标距范围内的变形量传递到量表上，通过量表指针的转动，直观地反映出来。

指示部分是两只量表，可按不同精度要求选用分度值为 0.01mm 的百分表或分度值为 0.001mm 的千分表。量表测杆的端部镶硬质合金片，经研磨光洁度达▽ 10 以上。

从构造原理可知，蝶式引伸仪对应变测量的灵敏度是可变的，灵敏度随标距的增大而提高，但此时仪器的量程变小，因为量表的量程是一定的。

蝶式引伸仪使用时首先应根据使用和实际需要，选定标距值和选用量表；然后调正上刀口的位置，使上、下刀口间的距离等于标距值；松开紧固螺钉调整量表位置，使上刀口底面与底板上定位螺钉接触，顶尖与量表平面接触。测拉伸变形时，量表起始位置应在指针正向行程 0.1mm 以上。需注意，紧固量表时，要保证量表测杆能上下运动自如，不被卡住。如果对同一试件多次测量，则不需每次试验都要调整量表位置。握住蝶式引伸仪，压缩弹簧使两刀口分开，夹持在试件上，如夹紧力不够，可调整连接板弹簧帽。增加上刀口夹紧力时，需在标杆上使用夹紧架，其位置应尽量靠近上刀口处，夹紧力也可以通过弹簧帽调整。试件在标距范围内的伸长量按两表数值的平均值进行计算。

蝶式引伸仪是由铝合金材料制作，又配备精密量表，使用时，必须小心轻拿轻放。量测头及刀口要保持清洁，用后擦净，涂上防锈油，套上刀口防护罩，放入盒内。蝶式引伸仪的下刀口由两锥体支承，出厂时已调整好不得随便调整。蝶式引伸仪在被测试件的变形超过最大量程时，必须卸下，停止使用，以免损坏仪器。当使用簧帽调整弹簧夹紧力时，在仪器使用后，必须把簧帽退回原始位置。

3.5.3 电阻应变仪

电阻应变仪是以电阻应变片为传感元件，将试件的应变（非电量）转换成应变片的电阻改变，再由电阻应变仪测量电阻改变量而得到试件的应变。静态电阻应变仪是专供测量不随时间变化或变化极缓慢的电阻应变仪器，其功能是将应变电桥的输出电压放大，在显示部分以刻度或数字形式显示应变的数值，或者利用计算机软件控制测试。

电阻应变测量方法的优点是测量灵敏度和精度高，测量范围广，应变片尺寸小，重量轻，安装方便，不会影响构件的应力状态，而且可在高温、低温、高速旋转或强磁场的环境下测量。在测量过程中输出的是电信号，易于实现数字化、自动化及无线电遥控。但是该方法只能测量构件表面的应变，不能测量构件内部的应变，且一个应变片只能测定构件表面某个点沿某个方向的应变，可测得电阻应变栅长范围内的平均应变值，不能进行全范围的测量。

电阻应变测试的仪器主要由两部分组成：电阻应变片和电阻应变仪。

电阻应变片是一种电阻式的传感器，它通过电阻的变化来反映所需要测量的应变。

电阻应变片是由高电阻系数的金属电阻线（直径为0.02~0.03mm）绕成栅形，上、下表面用绝缘层覆盖，两端引出电阻丝，把应变片粘贴在被测物体表面，其电阻值随被测物体的变形而改变。电阻应变仪主要起转换放大作用，将应变片电阻值的变化转换成电压（或电流）变化，通过电子放大器将信号放大，并指示出变形的大小。其中将应变片电阻值的变化转换成电压（或电流）变化是通过电阻应变仪中的电桥来完成的。电阻应变仪的原理在很多专业书籍中有详细介绍，这里不再赘述。

3.6 非破损检测仪器

这里简要介绍土木工程材料检测中常用的混凝土钻孔取芯机、混凝土回弹仪、金属和非金属超声波仪、混凝土雷达等非破损检测仪器设备。

3.6.1 混凝土钻孔取芯机

混凝土钻孔取芯机采用电动机或其他发动机为动力，配备人造金刚石薄壁钻头，可固定在现场混凝土结构上，通过电机驱动钻头钻取混凝土芯样，用于混凝土抗压强度测定。主要用于公路、机场、港口、码头、大坝等水泥混凝土、沥青路面的检测，其构造如图3-13所示。

混凝土钻孔取芯机使用时，首先根据钻取位置确定取芯机底座位置，用电钻打孔，将膨胀螺栓安入孔中，将钻机底座用该膨胀螺栓固定。调整底座上的调节螺钉，使钻头垂直于钻取面。钻机固定好后，通冷却水，水量适当，以钻头在工作中不热为宜。准备工作就绪后可开动钻机，手握手柄进给，开始进给量要小，用力要轻，待混凝土表面削出圆槽后方可进行正常切削。钻孔时，应保证推进速度均匀，大约为3～5cm/min，如发现钻头受卡，可适当降低推进速度，必要时可将钻头提升一段，然后再慢慢钻入，忌硬性钻进，以免打坏钻头及机器。钻进过程中，不得超载，当电机温度超过70℃（手感烫手），应降低加载力，并更换新钻头。钻孔结束时，只有将钻头脱离工件时，才可停机。

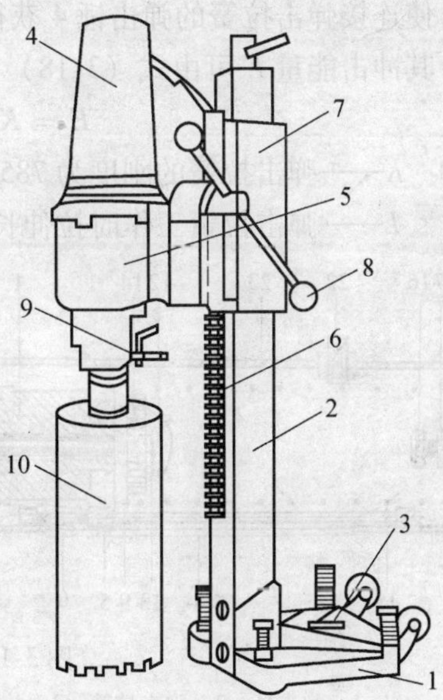

图3-13 混凝土钻孔取芯机

1—底座；2—立柱；3—固定螺孔；4—电动机；5—变速箱；6—齿条；7—滑块；8—手柄；9—水口；10—钻头

当钻机深度超过钻头长度时，可加连接管。

3.6.2 混凝土回弹仪

混凝土回弹仪是一种便携式非破损测试仪器，用于测量混凝土等材料的强度或匀质性，其原理是利用不同表面硬度的混凝土对回弹仪的弹击杆产生不同的反作用力，混凝土的表面强度越高，回弹值就越大。

根据冲击能量的大小，可将回弹仪分为L型、N型及M型三类。

L型（小型）冲击能量为0.735J，主要用于测试小型构件或刚度稍差的混凝土或水泥制品；

N型（中型）冲击能量为2.207J，主要用于测试房屋建筑的普通混凝土构件，是我国应用较广泛的一种。还有一种NR中型回弹仪，能自动画线记录回弹值。

M型（大型）冲击能量为29.42J，主要用于测试大型实心块体，机场跑道、公路路面等。

指针直读的直射锤击式中型回弹仪应用最广，其构造如图3-14所示。仪器工作时，随着对回弹仪施压，弹击杆 1 徐徐向机壳内推进，弹击拉簧 2 被拉伸，使连接弹击拉簧的弹击锤 4 获得恒定的冲击能量 E，当仪器水平状态工作时，其冲击能量 E 可由式（3-18）计算：

$$E = KL^2/2 = 2.207\text{J} \tag{3-18}$$

式中　K——弹击拉簧的刚度为 785.0N/m；

L——弹击拉簧工作时拉伸长度 0.075m。

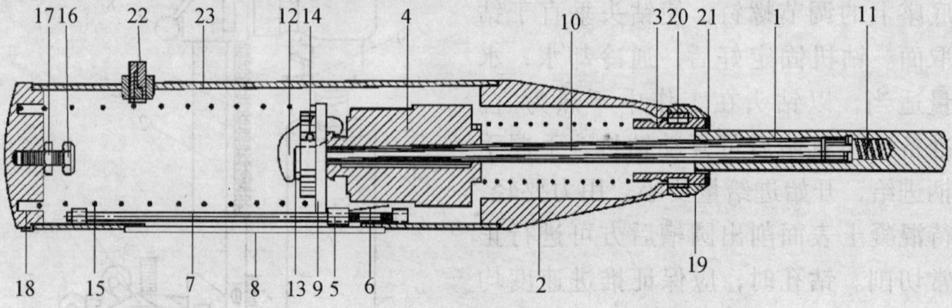

图 3-14　回弹仪构造

1—弹击杆；2—弹击拉簧；3—拉簧座；4—弹击锤；5—指针块；6—指针片；7—指针轴；8—刻度尺；9—导向法兰；10—中心导杆；11—缓冲压簧；12—挂钩；13—挂钩压簧；14—挂钩销子；15—压簧；16—调零螺钉；17—紧固螺母；18—尾盖；19—盖帽；20—卡环；21—密封毡帽；22—按钮；23—外壳

当挂钩 12 与调零螺钉 16 互相挤压时，使弹击锤脱钩，于是弹击锤的冲击面与弹击杆的后端平面相碰撞，此时弹击锤释放出来的能量借助弹击杆传递给混凝土构件，混凝土弹性反应的能量又通过弹击杆传递给弹击锤，使弹击锤获得回弹的能量向后弹回，计算弹击锤回弹的距离 L' 和弹击锤脱钩前距弹击杆后端平面的距离 L 之比，即得回弹值 R，它由仪器外壳上的刻度尺 8 示出。回弹值示意图如图 3-15 所示。

$$R = \frac{L'}{L} \times 100 \tag{3-19}$$

式中　R——回弹值；

L'——弹击锤向后弹回的距离；

L——冲击前弹击锤距弹击杆的距离。

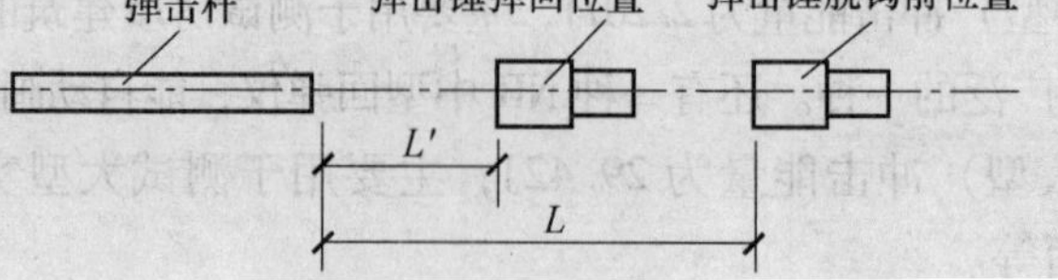

图 3-15　回弹值示意图

3.6.3　金属和非金属超声波仪

超声波用于混凝土的测试技术，国外始于 20 世纪 40 年代，随后迅速发展，现已在工程上广泛应用。目前主要用于强度、裂缝、内部缺陷和均匀性检测等方面，有时也用于测定弹性参数。超声波检测仪的组成部分主要包括超声波的产生、传递、接收、放大、时间测量和显示等装置。

超声波检测仪是无损检测中的重要仪器，它能激励换能器产生超声波，并将换能器接收超声波转换得到的电信号进行处理。超声波是一种频率超过 20kHz 的机械波，一般由高频电振荡激励压电晶体发出。接收也是通过压电晶体把机械振荡转换成电信号进行传输、放大与量测。

超声波探测的基本原理是基于超声波在介质中传播时，遇到不同界面，将产生反射、折射、绕射、衰减等现象，从而使传播的声时、振幅、波形、频率等发生相应变化，测定这些规律的变化，便可得到材料的某些性质与内部构造情况。由于非金属与金属材料的性质不同，使用超声波检测仪也分两类。用于非金属探测的要频率低、功率大，声波传播能量才不易被衰减，才能满足一定范围内的量测需要。用于金属探测的，则需要频率高，而功率不必太大，这样探测灵敏度较高，精度较好。

应用超声波检测时，需要将电信号转换成发射探头的机械振动，再向被测介质发送超声波。超声波在被测介质中传播一定距离后由接收探头接收，并将其转换成电信号后再送入仪器进行处理。这种将声能与电能相互转换的器具称换能器。上述发射探头和接收探头即为超声换能器。进行声电转换的方法很多，在超声波检测中，由于要求较高的频率、稳定一致的工作状态和不大的体积，一般都采用压电换能器。压电晶体在受到压力或拉力而产生变形时，能在其界面上产生电荷。这种特殊晶体的压电性能是可逆的，即晶体在外加电场的作用下，将产生变形。如果加在晶体界面上的是交变电场，则晶体由于反复变形而产生振动，并向周围介质发射声波。

本章简要介绍了衡器、容量计量器具、材料试验机、变形测量仪器和主要的非破损检测仪器设备，但实际检测中用到的仪器设备是多种多样的，很多单一测试指标都有专用仪器，不同厂家仪器构造也存在差异，因此，对这些仪器设备的使用还要结合设备使用说明书和相关资料进行学习。

第4章 材料在拉伸、压缩和弯曲荷载作用下的力学性能测试

4.1 材料压缩性能的测试

4.1.1 概述

土木工程中有很多承受压缩荷载的构件，如混凝土柱、承重墙体、桩基础等。按照受力形式不同可分为单向压缩、双向压缩和三向压缩。工程中最常见的是单向压缩，本节主要介绍材料的单向压缩试验。

拉伸时塑性很好的材料在压缩时只发生压缩而不会断裂，因此塑性材料很少进行压缩试验。脆性材料在拉伸时常产生垂直于荷载轴线的正断，塑性变形量几乎为零；而在压缩试验时，则能产生一定的塑性变形，并能沿与轴线呈45°方向产生切断。灰铸铁和一些高强度低塑性材料压缩断裂时，就具有这种类型的断口。另外，陶瓷材料在轴向压缩时，还会出现断口表面与压力轴线垂直的现象。

压缩试验主要用于水泥混凝土等脆性材料和低塑性材料的抗压强度和弹性模量的测定，而对金属等塑性材料往往在压缩时不能被破坏，负荷变形曲线的最后部分一直上升，如图4-1所示，主要用于测定抗压弹性模量、比例极限或弹性极限等指标。通过压缩试验，对在压缩时产生明显屈服现象的材料，还可测定压缩屈服点 s_{sc}。在压缩试验过程中，还可通过最大变形量比较材料的塑性性能。

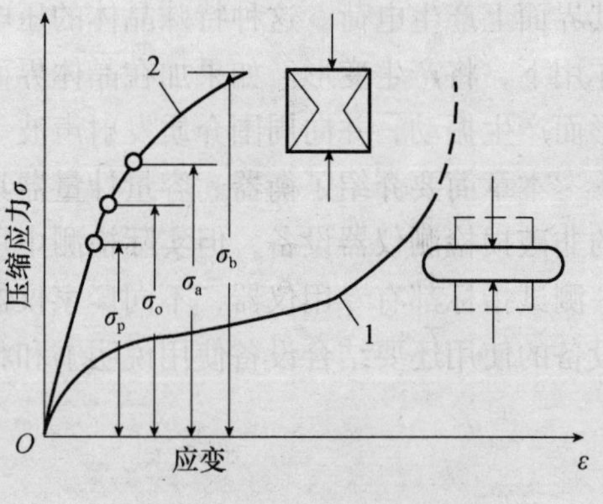

图4-1 压缩应力-应变曲线

1—塑性材料；2—脆性材料

抗压试件破坏有多种类型。对于脆性材料一般沿着对角面或锥形（圆柱体试件）、或者呈金字塔形（立方体试件）破坏。这些类型基本上是属于受剪切而破坏。

抗压试验中，材料抵抗破坏的

能力，主要表现为与粘着力一样的内部摩擦。破裂面的角度 θ 根据莫尔理论不是45°，而是内摩擦角度的一个函数。

但对混凝土材料由于内部结构的不均匀性，不一定符合这个理论，另外由于端部的作用也会影响破裂角度，因此实际破裂角度与理论值会产生较大偏差。铸铁、砂岩、砖和混凝土等材料试验中观测到的 θ 值约为50°~60°。

脆性材料的压缩强度一般高于其抗拉强度，尤其是陶瓷材料的压缩强度约高于其抗拉强度一个数量级。如烧结致密的氧化铝多晶体的拉伸强度为280MPa，而其压缩强度高达2100MPa。这是由于陶瓷中总是存在裂纹，拉伸时裂纹达到临界尺寸就失稳扩展发生断裂；而在压缩时，裂纹会闭合或呈稳态缓慢扩展，使压缩强度提高。

土木工程材料中受压构件多为无机非金属材料，如水泥混凝土、砖砌体、石材等。故本章着重介绍混凝土的抗压强度及抗压弹性模量，水泥抗压强度、砖抗压强度、石材和木材等抗压强度测定的要点。

4.1.2 测试步骤

抗压强度为抗压破坏荷载与受力面积的比值，因此测定抗压强度主要应当测准两个指标，一个是受力面积，另一个是材料破坏或变形达到规定值时的荷载，其主要测试步骤如下。

(1) 测量尺寸

材料抗压强度的测定通常采用立方体、棱柱体或圆柱体试件，受力截面多为方形或圆形，因此受力面的测量主要是测定立方体或棱柱体的边长或圆柱体的直径。对不同的试件都有一定的精度要求，因此所使用的量具必须满足相应的精度要求。如混凝土、砖试件尺寸的测量，要求精确至1mm，木材试件尺寸的测量要求精确至0.1mm。试件尺寸的测量一般需要在不同的位置测定，如圆柱形试件，至少在两个相互垂直的直径上测量，取其平均值。

对不规则试件应注意材料受力截面在计算时应注意采用实际承受压应力的最小截面，如烧结普通砖应测量两个半块砖的连接面的最小尺寸，而水泥胶砂试件的抗压强度采用实际受力面积（即试件的宽度与抗压夹具压头的长度乘积）。

(2) 试件放置

首先必须注意对中和校平，以避免受压时产生偏心负荷。一般试验机上、下承压板上均刻有同心圆环或十字线以利于对中放置。

放置试件还应注意试件的受压面，如混凝土试件的成型顶面不得用作受压面。

(3) 加荷控制

试验时的加荷速度同样影响材料的抗压强度。一般的规律是：加荷速度快，显示出的强度高；加荷速度慢，显示出的强度低。因此，试验时应严格按照规定的速度加荷。

对于抗压试验的加荷速度，许多情况下，在达到最大荷载的一半之前，允许用某一适宜的速度加荷，随后应按规定的速度加荷。但大多数试验都规定有相应的加荷速度。如混凝土加荷速度为：混凝土强度等级低于 C30 时，取 0.3 ~ 0.5MPa/s；混凝土强度等级大于或等于 C30 时，取 0.5 ~ 0.8MPa/s，木材顺纹抗压的加荷速度为 1.5 ~ 2.0min 可使试样破坏，而砖则以 0.5MPa/s 的速度加荷。

对于变形较大的试样，如管材的压扁试验等，通常以控制变形速率控制加荷速度。

(4) 破坏荷载的确定

对于脆性材料，压缩荷载不断增大，直至试件破坏，记录试件破坏时的最大荷载，计算其与受力面积之比即为材料的抗压极限破坏荷载。

对于韧性材料和塑性材料，在压缩试验过程中，有的以变形极限作为破坏的标志，如在压缩过程中具有横向鼓出就认为是压坏了，有些韧性相对低的材料，在试验过程中表面硬化发展成表面裂缝即为破坏。

对于管材的压扁试验则以管材变形达到规定值作为判定试验终点的依据。

对强度较高的脆性材料进行抗压强度测定时，应在试件周围设置防崩裂网罩，以防试块碎裂飞出伤人。

(5) 数据处理

抗压强度计算公式：

$$f_{cu} = \frac{P}{A} \tag{4-1}$$

式中 f_{cu}——材料抗压强度，MPa；

P——破坏荷载，N；

A——试件承压面积，mm^2。

由于试验的离散性，一般每种材料均应取多块材料进行测试抗压强度，最后按照规定方法进行数据取舍及评定。如混凝土试块取 3 块试件为一组，以 3 个试件的算术平均值作为该组试件的抗压强度值（精确至 0.1MPa）。

烧结普通砖和多孔砖试件为 10 块一组，砂浆和石材试件 6 块一组。

(6) 抗压弹性模量测定

如果要测定材料的抗压弹性模量，则应选择高径比稍大的试件，以便安置变形测量仪器。在试验前应确定变形测量的基准——标距，并在不同荷载时读取标距变形值，最后按照下式计算弹性模量。

$$E = \frac{PL}{A\Delta L} \tag{4-2}$$

式中 E——弹性模量，MPa；

P——荷载，N；

L——标距，mm；

A——试件受力面积，mm^2；

ΔL——标距间变形值，mm。

在抗压试验中，绝对均匀的应力分布实际上是达不到的，因此在需要测量应变的试验中，变形值至少要取两个相对方向所测之值的平均值。如果是圆柱形试件，可在周边相隔 120°的三个角度线测量变形。

4.1.3　主要影响因素

(1) 端部约束

压缩试验时，试样端部的摩擦力对试验结果有极大的影响。这个摩擦力发生在上、下压头与试件端面之间。不同的材料对试样与承压板的端部摩擦力要求不同，对水泥胶砂试件的抗压强度测定均要求端面擦干，无水分的润滑作用。而金属材料抗压强度测定如需消除端面摩擦力时，可采用端面涂油或涂石墨粉予以润滑，或采用特殊设计的压头，使端面的摩擦力减低至最小。

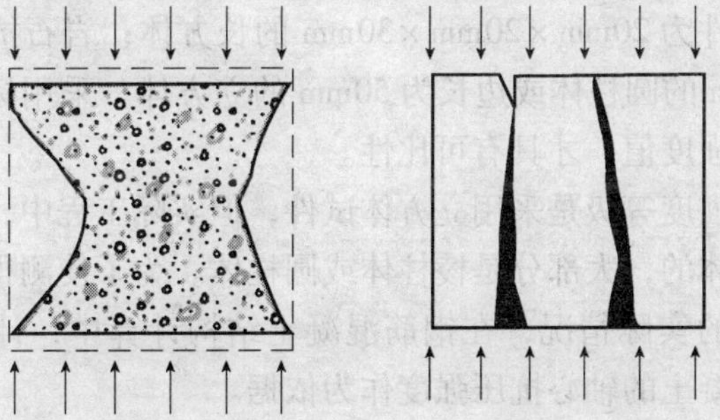

(a)　　(b)

图 4-2　混凝土试件受压破坏时端部摩擦的影响

(a) 端部有摩擦；(b) 端部无摩擦

(2) 端部平整度

试件的受压表面必须是平滑的，并与试件轴线垂直。如果试件表面不平整将产生局部应力集中，使抗压强度显著降低。对混凝土试件尤其应注意检查由于试模变形引起的表面不平整，从而使抗压强度降低。正常破坏的混凝土试块与承压板接触的两端面应是完整无损的，如出现碎裂则可能是由于试件表面不平整所引起。

如果是实物加工成的抗压试件表面，必须用适当的材料做成封帽，使之平整。如混凝土圆柱体试件端部封盖与否、封盖前端部是否凸出等，对抗压强度影响较大。不封盖时，如有少量凸出，强度会降低20%左右。因此，试件端部的平整度是很重要的。此外，封盖材料的强度对混凝土抗压强度的测试结果也有影响。

(3) 截面形状及尺寸

试件截面形状及尺寸也会影响到抗压强度。不同截面的试件在随压力作用时，其截面应力分布有较大差别。为了得到均匀的抗压应力，圆形截面试件比其他形式的截面好。但为了制作方便等原因，又常使用正方形截面的试件。

压缩试验通常采用圆截面和方截面的短试件，尺寸越小，测定出的抗压强度越高。试件的尺寸取决于材料的类型。对宏观匀质材料，如木材、岩石，只测定极限抗压强度，可以用相对较小的试件。非匀质材料，如混凝土，其试件尺寸必须受到颗粒或骨料粒径的控制，一般说来，试件尺寸相对较大。

抗压试验应尽可能采用标准试件，如测混凝土立方体试件抗压强度采用的标准试件为边长150mm的立方体；砂浆的抗压试件边长为70.7mm的立方体；木材顺纹抗压试件为20mm×20mm×30mm的长方体；岩石抗压强度试件为直径及高均为50mm的圆柱体或边长为50mm的立方体。采用标准试件和相应的试验方法测出的强度值，才具有可比性。

确定混凝土强度等级是采用立方体试件，但实际工程中，钢筋混凝土结构形式很少是立方体的，大部分是棱柱体或圆柱体。为了使测得的混凝土强度接近于混凝土结构的实际情况，在钢筋混凝土结构计算中，计算轴心受压构件时，都是采用混凝土的轴心抗压强度作为依据。

(4) 高径比

另外一个重要的影响因素是高径比。抗压试件的高度与宽度或直径之比，对测试结果有较大的影响，一般可以从1到4（混凝土轴心抗压高径比应在2~3的范围内），提高试件的高度与宽度或直径之比例，就有可能提高试件的弯曲趋向，必然使整个截面上的应力分布不均匀；而减少试件的高度与宽度或直径比例，试验机承压板对试件端部的约束摩擦影响加大。对不同的材料可以用不同形式的截面和高度比或高径比，当需要测定压缩应力-应变曲线，就必须采用较高的试件，以便安装测试仪器。

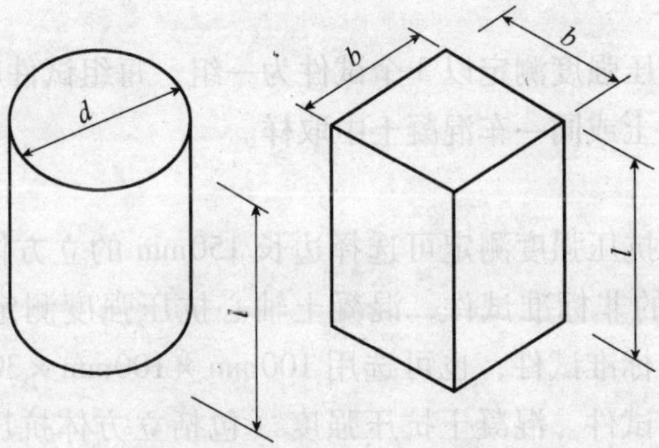

图 4-3　抗压试件示意图

(5) 各向异性

如果材料是非匀质性的，应注意材料的各向异性，如木材具有显著的纹理方向，顺纹抗压与横纹抗压的破坏形式和极限荷载均有很大差异，顺纹抗压强度为作用力方向与木材纤维方向一致时的强度，这种受压破坏是细胞壁失去稳定而非纤维的断裂。横纹抗压为作用力方向与木材纤维垂直时的强度，这种受压破坏起初是细胞腔被压扁，变形和压力呈正比，超过比例极限后，细胞壁失稳，木材产生显著变形而造成的破坏。所以木材的横纹抗压强度以使用中所限制的变形量来决定，通常取其比例极限作为横纹抗压强度的极限指标。

对具有显著层理结构的石材也应按不同的方向取样，分别进行轴向力平行纹理和垂直纹理的抗压强度测试。

(6) 含水状态

材料的强度在不同含水率时有时会差异巨大，尤其对多孔无机材料和植物材料这种差异是必须考虑的。而土木工程材料性能测试时的含水率确定往往是根据该材料在工程中实际使用的状况进行确定的，如作为桥墩等基础材料的石材，其抗压强度往往是按照吸水饱和状态测定的；而木材则是干燥到与使用环境相适应的平衡含水率再进行测定；水泥胶砂和混凝土的试块则要求从养护室取出后擦除表面水分进行测试。

4.1.4　混凝土抗压强度测定

(1) 主要测试设备

压力试验机测量精度为 ±1%，试验时由试件最大荷载选择压力机量程，使试件破坏时的荷载位于全量程的 20% ~80% 范围以内；应具有加荷速度指示装置或加荷速度控制装置，并能均匀、连续加荷。

(2) 试样制备

普通混凝土抗压强度测定以3个试件为一组，每组试件所用的混凝土拌合物应从同一盘混凝土或同一车混凝土中取样。

①试样尺寸

混凝土立方体抗压强度测定可选择边长150mm的立方体标准试件及边长100mm或200mm的非标准试件，混凝土轴心抗压强度测定可选择150mm×150mm×300mm的标准试件，也可选用100mm×100mm×300mm或200mm×200mm×400mm的试件。混凝土抗压强度（包括立方体抗压强度和轴心抗压强度）试件截面尺寸根据骨料最大粒径按表4-1选用。

表4-1　混凝土试件选用表

立方体抗压强度试件尺寸（mm）	棱柱体抗压强度试件尺寸（mm）	骨料最大粒径（mm）
100×100×100	100×100×300	31.5
150×150×150	150×150×300	40
200×200×200	200×200×400	63

②试件成型

将待测混凝土拌合物装入试模。坍落度小于或等于70mm的混凝土，试件成型宜采用振动台振实；坍落度大于70mm的混凝土，试件成型宜采用捣棒人工捣实。振动台成型试件时，将拌合物一次装入试模并稍高出模口，用抹刀沿试模内壁略加插捣后，移至振动台上，开动振动台，振动至表面出现水泥浆为止，刮去多余拌合物并用抹刀沿模口抹平。人工捣实成型试件时，将拌合物分两层装入试模，每层厚度大致相等。插捣按螺旋方向从边缘向中心均匀进行。插捣底层时，捣棒应贯穿整个深度，插捣上层时，捣棒应插入下层深度20~30mm。插捣时捣棒应保持垂直不得倾斜，并用抹刀沿试模内壁插入数次，以防止试件产生麻面。每层插捣次数在$10000mm^2$截面积内不得少于12次。然后刮去多余拌合物，并用抹刀抹平。

③试件养护

成型后的试件应覆盖，以防水分蒸发，并在室温20℃±5℃环境中静置1~2昼夜（不得超过两昼夜），拆模编号。

需标准养护的混凝土试件拆模后立即放在标准养护室内养护。试件在养护室内置于架上，试件间距离应保持10~20mm，并避免用水直接冲刷。无标准养护设备时，混凝土试件允许在温度为20℃±2℃不流动的$Ca(OH)_2$饱和溶液中养护。

同条件养护的混凝土试样，拆模时间应与实际构件相同，拆模后应放置在该构件附近与构件同条件养护。

(3) 测试方法

试件从养护地点取出后应尽快进行试验，以免试件内部的温、湿度发生显著变化。

①试件在试压前应先擦拭干净，测量尺寸并检查其外观。试件尺寸测量精确至 1mm，并据此计算试件的承压面积 A。如实测尺寸与公称尺寸之差不超过 1mm，可按公称尺寸进行计算。

②将试件安放在试验机下压板上，试件的中心线与试验机下压板中心对准，试件的承压面应与成型时的顶面垂直，开动试验机，当上压板与试件接近时，调整球座，使其接触均衡。

③连续而均匀地加荷，混凝土强度等级小于 C30，加荷速度每秒 0.3 ~ 0.5MPa；混凝土强度等级大于或等于 C30 且小于 C60 时，加荷速度每秒 0.5 ~ 0.8MPa；混凝土强度大于或等于 C60 时，加荷速度每秒 0.8 ~ 1.0MPa。当试件接近破坏而开始迅速变形时，停止调整试验机油门，直至试件破坏，然后记录破坏荷载。

(4) 数据处理

单块混凝土抗压强度按式（4-1）计算，以 3 个试件的算术平均值作为该组试件的抗压强度值（精确至 0.1MPa）。如果 3 个测值中的最大值或最小值中有一个与中间值的差异超过中间值的 15%，则把最大值和最小值一并舍去，取中间值作为该组试件的抗压强度代表值；如果最大值或最小值与中间值的差异均超过 15%，则该组试验结果无效。

混凝土的抗压强度是以 150mm × 150mm × 150mm 的立方体试件的抗压强度为标准，其他尺寸试件测定结果，均应换算成边长为 150mm 立方体试件的标准抗压强度，换算时分别乘以表 4-2 中的换算系数。

表 4-2　试件尺寸及其抗压强度换算系数

立方体抗压强度试块尺寸（mm）	轴心抗压强度试块尺寸（mm）	强度换算系数
100 × 100 × 100	100 × 100 × 300	0.95
150 × 150 × 150	150 × 150 × 300	1
200 × 200 × 200	200 × 200 × 400	1.05

4.1.5 混凝土抗压弹性模量测定

(1) 主要测试设备

压力试验机；微变形测量仪（测量精度不低于0.001mm），固定架的标距为150mm。

(2) 试样制备

普通混凝土棱柱体抗压弹性模量测定以6个试件为一组，其中3个用于测定轴心抗压强度，另外3个用于测定混凝土的抗压弹性模量。

混凝土抗压弹性模量试件可选择150mm×150mm×300mm的标准试件，也可选用100mm×100mm×300mm或200mm×200mm×400mm的试件。其试件截面尺寸根据骨料最大粒径按表4-1选用。

抗压弹性模量试件的成型和养护与轴心抗压强度试件相同。

(3) 测试方法

①测定3个试件的轴心抗压强度f_{cp}。

②安装变形测量仪在试件两侧的中线上，并对称于试件的两端。

③仔细调整试件在压力试验机上的位置，使其轴心与下压板的中心线对准。开动压力试验机，当上压板与试件接近时调整球座，使其接触匀衡。

④加荷至基准应力为0.5MPa的初始荷载值F_o，保持恒载60s并在以后的30s内记录每测点的变形读数ε_o，然后立即连续均匀地加荷至应力为轴心抗压强度f_{cp}的1/3的荷载值F_a，保持恒载60s并在以后的30s内记录每一测点的变形读数ε_a。加荷速度同轴心抗压强度测定方法。

⑤当两侧各自变形值之差与它们平均值之比大于20%时，应重新对中试件后重复上一条的试验。直至低于20%，否则试验无效。

⑥满足变形差与平均值之比小于20%后，以与加荷速度相同的速度卸荷至基准应力0.5MPa（F_o），恒载60s；然后用同样的加荷和卸荷速度以及60s的保持恒载（F_o及F_a）至少进行两次反复预压。在最后一次预压完成后，在基准应力0.5MPa（F_o）持荷60s并在以后的30s内记录每一测点的变形读数ε_o；再用同样的加荷速度加荷至F_a，持荷60s并在以后的30s内记录每一测点的变形读数ε_a，如图4-4所示。

⑦卸除变形测量仪后，加荷至破坏，记录破坏荷载；如果试件的抗压强度与f_{cp}之差超过f_{cp}的20%时，则应在报告中注明。

(4) 数据处理

混凝土弹性模量值应按式（4-3）计算，精确至100MPa。

$$E_c = \frac{F_a - F_o}{A} \times \frac{L}{\Delta n} \tag{4-3}$$

式中 E_c——混凝土弹性模量，MPa；

F_a——应力为1/3轴心抗压强度的荷载，N；

F_o——应力为0.5MPa时的初始荷载，N；

A——试件承压面积，mm^2；

L——测量标距，mm；

$$\Delta n = \varepsilon_a - \varepsilon_o \tag{4-4}$$

式中 Δn——最后一次从F_o加荷至F_a时试件两侧变形的平均值，mm；

ε_a——F_a时试件两侧变形的平均值，mm；

ε_o——F_o时试件两侧变形的平均值，mm；

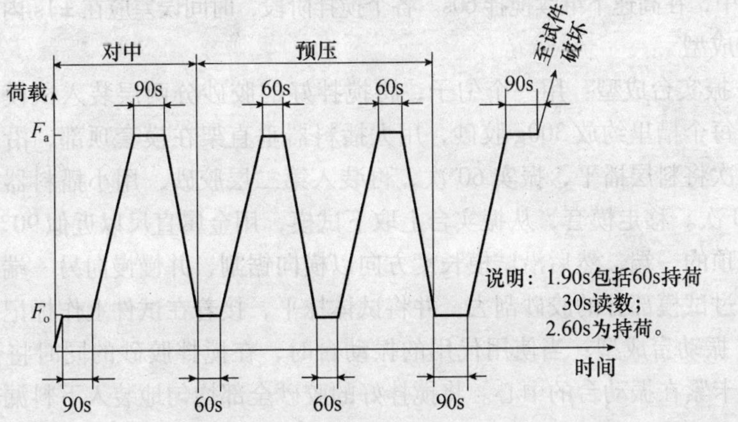

图4-4 弹性模量加荷方法示意图

弹性模量按3个试件测值的算术平均值计算。如果其中有一个试件的轴心抗压强度值与用以确定检验控制荷载的轴心抗压强度值相差超过后者的20%时，则弹性模量值按另2个试件测试值的算术平均值计算，如有2个试件超过上述规定时，则此次试验无效。

4.1.6 水泥抗压强度测定

(1) 主要测试设备

水泥胶砂搅拌机；胶砂振动台；可装卸的三联模，模槽深度和宽度均为40±0.2mm；下料漏斗（由漏斗和模套组成）；抗压试验机（荷载的误差为±1%），按2400±200N/s的加荷速度加荷。抗压夹具长度不小于40mm，宽度为40±0.1mm；三角刮刀；天平等。试件成型试验室的温度应保持在

20℃±2℃，相对湿度不低于50%。试件带模养护的养护箱温度保持在20℃±1℃，相对湿度不低于90%。试件养护池水温应为20℃±1℃。

（2）试样制备

①成型前将试模擦净，四周的模板与底座的接触面上应涂黄油，紧密装配，防止漏浆，内壁均匀涂一薄层机油。

②水泥和标准砂的质量比为1∶3，水灰比为0.5。

③每成型3条试件需称水泥质量450±2g，标准砂为1350g，用水量为225mL。

④使搅拌机处于待工作状态，将水加入锅中，再加入水泥，把锅放在固定架上，上升至固定位置，开动搅拌机。低速搅拌30s后，在第二个30s开始时，均匀地将砂子加入。停拌90s，在第一个15s内，用一胶皮刮具将叶片和锅壁上的胶砂刮入锅中，在高速下继续搅拌60s。各个搅拌阶段，时间误差应在±1s内。

⑤成型

a. 振实台成型：用一个勺子，将搅拌好的胶砂分两层装入试模。装第一层时，每个槽里约放300g胶砂，用大播料器垂直架在模套顶部，沿每个模槽来回一次将料层播平，振实60次，再装入第二层胶砂，用小播料器播平，再振实60次。移走模套，从振实台上取下试模，用金属直尺以近似90°的角度架在试模顶的一端，然后沿试模长度方向以横向锯割，并慢慢向另一端移动，一次将超过试模部分的胶砂刮去，并将试体抹平，接着在试件上作标记。

b. 振动台成型：当使用代用的振动台时，在搅拌胶砂的同时将试模和下料漏斗卡紧在振动台的中心。将搅拌好的胶砂全部均匀地装入下料漏斗中，开动振动台，胶砂通过漏斗流入试模。振动120±5s停止，振动完毕，取下试模，将试模刮平并编号。

注意：试验前或更换水泥品种时，搅拌锅、叶片和下料漏斗等需擦干净。

⑥试件的脱模及养护

将做好标记的试模放入雾室或湿箱的水平架上养护，湿空气应能与试模各边接触。养护时不应将试模放在其他试模上。直到养护规定的龄期时取出脱模。脱模前，用墨汁对试体编号。两个龄期以上的试体，在编号时应将同一试模中的3条试体分在两个以上龄期内。非常小心地用塑料锤或皮榔头对试体脱模。对24h龄期的，在破型试验前20min内脱模。龄期24h以上的，在成型后20～24h之间脱模。试体脱模后立即放入恒温20℃±1℃的水中养护。试体放置在不易腐烂的箅子上，试体之间应留有间隙，恒温水槽内的水面至少高出试体5mm，养护水每两周更换一次。

⑦由于水泥的强度随时间而增长，因此各龄期试件的测试时间应严格控

制，满足表4-3的要求。

表4-3　水泥胶砂强度试验测试时间

龄期（d）	测试时间
1	24h ±5min
3	3d ±45min
7	7d ±2h
28	28d ±8h

（3）测试方法

水泥强度测定包括抗折强度和抗压强度两部分，每个龄期的胶砂试件取3条，先进行抗折试验，然后进行抗压试验，水泥胶砂的抗折强度的测试方法将在本章4.3节介绍，这里主要介绍水泥胶砂试件的抗压强度测试方法。

①抗折强度试验后的6个断块立即进行抗压强度试验，抗压试验须用抗压夹具做。试验前应清除试件受压面与加压板间的砂粒或杂物。

②试验时以试件的侧面作为受压面，试件的底面靠紧夹具，并使夹具对准压力机压板中心。

③加荷速度应控制在2400 ±200N/s的范围内，在接近破坏时更应严格控制。

（4）数据处理

6个单块试件的抗压强度按式（4-1）计算，受压面积为40mm ×40mm。以抗压强度6个测定值的算术平均值作为抗压强度试验结果。如6个测定值中有一个超过平均值的 ±10%时，应剔出该值，用余下的5个值进行算术平均，如5个测定值中再有超出它们平均数 ±10%时，则此组结果作废。

4.1.7　砖抗压强度测定

目前常用的黏土砖包括烧结普通黏土砖、多孔砖、空心砖及非烧结砖，均以10个试件的抗压强度来评定。烧结普通砖为两个半截砖粘结制成受压试件，多孔砖以孔洞方向垂直受压面制成试件，空心砖以大面为受压面制成试件，由于烧结砖体表面不平整，均需以水泥浆找平，并硬化具有一定强度后方可进行测试。而非烧结普通砖则以两个半截砖端口反向叠放为一个抗压试件，不需粘结。

（1）主要测试设备

压力试验机，示值误差不大于 ±1%。锯砖机或切砖器、量尺、抹刀等。

（2）试样制备

①烧结普通砖

将砖样切断或锯成两个半截砖，断开的半截砖边长不得小于10cm，如果不足10cm时，应另取备用砖补足。将已断的半截砖放入室温的净水中浸10 ~

20min 后取出，并以断口相反方向叠放，两者中间用强度等级 32.5 的普通硅酸盐水泥调制成稠度适宜的水泥净浆粘结，其厚度不超过 5mm，上、下两面亦用厚度不超过 3mm 的同种水泥浆抹平，制成的试件上、下两个面需相互平行，并垂直于侧面。制成的试件置于不通风的室内养护 3d，室温不得低于 10℃。另外烧结普通砖也可采用模具制样，具体方法见 GB/T 2542—2003。两种方法同等有效，但仲裁时采用模具制样。

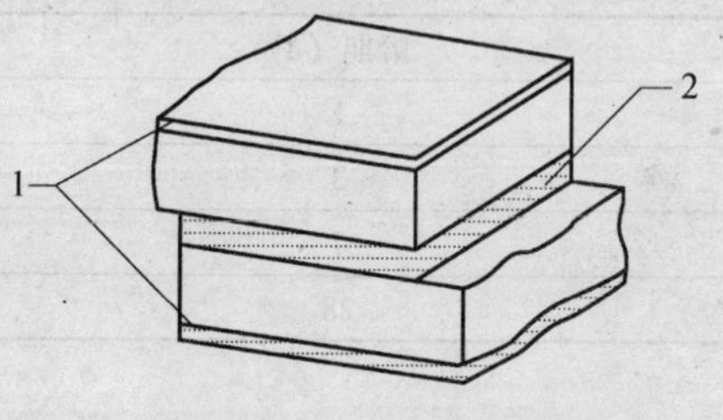

图 4-5　烧结普通砖抗压强度试件示意图

1—净浆层厚 3mm；2—净浆层厚 5mm

②烧结多孔砖、空心砖

试件先在水中浸泡 10 ~ 20min，并在钢丝网架上滴水 3 ~ 5min。然后采用坐浆法成型试件，即将玻璃板置于试件制作平台上，其上铺湿垫纸，纸上铺厚度不超过 5mm 的用强度等级 32.5 的普通硅酸盐水泥调制成稠度适宜的水泥净浆，将试样受压面平稳放在水泥浆上，在另一受压面上稍加用力，使水泥浆层与砖受压面相互粘结，砖的侧面应垂直于玻璃板。待水泥浆适当凝固后，连同玻璃板翻转放在另一铺纸放浆的玻璃板上，再进行坐浆，用水平尺校正好玻璃板的水平。制成的试件置于不通风的室内养护 3d，室温不得低于 10℃。

③非烧结砖

同一块试样的两半截砖断口相反叠放，叠合部分不小于 100mm。

(3) 测试方法

①测量每块试件连接面的长、宽尺寸各 2 个，分别取其平均值，精确至 1mm。

②将试件平放在压力机的承压板中央，垂直于受压面加荷，加荷应均匀平稳，不能发生冲击或振动，加荷速度以 4kN/s 为宜。

③压至试件破坏，记录最大破坏荷载 P(N)。

(4) 数据处理

每块砖的抗压强度按照式（4-1）计算，精确至 0.01MPa。

烧结砖的抗压强度以 10 块试件测定结果的算术平均值表示，并需根据变异系数［见式（2-14）］及强度标准值和单块最小值评定强度等级。其中，抗压强度标准值按式（4-5）计算：

$$f_k = \bar{f} - 1.8\sigma \qquad (4\text{-}5)$$

式中　f_k——抗压强度标准值，MPa；

$\bar{f}$——抗压强度平均值，MPa。

σ——变异系数。

表4-4　烧结普通砖强度等级（GB 5101—2003）与
烧结多孔砖强度等级（GB 13544—2000）

强度等级		MU30	MU25	MU20	MU15	MU10
抗压强度平均值（MPa）$\bar{f}$≥		30.0	25.0	20.0	15.0	10.0
变异系数（MPa）≤0.21	抗压强度标准值（MPa）f_k≥	22.0	18.0	14.0	10.0	6.5
变异系数（MPa）>0.21	单块最小抗压强度值（MPa）f_{min}≥	25.0	22.0	16.0	12.0	7.5

表4-5　烧结空心砖和烧结空心砌块强度等级（GB 13545—2003）

强度等级		MU10	MU7.5	MU5.0	MU3.5	MU2.5
抗压强度平均值（MPa），≥		10.0	7.5	5.0	3.5	2.5
变异系数≤0.21	抗压强度标准值（MPa），≥	7.0	5.0	3.5	2.5	1.6
变异系数>0.21	单块最小抗压强度值（MPa），≥	8.0	5.8	4.0	2.8	1.8

4.1.8　石材抗压强度及碎石压碎指标的测定

公路工程及砌筑和装饰用石材多按照立方体或圆柱体测试石材的抗压强度，而混凝土工程中的所用的粗骨料，碎石强度可用岩石的抗压强度或碎石的压碎指标表示，卵石的强度用压碎指标表示。

4.1.8.1　母岩抗压强度

（1）主要测试设备

压力试验机，量程1000kN，示值相对误差2%；钻石机或锯石机；岩石磨光机等。

（2）试样制备

砌筑用石材的抗压强度（GB 50003—2001）按照饱水状态下边长70mm的立方体进行测试。

装饰石材的抗压强度（GB/T 9966.1—2001）采用边长50mm的立方体或ϕ50mm×50mm的圆柱体进行测试。

公路工程岩石抗压强度（JTG E41—2005）采用饱水状态进行测试，其中桥梁工程采用边长70mm的立方体，路面工程采用边长50mm立方体或高度和直径均为50mm的圆柱体，公路工程建筑地基用石材采用直径50mm，高径比为2的试件。

混凝土工程中的所用的粗骨料（GB/T 14685—2001），岩石抗压强度用边长50mm立方体或高度和直径均为50mm的圆柱体在吸水饱和状态下测定。

岩石抗压强度以6个试件作为一组。对有显著层理的岩石，应取2组试件

（12 块）以分别测定其垂直和平行于层理的强度值。

（3）测试方法

①用游标卡尺量取试件的尺寸（精确至 0.1mm），对于立方体试件，在顶面和底面上各量取其边长，以各个面上相互平行的两个边长的算术平均值作为宽或高，由此计算面积。对于圆柱体试件，在顶面和底面上各量取相互垂直的两个直径，以其算术平均值计算面积。取顶面和底面面积的算术平均值作为计算抗压强度所用的截面积。

②将试件置于水池中浸泡 48h，水面应至少高出试件顶面 2cm。

③取出试件，擦干表面，放在压力机上准备试验，试件与压力机压头接触的两个面要磨光并保持平行。

④放在压力试验机上进行强度试验，加荷速度 0.5～1MPa/s。

（4）数据处理

每个试件的抗压强度按照式（4-1）计算，精确至 0.1MPa。以 6 个试件平均值为测定结果，并给出最小值，精确至 1MPa。

4.1.8.2 压碎指标测定

（1）主要测试设备

压力试验机，台秤，天平，压碎指标测试仪，方孔筛（孔径 2.36mm，9.50mm，19.0mm 各一个），垫棒（直径 10mm，长 500mm 圆钢）。

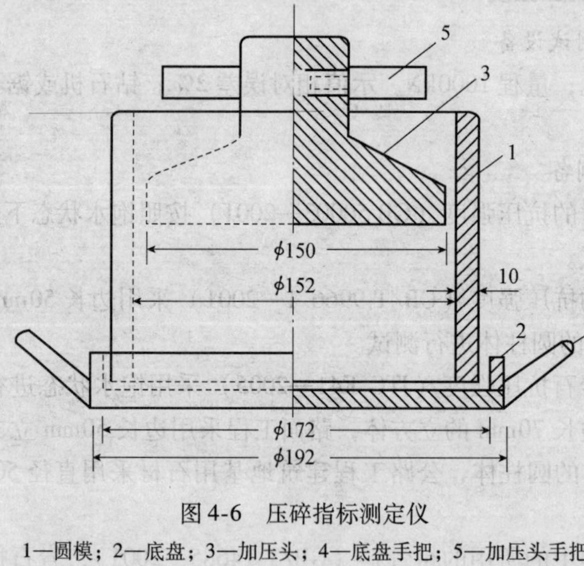

图 4-6 压碎指标测定仪

1—圆模；2—底盘；3—加压头；4—底盘手把；5—加压头手把

（2）试样制备

将石料试样风干。筛除大于 19.0mm 及小于 9.50mm 的颗粒，并除去针片状颗粒。称取3份试样，每份3000g(G_1)，精确至1g。

(3) 测试方法

①将试样分两层装入圆模，每装完一层试样后，在底盘下垫 ϕ 10mm 垫棒，将筒按住，左右交替颠击地面各25次，平整模内试样表面，盖上压头。

②将压碎值测定仪放在压力机上，按 1kN/s 速度均匀地施加荷载至200kN，稳定5s后卸载。

③取下压头，倒出试样，用2.36mm 的筛筛除被压碎的细粒，称出筛余质量（ G_2)，精确至1g。

(4) 数据处理

压碎指标按式（4-6）计算：

$$Q_c = \frac{G_1 - G_2}{G_1} \times 100\% \tag{4-6}$$

式中 Q_c——压碎指标值，精确至0.1%；

G_1——试样重量，g；

G_2——压碎试验后筛余试样的重量，g。

取3次试验结果的算数平均值为测定结果。

4.1.9　木材顺纹抗压强度的测定

(1) 主要测试设备

压力试验机，游标卡尺。

(2) 试样制备

试样尺寸为20mm×20mm×30mm，其长轴与木材纹理相平行。

(3) 测试方法

①用卡尺测量试样厚度 a 及宽度 b，准确至0.1mm。

②将试样放在试验机压头的中心位置，均匀加荷，在1.5~2.0min 内使试样破坏，试验机指针明显地退回为止。记录最大荷载。

③破坏后的试样，立即测定整个试样的含水率。

(4) 数据处理

①试样含水率为 w% 的木材顺纹抗压强度 σ_w，按式（4-1）计算（准确至0.1MPa)。

②顺纹抗压强度 σ_w，按下式换算为含水率15%时的强度 σ_{15}，准确至0.1MPa。

$$\sigma_{15} = \sigma_w[1 + 0.05(w - 15)] \tag{4-7}$$

式中　w——试验时试样的含水率，%。

4.2　材料拉伸性能的测试

4.2.1　概述

土木结构工程中常用钢材承担拉应力，如混凝土中的钢筋，钢结构中的受拉杆件等等，因此钢材的抗拉强度是其最为重要的力学性能。土木工程中的混凝土主要用作受压构件，设计时一般不考虑其抗拉强度，但在个别结构如筒仓、储罐及水池等结构中，混凝土的抗拉强度对结构的抗裂性能是有帮助的。用作结构防水的很多有机防水卷材的抗拉强度对其抗透水性能和适应结构的变形有重要作用。

静拉伸试验一般是指在常温、单向静拉伸载荷作用下，用光滑试样测定材料力学性能的试验。试验时，在试样两端缓慢地施加单向荷载，使试样的工作部分受轴向拉力而沿轴向伸长，一般进行到拉断为止。通过拉伸试验，可以获得材料的弹性、塑性、强度、应变硬化、韧性等重要而又基本的力学性能指标，这些指标的特性统称为材料的拉伸性能。

不同种类的材料其拉伸性能差异很大，如图4-7所示，绝大多数无机材料的变形行为如图4-7中曲线 a 所示，即在弹性变形后没有塑性变形（或塑性变形很小），接着就是断裂，总弹性应变能非常小，这是所有脆性材料的特征；对于延性材料，如碳钢，开始为弹性形变，接着有一段弹塑性形变，然后才断裂，总变形能很大，如图4-7中曲线 b 所示；橡胶这类高分子材料具有极大的弹性形变，如图4-7中曲线 c 所示，称为弹性材料。

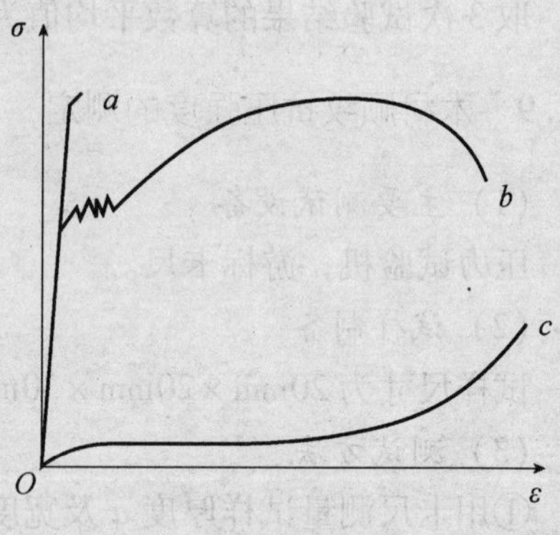

图4-7　不同材料的拉伸应力-应变曲线

a—无机非金属材料；

b—金属材料；c—高分子材料

拉伸试验时，应力-应变曲线起始段是一条直线。作为斜率的弹性模量 E 反映了材料的刚性，E 值越大，表明要达到相同应变所需的应力越大，也就是刚性（度）越大。弹性模量是原子间作用力大小的反映，原子间作用力越大，原子离开平衡位置的难度越大，材料越难变形。所以，E 是一个只依赖于材料基本成分的参量。

应当注意的是图4-7只是三大类材料的典型应力-应变曲线，实际上每一大类不同材料的应力-应变也差异很大。

如图4-8所示为不同含碳量钢材的应力-应变曲线，低碳钢有明显的屈服、强化和径缩几个阶段，而高碳钢则没有明显的屈服点。

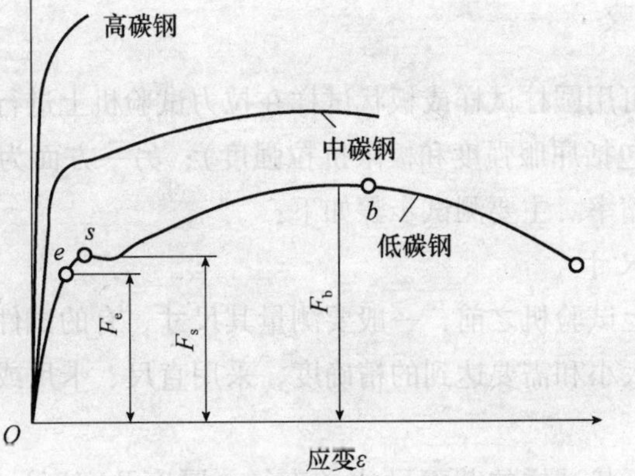

图4-8　不同钢材的应力-应变曲线

图4-9是不同高聚物固体材料的应力-应变曲线，大致可分为如图4-9所示的五类：（a）软而弱，拉伸强度低，弹性模量小，且延伸率也不大，如溶胀的凝胶等；（b）刚而脆，如室温下的聚苯乙烯塑料。刚而脆的高聚物类，它们的弹性模量高，抗拉强度大，没有屈服点，断裂延伸率一般低于2%；（c）刚而强，如室温下的有机玻璃，刚而强的高聚物类，具有高的弹性模量，高的抗拉强度，断裂延伸率可达5%；（d）软而韧，如各种橡胶材料。软而韧的高聚物类，它们的模量低，屈服点低或者没有明显的屈服点，延伸率很大，为20%～100%，断裂强度较高；（e）刚而韧，如室温下的聚碳酸酯、尼龙和双轴扭伸定向有机玻璃等工程塑料。刚而韧的高聚物类具有高的弹性模量，有明显的屈服强度，屈服强度和抗拉强度都高，断裂延伸率较大，因而应力-应变曲线包围的面积很大，表明这种材料是良好的韧性材料。

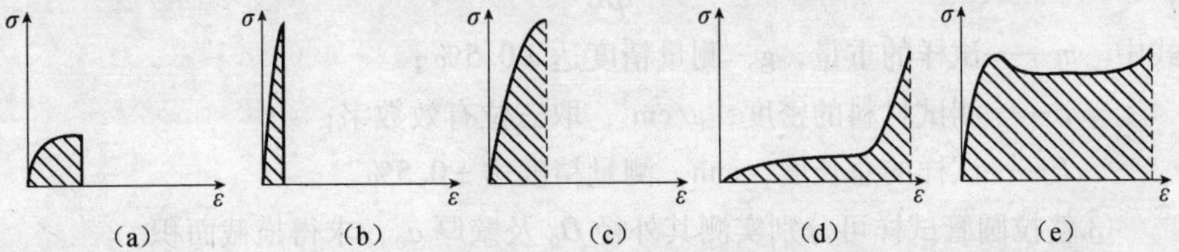

图4-9　不同固体高聚物的拉伸应力-应变曲线

（a）软而弱；（b）刚而脆；（c）刚而强；（d）软而韧；（e）刚而韧

在拉伸性能测试中，应注意测定材料的屈服强度和极限抗拉强度，对一些屈服不明显的材料还要用应变仪测定名义屈服强度。另外，材料的塑性指标——延伸率和断面收缩率的测量也是反映材料拉伸性能的重要指标。

4.2.2 测试步骤

拉伸试验可用圆柱试样或板状试样在拉力试验机上进行。测试时，一方面要测定强度（包括屈服强度和极限抗拉强度）；另一方面为评价塑性需测定延伸率或断面收缩率。主要测试步骤如下：

（1）测量尺寸

在试件装上试验机之前，一般要测量其尺寸，有的试件还需称其重量。根据试件尺寸的大小和需要达到的精确度，采用直尺、卡尺或测微仪等进行尺寸的量测。

①圆形、板状试样的截面尺寸（直径、厚度及宽度）应在其标距长度的两端及中间予以测量。圆截面直径应在每处两个相互垂直的方向上各测一次，取其算术平均值，选用三处截面积中的最小者。试样截面尺寸的测量精度应满足表4-6的要求。

表4-6 试样截面尺寸测量精度要求

试样截面尺寸范围（mm）	最低测量精度（mm）
0.2~0.5	0.002
>0.5~10.0	0.01
>10.0	0.05

注：试样尺寸大于0.5mm到10mm时，试验后尺寸的测量精度可放宽到0.02mm。

②等截面不加工整拉试样的横截面积（S_0）可采用重量法按下式计算：

$$S_0 = \frac{m}{\rho L} \times 1000 \tag{4-8}$$

式中 m——试样的重量，g，测量精度达±0.5%；

ρ——测试材料的密度，g/cm^3，取三位有效数字；

L——试样的总长度，mm，测量精度达±0.5%。

③整拉圆管试样可分别实测其外径 D_0 及壁厚 a_0，求得横截面积。

$$S_0 = \pi a_0 (D_0 - a_0) \tag{4-9}$$

④如有关技术条件或协议有特殊规定，也允许采用上述制品的公称尺寸计算横截面积。

(2) 原始标距的标记

如要进行延伸率测定，则要刻画出标距长度。在普通金属试件上，先在试件表面画出平行其轴线的直线，然后在直线上以浅冲眼冲出标距端点，并分成10个等分点。在薄板上，可用细的线条刻痕，也可采用车床车细线、彩色涂料等方法，但均要求标识是轻微的，不损伤试件，不影响试件的抗拉强度。对于脆性试样和小尺寸试样，建议用快干墨水或带色涂料标出原始标距。比例试样原始标距的计算值，对于短比例试样应修约到最接近5mm的倍数，对于长比例试样应修约到最接近10mm的倍数，如为中间数值应向较大一方修约。

(3) 仪表安装、选择量程

需要测定延伸率、名义屈服强度或弹性模量时，需安装引伸仪、千分表等，此时注意仪表应放于中心线上适当位置。

估计试件可能达到的最大荷载读数，选择合适的试验机的测量范围，根据不同的测量范围换挂不同的摆锤并选择相应的刻度盘，使指针处于第三象限为最好，也可处于第二象限。试件安装时，要检查夹具装置是否安全、正确，试件安放位置应便于观察标志。试件受力之前，应调整试验机刻度盘指针对准零点，若要画出应力-应变曲线，还要上好坐标纸和画笔。

(4) 加荷控制

加荷速度对材料的拉伸性能有着重要的影响。加荷速度快，导致材料强度提高、韧性降低。

拉伸断裂的两种基本类型是滑动（或剪切）和分裂（或劈裂）。假如抵抗滑动的能力较大，则材料将被分裂而破坏，且具有非常小的塑性延伸率，这种材料被认为是脆性的。假如材料抵抗分裂的能力较大，在断裂产生之前具有相当大的塑性延伸率和截面的缩小，这种材料表现为韧性金属的特征。加荷速度对韧性材料的影响大于对脆性材料的影响。有些材料在慢速荷载作用下具有相当大的韧性，但若采用突然加荷，则破坏时的延伸率很小。

与压缩试验类似，对变形较大的材料以控制变形速率来控制加荷快慢。对粘弹性有机高分子材料，其应力松弛过程与变形速率紧密相关，应力松弛需要一个时间过程。当低速拉伸时，分子链有一定时间进行位移、重排，呈现韧性行为，表现为拉伸强度小，而断裂拉伸强度增大。高速拉伸时，高分子链段的运动跟不上外力作用的速度，呈现脆性行为，表现为拉伸强度增大，而断裂延伸率减小。有机高分子材料品种繁多，不同品种的高分子材料对拉伸速度的敏感性不同。刚而脆的高分子材料对拉伸速度比较敏感，一般采用较低的拉伸速度。韧性塑料对拉伸速度的敏感性小，一般采用较高的拉伸速度，以缩短试验周期，提高效率。

拉伸试验加荷速度应按照有关标准或协议规定进行，一般金属材料屈服前的加荷速度应符合表4-7的要求。屈服后或只需测定抗拉强度时，试验机两夹头在力作用下的分离速率不超过$0.5L_e$(mm/min)，其中L_e为试件的标距长度。

表4-7　金属材料加荷速度控制值

材料弹性模量 E(N/mm^2)	加荷速度（MPa/s）	
	最　小	最　大
<150000	2	20
≥150000	6	60

塑料拉伸时的加荷速度国家标准规定有9种，从1±50mm/min到50±10% mm/min不等，应按照材料的类型进行选取。

在加荷过程中，如要测定荷重-变形关系，应按一定的荷载增量或变形增量进行，同时观测荷载和变形，并作好记录。

(5) *屈服及破坏荷载的确定*

有明显屈服现象的金属材料，屈服点有上屈服点和下屈服点之分。上屈服点是指试样发生屈服应力首次下降前的最高应力；下屈服点是指在屈服期间不计初始瞬时效应时的最低应力。但一般只测定下屈服点。

金属材料的屈服强度测定有图示法和指针法两种。

①图示法（标准方法）。用自动记录装置绘制力-伸长曲线图或力-夹头位移曲线图时，力轴每毫米所代表的应力，一般不大于10MPa，伸长（夹头位移）放大倍数应根据材质进行适当选择，曲线至少绘制到屈服阶段结束点。在曲线上确定屈服平台恒定的应力F_s或屈服阶段中应力首次下降前的最大应力F_{su}或不计初始瞬时效应时的最小应力F_{sl}(图4-10)，分别对应屈服点、上屈服点和下屈服点。

②指针法。生产检验允许用指针法测定屈服点、上屈服点和下屈服点。试验时，当测力度盘的指针首次停止转动的恒定力，或指针首次回转前的最大力或不计初始瞬时效应时的最小力，分别对应的应力为屈服点和上、下屈服点。仲裁试验采用图示法测定。

抗拉极限荷载是指拉伸曲线上试样拉至断裂时拉伸曲线图上的最大力，或从测力度盘上读取最大力。

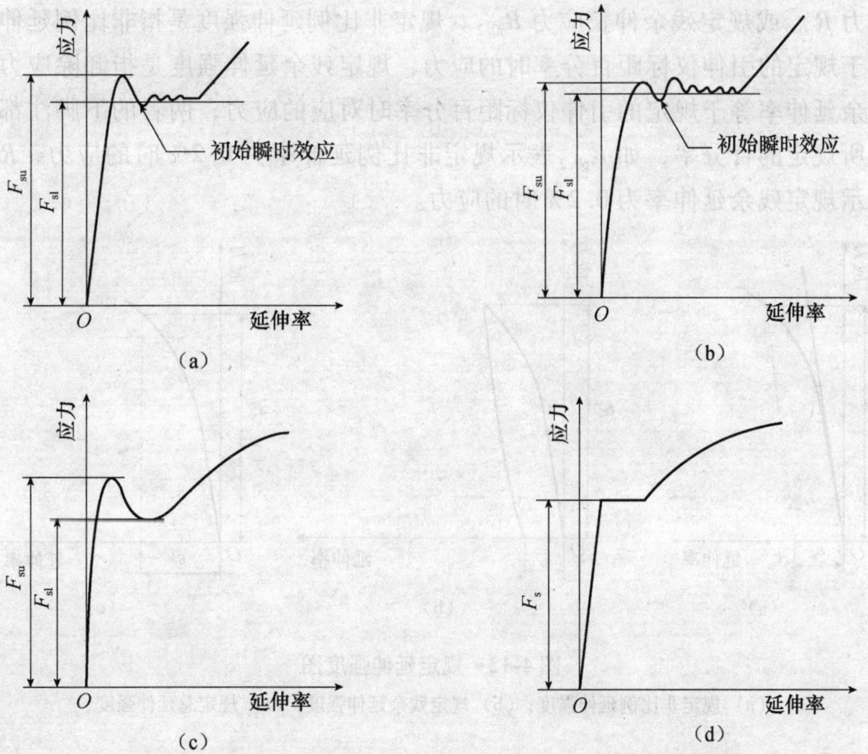

图 4-10　不同类型应力-应变曲线的金属材料屈服点判定示意图

(a)、(b)、(c) 具有上、下屈服点的曲线；(d) 具有屈服平台的曲线

塑料的屈服强度（屈服应力）、拉伸断裂强度（拉伸断裂应力）及拉伸强度如图 4-11 所示，塑料的屈服强度是指出现应力不增加而应变增加时的最初应力，拉伸断裂强度是指试样断裂时的拉伸应力，而拉伸强度则是指拉伸试验过程中，试样承受的最大拉伸应力，它可能是拉伸断裂强度，也可能是屈服强度。

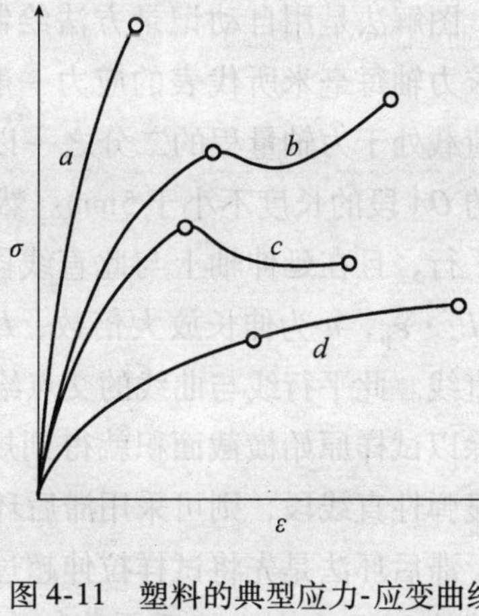

图 4-11　塑料的典型应力-应变曲线

a—脆性材料；*b*、*c*—有屈服点的韧性材料；*d*—无屈服点的韧性材料

(6) 规定延伸强度的测定

对有明显屈服现象的材料，其屈服点可借助于试验机测力度盘的指针或拉伸曲线来确定。对拉伸曲线无明显屈服现象的材料，则必须测定其变形，根据应力-应变曲线判定名义屈服强度。无明显屈服现象的金属材料，应测定其规定非比例伸长

应力 $R_{p0.2}$ 或规定残余伸长应力 $R_{r0.2}$。规定非比例延伸强度是指非比例延伸率等于规定的引伸仪标距百分率时的应力，规定残余延伸强度是指卸除应力后残余延伸率等于规定的引伸仪标距百分率时对应的应力，两者的下脚注都说明所规定的百分率，如 $R_{p0.2}$ 表示规定非比例延伸率为 0.2% 时的应力，$R_{r0.2}$ 表示规定残余延伸率为 0.2% 时的应力。

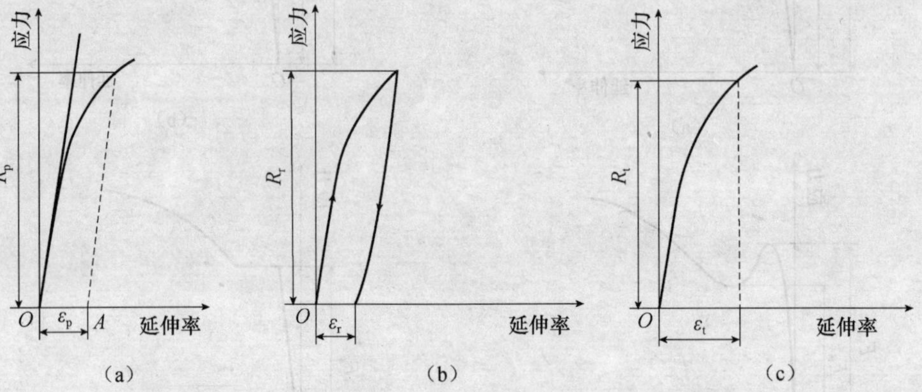

图 4-12　规定延伸强度图

（a）规定非比例延伸强度；（b）规定残余延伸强度；（c）规定总延伸强度

①规定非比例延伸强度的测定

测定规定非比例延伸强度常用图解法测定，此外还可采用逐步逼近法或逐级施力法（引伸仪法）进行测定。如果采用自动装置，如计算机处理等或自动测试系统可不绘制力-延伸曲线图。

图解法是用自动记录方法绘制试样力-延伸曲线图。为了保证测量精度，要求力轴每毫米所代表的应力一般不大于 10N/mm²，曲线的高度应使名义屈服荷载处于力轴量程的二分之一以上，伸长放大倍数的选择应使图 4-12（a）中的 *OA* 段的长度不小于 5mm。然后在曲线上，画一条与曲线的弹性直线段部分平行，且在延伸轴上与此直线段的距离等效于规定非比例延伸率（即等于 $n \cdot L_e \cdot \varepsilon_p$，$n$ 为伸长放大倍数，L_e 为引伸仪标距，ε_p 为规定非比例延伸率）的直线。此平行线与曲线的交点给出相应于所求规定非比例延伸强度的力，此力除以试样原始横截面积就得到规定非比例延伸强度。如果力-延伸曲线上无明显弹性直线段，则可采用滞后环法进行修正。

滞后环法是先将试样拉伸超过规定非比例延伸强度后，再将力卸荷至已达荷载的 1/10 左右，然后再施加力直至超过原来已达到的力，得到一滞后环，过滞后环画一直线，然后经过横轴上与曲线原点的距离等效于所规定的非比例延伸率的点，作平行于此直线的平行线，该平行线与曲线的交点所对应的荷载即为相应于规定非比例延伸强度的力，此力除以试样原始横截面积就得到规定非比例延伸强度（图 4-13）。

②规定残余延伸强度的测定

规定残余延伸强度可采用卸力法测定。先对试样施加相当于预期规定残余伸长应力 10% 的力 F_o，装上引伸仪，继续施加力至 $2F_o$，记下引伸仪读数作为条件零点。从 F_o 起第一次施力至试样在引伸仪标距内产生的总伸长为 $n \cdot L_e \cdot \varepsilon_r$ +（1 ~ 2）分格（n 为伸长放大倍数，L_e 为引伸仪标距，ε_r 为规定残余延伸率）。式中第一项为规定残余伸长，第二项为弹性伸长，在引伸仪上读出首次卸荷至 F_o 的残余伸长。以后每次施力应使试样产生的总伸长为前一次总伸长加上规定残余伸长与该次残余伸长（卸荷至 F_o）之差，再加上 1 ~ 2 分格弹性伸长增量。试验直至实测的残余伸长等于或稍大于规定残余伸长为止。

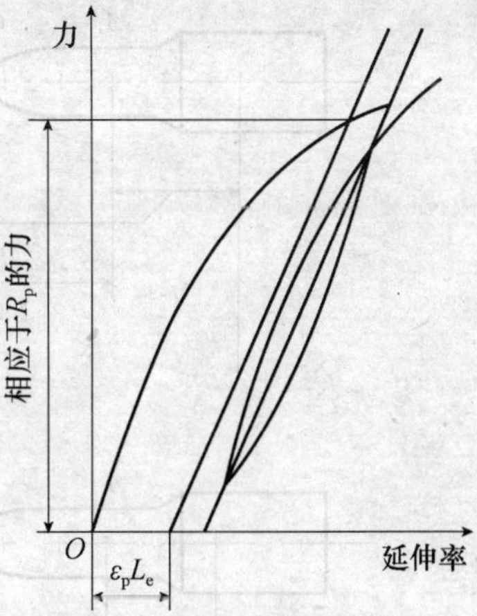

图 4-13　滞后环法测定规定非比例延伸强度

如果能估计被测材料的规定残余伸长应力所对应的总伸长的大致范围，则可使第一次施力的总伸长接近预计值，以便迅速求得 $F_{r0.2}$。

用内插法算出相应于规定残余伸长的力 $F_{r0.2}$ 的精确值。规定残余伸长强度按下式计算：

$$R_{r0.2} = \frac{F_{r0.2}}{S_0}$$

式中　$R_{r0.2}$——规定残余延伸率为 0.2% 时的应力，N/mm²；

$F_{r0.2}$——规定残余延伸率为 0.2% 时的力，N；

S_0——试样的原始横截面积，mm²。

③规定总延伸强度的测定

在力-延伸曲线图上，划一条平行于力轴并与该轴的距离等效于规定总延伸率的平行线，此平行线与曲线的交点所对应的荷载即为相应于规定总延伸强度的力，此力除以试样原始截面积就得到规定总延伸强度。采用自动装置（如微机处理）可不绘制力-延伸曲线图。

(7) 拉断后标距长度及断口截面积的测定

为了表示材料塑性的大小，可以用材料拉伸断裂后的延伸率和截面收缩率来表示。这时就需要测定拉断后标距长度或断口的截面积。

拉断后标距长度 l_1 根据断口位置不同，采用直测法或移位法测定（图4-14）。

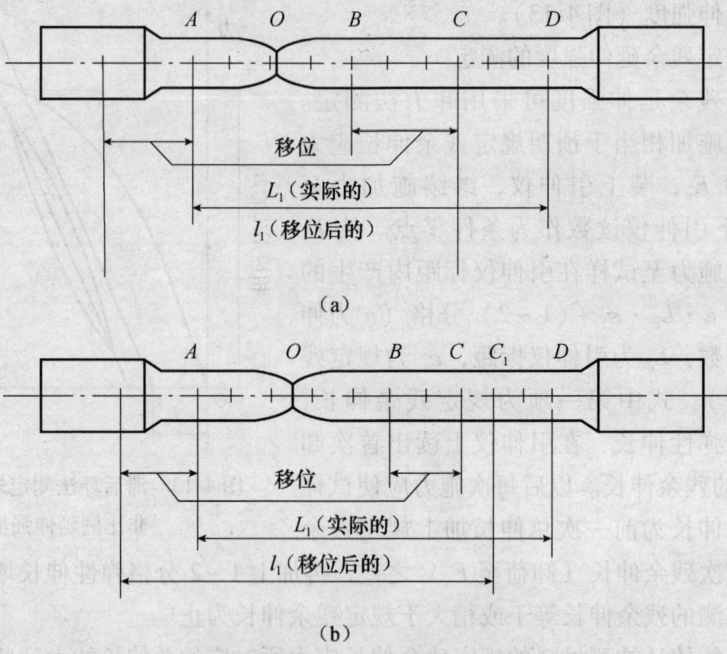

图4-14　断后标距移位法测定

(a) 直测法；(b) 移位法

直测法：如断口到最近的标距端点的距离大于 $L_o/3$，则以直接测得的两标距端点间的长度为 l_1。

移位法：如果断口到最近的标距端点的距离小于 $L_o/3$，则可按下法确定 l_1：在长段上从拉断处 O 取基本等于短段格数，得到 B 点，接着取等于长段所余格数［偶数，图4-14 (a)］之半，得 C 点；或者取余格数［奇数，图4-14 (b)］减1与加1之半，分别得 C 与 C_1 点，移位后的 l_1 分别为 $AB+2BC$ 或 $AB+BC+BC_1$。

为什么要采用移位法来测量 l_1 呢？这是因为试件不同的断口位置对延伸率 δ 的影响不同。

从图4-15中可见，断口在正中的试件其延伸率恒大于断口不在正中的试件的延伸率，这是由于当断口靠近试件两端时，在断裂试件的较短一段上，必将受到试件头部较粗部分的影响，而降低颈缩引起的局部伸长量，从而使延伸率 δ 的数值偏小，为了弥补这一不足并便于相互比较，因此采用断口移位的方法处理。

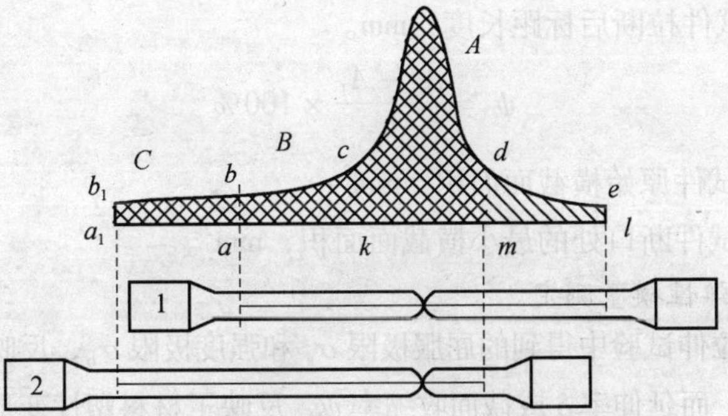

图 4-15　断口位置对延伸率的影响

断口截面积的测定对于圆截面比较方便，只需测出断口处的最小直径（一般在断口处沿正交方向测两次，取平均值）即可算出断口截面积、从而求出断面收缩率。对于矩形截面试样，测量颈缩处最大宽度（b_u）和最小厚度（a_u），两者乘积为断口最小横截面积（S_u）（图 4-16）。

断面收缩率不受试件标距长度的影响，但试件的原始直径对断面收缩率 ψ 值则略有影响。

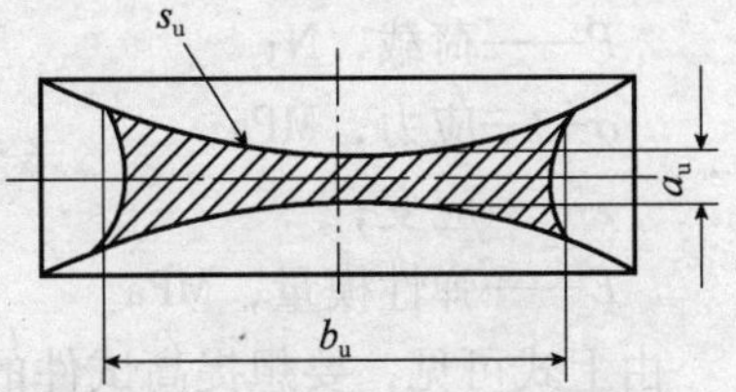

图 4-16　矩形截面试样颈缩处的最大宽度和最小厚度

对金属试件，还可通过观察断口形貌，识别材料类型。如，低碳钢具有丝光状锥碗形断口；熟铁具有锯齿形纤维状断口；而铸铁的断口是铅灰色、平坦的晶粒状；经冷加工或热处理的钢材，常会出现从截面中心射向外部的条纹或螺纹状断口。

（8）数据处理

材料的屈服强度或抗拉强度按照式（4-10）计算：

$$f_{cu} = \frac{P}{A} \tag{4-10}$$

式中　f_{cu}——材料的屈服强度或抗拉强度，MPa；

P——屈服或极限抗拉破坏荷载，N；

A——试件受拉面积，mm^2。

由于金属材料试验的离散性相对较小，一般对钢板、钢带、型钢及钢棒每炉罐号取一个样，而钢筋及钢管原材拉伸测试取两件试样为一组，分别评定相应指标。

材料的延伸率（δ）和断面收缩率（ψ）按照式（4-11）和式（4-12）计算：

$$\delta = \frac{l_1 - l_o}{l_o} \times 100\% \tag{4-11}$$

式中　l_0——试件标距长度，mm；

l_1——试件拉断后标距长度，mm。

$$\psi = \frac{A_o - A_1}{A_o} \times 100\% \qquad (4\text{-}12)$$

式中 A_o——试件原始横截面面积，mm^2；

A_1——试件断口处的最小横截面面积，mm^2。

（9）抗拉弹性模量测定

金属材料拉伸试验中得到的屈服极限 σ_s 和强度极限 σ_b，反映了材料对力作用的承受能力，而延伸率 δ 或截面收缩率 ψ，反映了材料塑性变形的能力，而材料弹性模量 E 表示材料在弹性范围内抵抗变形的难易程度，即材料的刚度。一般按引起单位应变的负荷为该材料的刚度，例如，在拉压构件中其刚度为：

$$\frac{P}{\varepsilon} = \frac{\sigma A}{\varepsilon} = EA \qquad (4\text{-}13)$$

式中 A——材料的横截面面积，mm^2；

P——荷载，N；

σ——应力，MPa；

ε——应变；

E——弹性模量，MPa。

由上式可见，要想提高试件的刚度 EA，亦即要减少其弹性变形，可选用高弹性模量的材料和适当加大承载的横截面积，刚度的重要性在于它决定了材料服役时的稳定性，对细长杆件和薄壁构件尤为重要。对于构件的理论分析和设计计算来说，弹性模量 E 是经常要用到的一个重要力学性能指标。

应特别指出的是，许多金属材料拉伸时的弹性模量与压缩时弹性模量是不同的，应注意区分。测定材料弹性模量 E 一般采用比例极限内的拉伸试验，材料在比例极限内服从虎克定律，其荷载与变形的关系为：

$$\varepsilon = \frac{\Delta L}{l_o} = \frac{\sigma}{E} = \frac{P}{AE} \qquad (4\text{-}14)$$

若已知载荷 P 及试件尺寸，只要测得试件伸长 ΔL 即可得出弹性模量 E：

$$E = \frac{Pl_o}{A\Delta L} = \frac{P}{\varepsilon A} \qquad (4\text{-}15)$$

显然材料试验机的绘图装置所绘的应力-应变曲线中的总变形量不能作为计算 E 的依据。因为，它不仅是试件标距内外各部分的伸长，而且还包括了试验机的上、下夹具之间和绘图装置系统的弹性变形及其间隙等引起的位移。为了准确地测定材料的 E 就要精确地测量试件标距内的变形，因而要采用引伸仪。弹性模量常采用增量法测定，即逐级加载，分别测量在各不相同荷载增量 ΔP 作用下，试件所产生的变形增量 $\Delta\varepsilon$，按下式计算弹性模量：

$$E = \frac{\Delta P}{A\Delta\varepsilon} \tag{4-16}$$

增量法可以验证力与变形间的线性关系，若各级荷载增量 ΔP 相等，相应地由引伸仪读出的变形增量 $\Delta\varepsilon$ 也大致相等。从而验证了虎克定律。用增量法进行试验，还可以判断出试验是否有错误，若各次测出的变形不按一定规律变化，就说明试验有问题，应进行检查。

加载方案应在试验前就拟定好。在拟定等级增量加荷方案时通常要考虑以下情况：

①最大应力值由于要求在材料的比例极限内进行试验，故最大应力值不能超过材料的比例极限，但也不能小于它的一半，一般取屈服极限 σ_s 的 70% ~ 80%，通常可取为 $0.8A_o\sigma_s$；

②初荷载及最大试验荷载值要与试验机测力范围（量程）相适应，一般初荷载可按满量程的 10% 或稍大选定，最大试验荷载则应落在满量程的 60% ~ 80%；

③加荷级数至少应为 5 级，每级荷载增量应使变形读数有明显的变化。

4.2.3 主要影响因素

(1) 截面形状及尺寸

为确保材料确实处于单向拉伸状态，对试样形状、尺寸和加工精度都有一定要求。一般拉伸试样可分为工作部分、过渡部分和夹持部分三部分（图 4-17）。其中，工作部分（标距范围内）其表面必须光滑，以保证材料表面也处于单向拉伸状态；夹持部分是指与试验机夹头连接的部分；过渡部分必须有适当的台肩和圆角，以降低应力集中，保证该处不发生变形和断裂。材料不同对其要求也不同，试样的形状、尺寸和加工精度等在国家标准中都有明确规定。

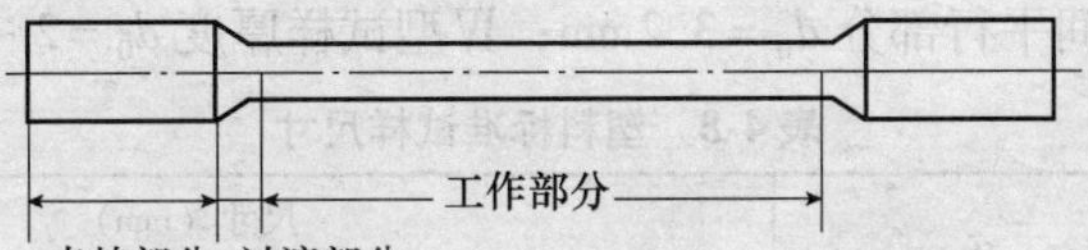

图 4-17 拉伸试件示意图

拉伸试件的受拉截面一般为圆形、正方形或长方形。试件的外形有圆柱形（如钢筋）、平板式（如钢板及其他板材）、8 字形（如砂浆）等。除不经加工的钢筋外，为了使断裂面发生在试件长度中部，试件总是制作成中间部分的横截面小于两端的横截面，在这个断面上的拉应力不受夹具装置的影响。

试件的端部形状应适合于试验材料本身的性能和试验机的夹具装置，可以做成平滑的阶梯形、螺纹形或锥形等。端部的直径或宽度与中间缩小截面的直径或宽之比与材料性能有关，如钢材约1.5∶1，木材（1.7～3.75）∶1。对脆性材料端部的制作特别重要，由于受夹具作用应力的影响，避免在端部破坏，应做得大一些。截面变化处应做成圆角，以减小应力集中产生的影响。

试件在整个长度上应对称于纵轴，以防止加荷时因偏心而受到弯曲作用。如图4-18所示的为平板式试件制备中常见的几种弊病。试件中间缩小截面的长度，取决于试验材料的类型和测量变形的仪器。对金属材料，中间缩小截面的长度应足以使得试件正常破坏。也就是说，试件的延伸率或颈缩现象不应受端部夹具的约束。对脆性材料，因延伸率很小，缩小截面的长度可以很短。

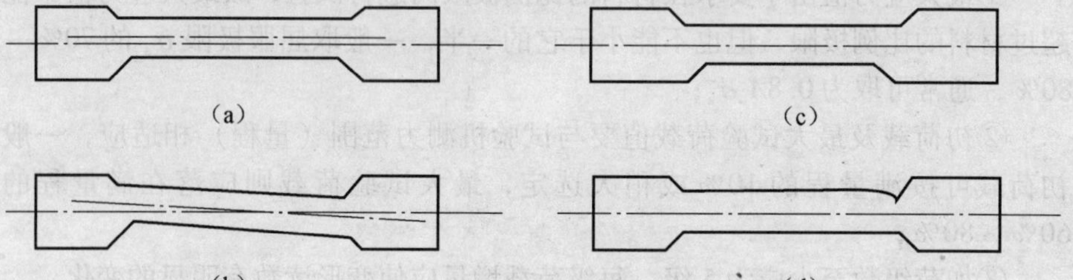

图4-18　平板式试件制备中常见的弊病

拉伸试验要尽可能采用标准拉伸试件，如钢材拉伸试验，木材顺纹抗拉强度试验，砂浆、石膏抗拉强度试验，石油沥青油毡抗拉试验等，均采用标准的抗拉试件。

塑料的拉伸性能是塑料力学性能中最重要、最基本的性能之一。几乎所有的塑料都要考核拉伸性能的各项指标，如拉伸强度、断裂延伸率等。塑料标准试样的类型有如图4-19所示的四种类型，其尺寸要求见表4-8。仲裁试验建议选用Ⅰ型试样，厚度 $d=4\text{mm}$；Ⅱ型试样厚度采用 $d=2\text{mm}$；Ⅲ型试样端部 $d_1=6.5\text{mm}$，中间平行部分 $d_0=3.2\text{mm}$；Ⅳ型试样厚度 $d_0=2\sim10\text{mm}$。

表4-8　塑料标准试样尺寸

符　号	名　称	尺寸（mm）			
		Ⅰ型试样	Ⅱ型试样	Ⅲ型试样	Ⅳ型试样
L	总长（最小）	150	115	110±5	250
H	夹具间距离	115±5.0	80±5		170±5
C	中间平行部分长度	60±0.5	33±2	9.5±5	
G_0	标距	50±0.5	25±1		100±0.5
W	宽度	20±0.2	25±1	45±5	25或50
b	中间平行部分宽度	10±0.2	6±0.4	25±5	25或50

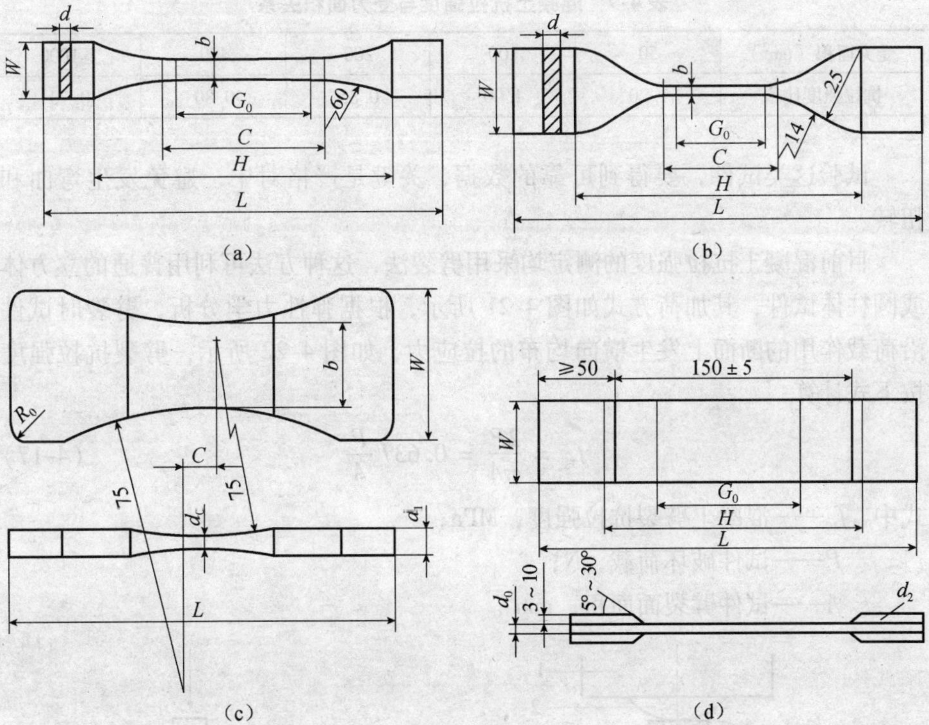

图 4-19　塑料标准试样的类型（mm）

（a）Ⅰ型试样；（b）Ⅱ型试样；（c）Ⅲ型试样；（d）Ⅳ型试样

若无标准试件，也可采用非标准拉力试件，如混凝土可采用如图 4-20 所示的形状，试件横截面为正方形或圆形。混凝土试件的抗拉强度与受力面积有关，其关系可参考表 4-9 所列之值。

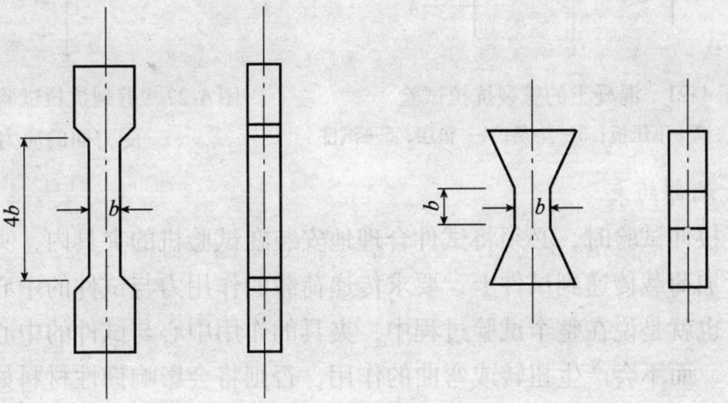

图 4-20　脆性材料非标准拉伸试件

表 4-9　混凝土抗拉强度与受力面积关系

受力面积（cm^2）	50	100	200	400	>1000
抗拉强度比值	1.20	1.00	0.85	0.80	0.70

试验这类试件，要得到可靠的数据，关键是严格对中，避免发生弯曲和扭转。

目前混凝土抗拉强度的测定均采用劈裂法，这种方法可利用普通的立方体或圆柱体试件，其加荷方式如图 4-21 所示，根据弹性力学分析，劈裂时试件沿荷载作用的断面上发生横向均布的拉应力，如图 4-22 所示，劈裂抗拉强度按下式计算：

$$f_{ts} = \frac{2P}{\pi A} = 0.637\frac{P}{A} \tag{4-17}$$

式中　f_{ts}——混凝土劈裂抗拉强度，MPa；

P——试件破坏荷载，N；

A——试件劈裂面面积，mm^2。

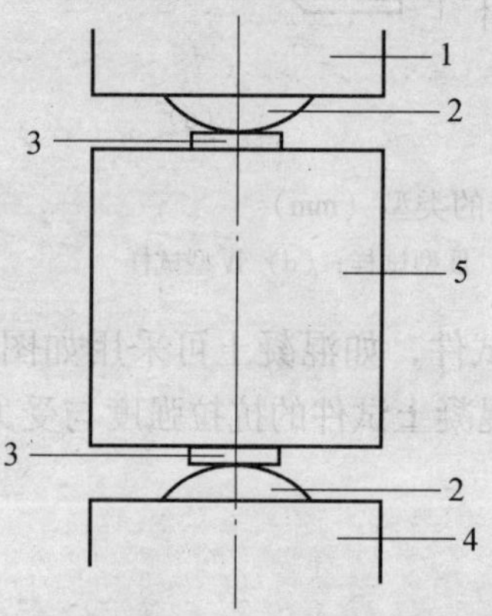

图 4-21　混凝土的劈裂抗拉试验

1—上压板；2—下压板；3—垫条；4—垫层；5—试件

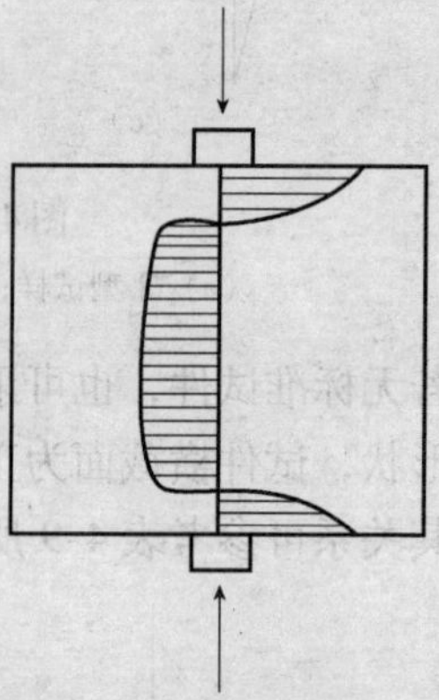

图 4-22　劈裂抗拉试验时垂直于受力面的应力分布

（2）端部约束

进行拉伸试验时，必须将试件合理地安装在试验机的夹具内，夹具应能有效地将所加荷载传递到试件上，要求传递荷载的作用力与试件的中心线在同一直线上，也就是说在整个试验过程中，夹具的作用中心与试件的中心线始终在一直线上，而不会产生扭转或弯曲的作用，否则将会影响韧性材料如金属材料的比例极限、屈服点等值，影响脆性材料的抗拉强度。

最普通的握紧装置就是楔形夹具，如图 4-23 所示。这类夹具适合于做韧性材料的拉伸试验，如金属、木材等。但不适用于试验脆性材料，因为楔形压碎作用会引起夹具材料的破坏。为了防止滑动，楔形夹具表面都带有小齿形条纹点。对于扁平试件的夹具，表面是平的。对于圆柱形试件，夹具为表面与试件尺寸相配合的 V 字形凹槽。两片夹具夹紧试件时，为使试件中心线与试验机压头中心线相一致，必须使夹具正确地位于试验机压头的中心，夹具安放位置的正确与错误情况如图 4-24 所示。

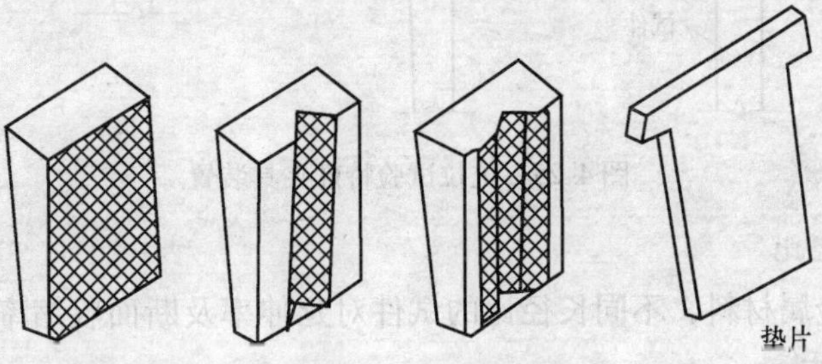

图 4-23　金属材料拉伸试验用楔形夹具及垫片

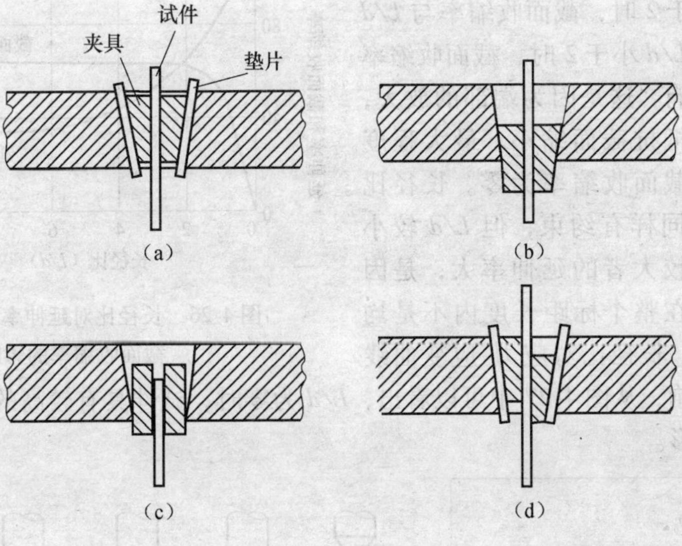

图 4-24　夹具安放正确（a）与不正确（b、c、d）情况

对于其他形状的试件，如做圆柱形或方形混凝土抗拉试验时，必须专门设计适合的夹具装置，如图 4-25 所示。为了使试件在夹具的中心线上，常使用球面支承或销轴承等自动调整装置，但该自动调整装置也不是完全有效的，因为球面支承或销轴承本身亦存在不易调整的问题。试件边缘的弯曲及夹具的紧贴对强度测试亦有影响。例如，对“8”字形砂浆拉伸试件上的应力分布是不均匀的，截面上的最大应力与平均应力之比均为 1.75。

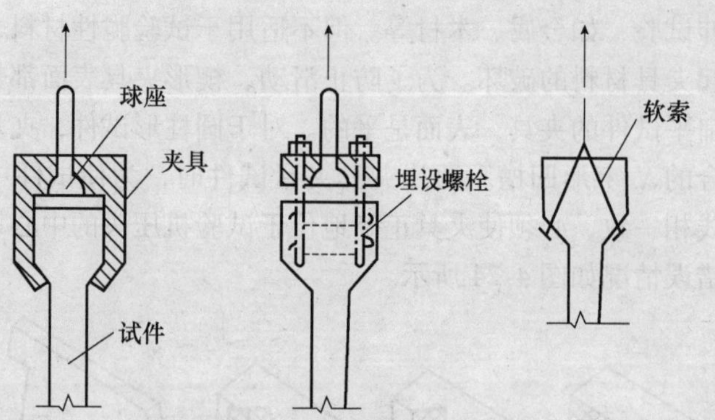

图 4-25　抗拉试验特殊夹具装置

（3）长径比

对韧性金属材料，不同长径比的试件对延伸率及断面收缩率的影响不同，如图 4-26 所示。

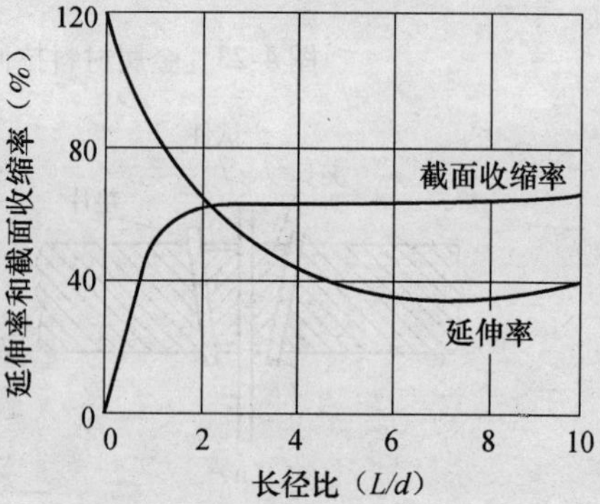

图 4-26　长径比对延伸率和截面收缩率的影响

从图 4-26 中可以看出，当长径比 L/d 大于 2 时，截面收缩率与 L/d 无关；当 L/d 小于 2 时，截面收缩率则受到影响。这是因为端部的放大，横向约束抵抗截面缩小。最大程度的约束使截面收缩率为零。长径比对延伸率同样有约束，但 L/d 较小者比 L/d 较大者的延伸率大，是因为延伸率在整个标距长度内不是均匀分布的。长径比对应力-应变曲线图形的影响，从图 4-27 中可以看出，L/d 为零时，试件具有较高的强度和非常小的变形。

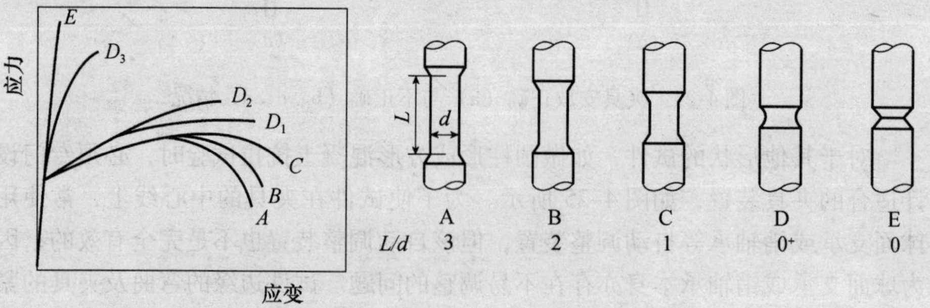

图 4-27　长径比对应力-应变曲线的影响

试件标距内的绝对伸长可分为两部分，即颈缩前的均匀伸长 ΔL_B 和颈缩出现后主要集中在颈缩处的局部伸长 ΔL_U。其中 ΔL_B 与原始标距长度呈正比，而 ΔL_U 与原始横截面积的开方呈正比，即：

$$\Delta L = \Delta L_B + \Delta L_U = \beta l_o + \gamma\sqrt{A_o} \tag{4-18}$$

式中 A_o——试件原始截面积；

l_o——试件标距长度。

对同一种材料而言，β 和 γ 均为常数，因此延伸率可按下式计算：

$$\delta = \frac{\Delta L}{l_o} = \beta + \gamma\frac{\sqrt{A_o}}{l_o} \tag{4-19}$$

由上式可知，对同种材料而言，其延伸率与 $\sqrt{A_o}/l_o$ 有关，因此为避免同一种材料不同尺寸的试件延伸率不同，必须使 $\sqrt{A_o}/l_o$ 为常数。对于金属材料，试样原始标距与原始截面积有 $l_o = k\sqrt{S_o}$ 关系的称为比例试件。一般比例系数 k 为5.65（短比例试样），原始标距应不小于15mm。当截面积太小时，k 也可采用11.3（长比例试样）。

对圆截面试件，当试样直径为 d_o 时，短比例试样和长比例试样的标距分别为：

$$l_o = 5.65\sqrt{A_o} = 5.65\sqrt{\frac{\pi d_o^2}{4}} \approx 5d_o \tag{4-20}$$

$$l_o = 11.3\sqrt{A_o} = 11.3\sqrt{\frac{\pi d_o^2}{4}} \approx 10d_o \tag{4-21}$$

即标距长度分别为工作部分直径的5倍或10倍，相应的延伸率可分别用 δ_5 和 δ_{10} 表示，对同种材料，δ_5 和 δ_{10} 数值是不相等的，因此两者不能直接比较。对同种材料，δ_5 大于 δ_{10}，一般 $\delta_5 - (1.1 \sim 1.4)\delta_{10}$。由于短比例试样节约原材料并且加工较方便，故各国标准中都优先选用短比例试样。

原始标距长度与原始截面积间不采用上述比例常数的称为非比例试件，非比例试样的尺寸应根据相关标准确定，所测结果也不能与 δ_5 和 δ_{10} 进行比较。

（4）*表面划痕*

试件上的刻痕会提高韧性材料的表面强度和降低表面韧性，对脆性材料会引起强度降低。

（5）*各向异性及含水状态*

同抗压强度类似，对非匀质材料要注意材料的各向异性，如木材的顺纹抗拉强度与横纹抗拉强度差异很大。横纹抗拉强度约为顺纹抗拉强度的 $\frac{1}{40} \sim \frac{1}{10}$。木材顺纹抗拉强度即指拉力方向与木材纤维方向一致时的抗拉强度。这种受拉破坏，往往木纤维未被拉断前纤维间先被撕裂。木材顺纹抗拉强度是木材所有强度中最大的，为顺纹抗压强度的 2～3 倍，但强度值波动范围大，通常介于 70～170MPa 之间。另外，木材的疵点如木节、斜纹等对木材顺纹抗拉强度影响极为显著，而木材又多少有一些缺陷，因此这时的木材实际顺纹抗拉强度反较顺纹抗压强度为低。再者，木材受拉杆件连接处应力复杂，这也使木材顺纹抗拉强度难以被充分利用。

含水状态也会影响到材料的抗拉强度，木材含水率在纤维饱和点以下时，含水率降低，吸附水减少，细胞壁紧密，木材各种强度均增加；反之，各种强度均降低。当含水率超过纤维饱和点时，只是自由水变化，木材各种强度均不变。木材含水率对其各种强度的影响程度是不相同的，受影响最大的是顺纹抗压强度，其次是抗弯强度，对顺纹抗剪强度影响小，影响最小的是顺纹抗拉强度，如图 4-28 所示。

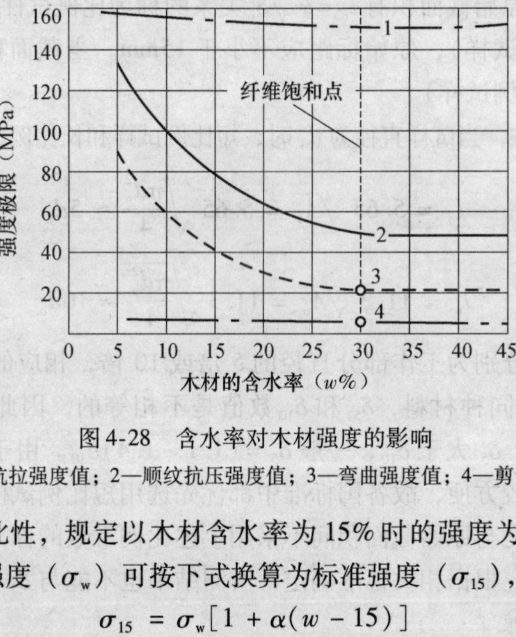

图 4-28　含水率对木材强度的影响

1—顺纹抗拉强度值；2—顺纹抗压强度值；3—弯曲强度值；4—剪切强度值

为了具有可比性，规定以木材含水率为 15% 时的强度为标准，其他含水率（$w\%$）时的强度（σ_w）可按下式换算为标准强度（σ_{15}），单位 MPa。

$$\sigma_{15} = \sigma_w[1 + \alpha(w - 15)] \tag{4-22}$$

式中 σ_{15}——含水率为 15% 时的木材强度，MPa；

σ_w——含水率为 $w\%$ 时的木材强度，MPa；

w——试验时木材的含水率，%；

α——木材含水率校正系数。

α 的值随树种和作用力形式而异。如所有树种的顺纹抗压强度为 $\alpha = 0.05$；顺纹抗拉强度时，阔叶树 $\alpha = 0.015$，针叶树 $\alpha = 0$；抗弯强度时所有树种的 $\alpha = 0.04$；顺纹抗剪时所有树种的 $\alpha = 0.03$。

(6) 温度的影响

一般情况下，温度升高，金属材料的屈服强度会下降，但是金属晶体结构不同，其变化趋势也不相同，如图4-29所示。

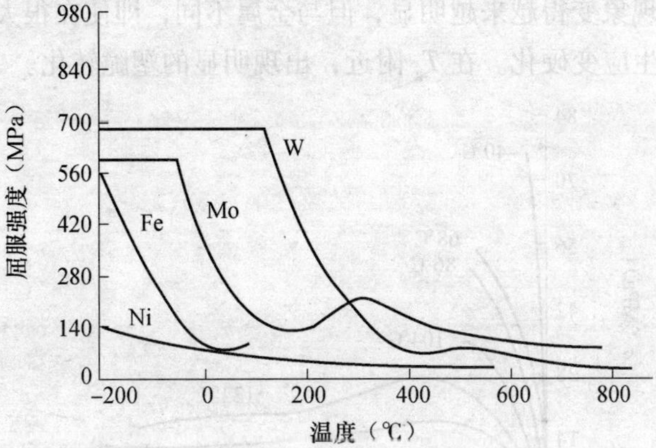

图4-29 温度对金属材料屈服强度的影响

由图4-29可见，体心立方金属的屈服强度具有强烈的温度效应，温度下降，屈服强度急剧升高，Fe由室温降低到－196℃，屈服强度提高4倍。而面心立方金属的温度效应则较小，如Ni由室温降低到－196℃，屈服强度只提高了0.4倍。密排六方金属屈服强度的强度效应与面心立方金属相似。

非晶态聚合物随温度变化可出现三种力学状态，即玻璃态、高弹态和黏流态。如热固性塑料和热塑性塑料的温度-形变曲线如图4-30所示。在相同荷载下，热固性塑料的高弹性形变小，同时它没有黏流温度（T_f），继续加热时，始终维持高弹平台，直到热分解破坏。

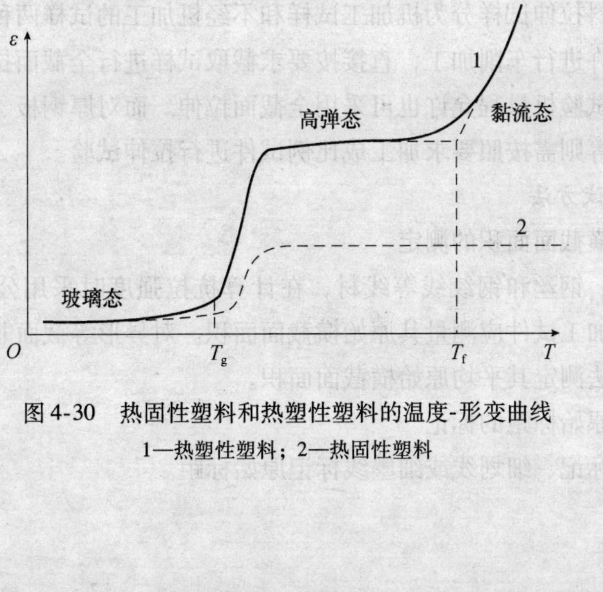

图4-30 热固性塑料和热塑性塑料的温度-形变曲线

1—热塑性塑料；2—热固性塑料

随温度变化，聚合物的力学性能出现重大变化。图 4-31 为典型非晶态聚合物 PMMA（T_g 为 105℃）在不同温度下的 $\sigma-\varepsilon$ 曲线。在 −40℃、68℃和 86℃时，它的 $\sigma-\varepsilon$ 曲线表现为线弹性。在 104℃拉伸时出现屈服，随试验温度升高，屈服现象变得越来越明显，但与金属不同，即使在很大塑性变形的情况下，仍不发生应变硬化。在 T_g 附近，出现明显的塑脆转化。

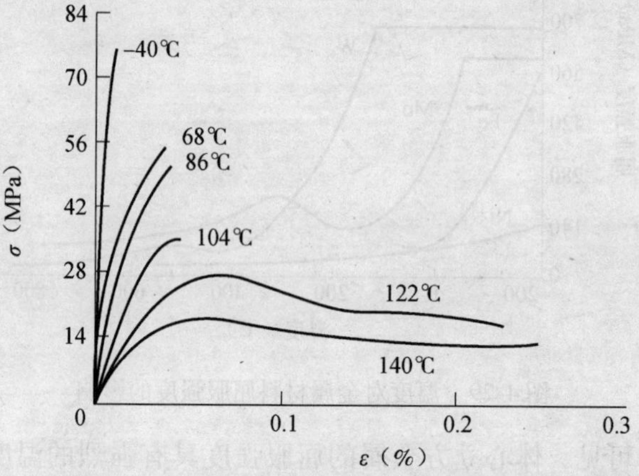

图 4-31　PMMA 在不同温度下的 $\sigma-\varepsilon$ 曲线

4.2.4　金属材料抗拉强度测试

（1）主要测试设备

万能试验机，应有调速指示装置，误差符合要求。

（2）试样制备

金属材料拉伸试样分为机加工试样和不经机加工的试样两种。钢筋、钢丝等线材不允许进行车削加工，直接按要求截取试样进行全截面拉伸。对薄壁细管材，如果试验机量程允许也可采用全截面拉伸。而对厚钢板、粗钢棒、厚壁粗管及型钢等则需按照要求加工成比例试件进行拉伸试验。

（3）测试方法

①原始横截面面积的测定

对钢筋、钢丝和钢绞线等线材，在计算抗拉强度时采用公称面积进行计算。而对机加工试件应测量其原始横截面面积。对异形等截面非机加工试件也可采用质量法测定其平均原始横截面面积。

②试样原始标距的标记

采用小标记、细划线或细墨线标记原始标距。

③屈服点的测定

采用图示法或指针法测定屈服点或下屈服点。无明显屈服现象的金属材料，应测定其规定非比例伸长应力 $R_{p0.2}$ 或规定残余伸长应力 $R_{r0.2}$。

④抗拉强度的测定

继续加荷，直至试样拉至断裂，从拉伸曲线图上确定试验过程中的最大荷载，或从测力度盘上度取最大荷载。

⑤延伸率测定

试样拉断后，取断裂部分紧密对接在一起，并尽量使其位于一条轴线上。如拉断后形成缝隙，则此缝隙应计入该试样拉断后的标距内。根据断口位置采用直读法或移位法测量断后标距长度。

（4）数据处理

按照式（4-10）和式（4-11）分别计算屈服强度、拉伸强度和延伸率，其数值按表 4-10 进行修约。

表 4-10　钢材拉伸试验数值修约间隔

指标	范围	修约间隔
屈服强度、抗拉强度（N/mm^2）	≤200	1
	>200～1000	5
	>1000	10
延伸率（%）	≤10	0.5
	>10	1

4.2.5　防水卷材抗拉强度测试

（1）主要测试设备

拉力试验机，测量范围 0～1000N（或 0～2000N），最小读数 5N，夹具加持宽度不小于 5cm，在无负荷情况下，空夹具自动下降速度为 40～50mm/min；量尺，精确度 0.1cm。

（2）试样制备

试样尺寸 250mm×50mm，3 块。

（3）测试方法

①将试件置于拉力试验相同温度的干燥处不少于 1h，试验温度25℃ ±2℃。

②调整好拉力机后，将定温处理的试件夹持在夹具中心，并不得歪扭，上、下夹具之间的距离为 180mm。

③开动拉力机使受拉试件被拉断为止。读出拉断时指针所指数值即为试件

的拉力。如试件断裂处距夹具小于20mm时，该试件试验结果无效，应在同一样品上另行切取试件，重做试验。

（4）数据处理

按照式（4-10）和式（4-11）分别计算抗拉强度和延伸率，取3个试件测定结果的算术平均值作为评定结果。

4.2.6 塑料的抗拉强度测试

（1）主要测试设备

拉力试验机，测微仪或游标卡尺。

（2）试样制备

试样形状及尺寸如图4-19和表4-8所示，每个受力方向和每项性能试验试样数量不少于5个。试样表面应平整、无气泡、裂纹、分层、明显杂质和加工损伤等缺陷。

（3）测试方法

①在试样中间平行部分按标距 $G_o = 50mm$ 或 $G_o = 25mm$ 做标线，此标线不得影响测试结果。

②测量试样中间平行部分的宽度和厚度，精确至0.01mm。每个试样测量3点，取算数平均值。

③夹具加持试样，要使试样纵轴与上、下夹具中心连线相重合，并且要松紧适宜，以防止试样滑脱或断在夹具内，试样在受力前应处于基本不受力状态。

④选定加荷速度，进行试验。

⑤记录屈服时的荷载或断裂荷载及断裂时标距间长度。若试样断裂在中间平行部分之外时，此试样作废。

（4）数据处理

按照式（4-10）和式（4-11）分别计算屈服强度或抗拉强度和延伸率，取测定结果的算术平均值作为评定结果。

4.2.7 木材顺纹抗拉强度测试

（1）主要测试设备

木材全能试验机；天平，感量0.01g；测量工具；烘箱。

（2）试样制备

试样的形状和尺寸如图4-32所示。试样纹理必须通直，年轮的切线方向应垂直于试样有效部分（指中部60mm一段）的宽面。试样有效部分与两端夹持部分之间的过渡弧表面应平滑，并与试样中心线相对称。软质木材试样必须在夹持部分的窄面，附以90mm×14mm×8mm的硬木夹垫，用胶黏剂固定在试样上。硬质木材试样，可不用木夹垫。试样制作要求和检查、试样含水率的调整应按规定进行。

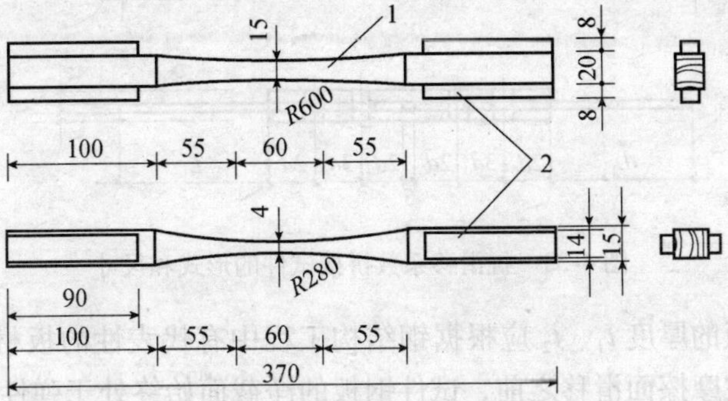

图4-32　木材顺纹抗拉强度试样（mm）

1—试样；2—木夹垫

（3）测试方法

①在试样有效部分的中央，用卡尺测量厚度 a 和宽度 b，准确至0.1mm。

②将试样两端夹紧在试验机的钳口中，使试样宽面与钳口相接触，两端靠近弧形部分露出20～25mm，垂直地安装在试验机上。

③按规定速度加荷，在1.5～2min内使试样破坏。记录最大荷载。如拉断处不在试样有效部分，试验结果应予作废。

④阔叶材试验后，立即在受力有效部分截取长30mm一段试样，测定含水率。

（4）数据处理

试样含水率为 w（%）时的顺纹抗拉强度，按式（4-10）计算（精确至0.1MPa）。按式（4-22）换算成标准含水率15%时的抗拉强度（精确至0.1MPa）；当木材含水率在9%～23%范围内时，计算有效。

4.2.8　钢结构抗滑移系数的测试

（1）主要测试设备

拉力试验机，误差应在1%以内。电阻片、压力传感器和电阻应变仪等。

（2）试样制备

抗滑移系数试验应采用双摩擦面的二栓拼接的拉力试件（图4-33）。每批

3 组试件。

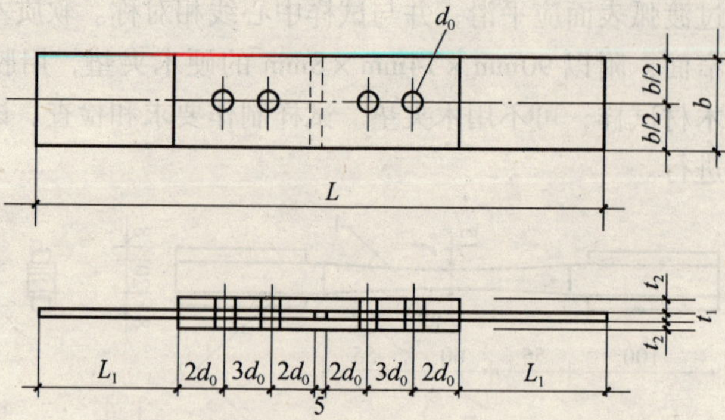

图 4-33　抗滑移系数拼接试件的形式和尺寸

试件钢板的厚度 t_1、t_2 应根据钢结构工程中有代表性的板材厚度来确定，同时应考虑在摩擦面滑移之前，试件钢板的净截面始终处于弹性状态；宽度 b 可参照表 4-11 的规定取值。L_1 应根据试验机夹具的要求确定。试件板面应平整，无油污，孔和板的边缘无飞边、毛刺。

表 4-11　试件板的宽度

螺栓直径（mm）	16	20	22	24	27	30
板宽（mm）	100	100	105	110	120	120

（3）测试方法

①试件应在其侧面画出观察滑移的直线；

②将组装好的试件置于拉力试验机上，试件的轴线应与试验机夹具中心严格对中。

③加荷时，应先加 10% 的抗滑移设计荷载值，停 1min 后，再平稳加荷，加荷速度为 3～5kN/s，拉至滑动破坏，测得滑移荷载 N_v。在试验中，当发生以下情况之一时，所对应的荷载可定为试件的滑移荷载：

试验机发生回针现象；

试件侧面画线发生错动；

X-Y 记录仪上变形曲线发生突变；

试件突然发生“嘣”的响声。

（4）数据处理

抗滑移系数应根据试验所得的滑移荷载 N_v 和螺栓预拉力 P 的实测值，按式（4-23）计算，宜取小数点后两位有效数字。

$$\mu = \frac{N_v}{n_f \cdot \sum_{i=1}^{m} P_i} \tag{4-23}$$

式中　N_v——由试验测得的滑移荷载，kN；

n_f——摩擦面面数，取 $n_f = 2$；

$\sum_{i=1}^{m} P_i$——试件滑移一侧高强度螺栓预拉力实测值（或同批螺栓连接副的预拉力平均值）之和（取三位有效数字），kN；

m——试件一侧螺栓数量，取 $m = 2$。

4.2.9　混凝土的劈裂抗拉强度的测试

（1）**主要测试设备**

压力试验机，测量精度为 ±1%，半径为 75mm 的钢制弧形垫块，长度与试件相同；三合板垫条，宽度 20mm，厚度 3 ~ 4mm，长度不小于试件长度，并且不得重复使用；钢制支架。

（2）**试样制备**

边长为 150mm 的标准立方体试件或边长为 100mm 和 200mm 的非标准立方体试件。

（3）**测试方法**

①试件从养护地点取出后应及时进行试验，将试件表面与上、下承压板面擦干净。

②将试件放在试验机下压板的中心位置，劈裂承压面和劈裂面应与试件成型时的顶面垂直；在上、下压板与试件之间垫以圆弧形垫块及垫条各一条，垫块与垫条应与试件上、下面的中心线对准并与成型时的顶面垂直。宜把垫条及试件安装在定位架上使用（图 4-34）。

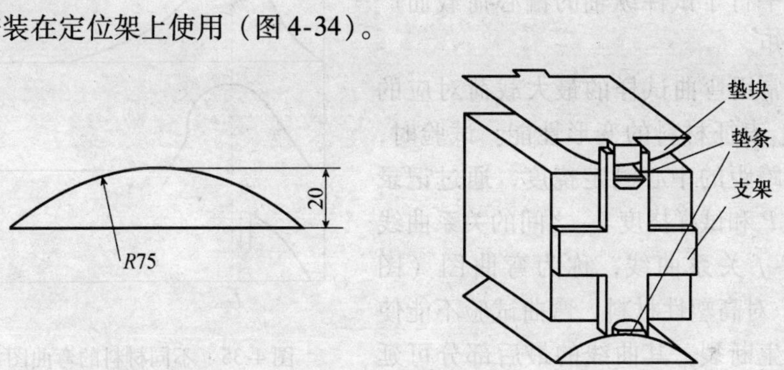

图 4-34　垫块及支架示意图（mm）

③开动试验机，当上压板与圆弧形垫块接近时，调整球座，使接触均衡。

④加荷应连续均匀，当混凝土强度等级 < C30 时，加荷速度取每秒钟 0.02 ~ 0.05MPa；当混凝土强度等级 ≥ C30 且 < C60 时，取每秒钟 0.05 ~ 0.08MPa；当混凝土强度等级 ≥ C60 时，取每秒钟 0.08 ~ 0.10MPa，至试件接近破坏时，应停止调整试验机油门，直至试件破坏，然后记录破坏荷载。

（4）数据处理

3 个试件为一组，单个混凝土劈裂抗拉强度应按式（4-17）计算，计算精确到 0.01MPa。取 3 个试件测试值的算术平均值作为该组试件的强度值；3 个测试值中的最大值或最小值中如有一个与中间值的差值超过中间值的 15% 时，则把最大值及最小值一并舍除，取中间值作为该组试件的劈裂抗拉强度值；如最大值与最小值与中间值的差均超过中间值的 15%，则该组试件的试验结果无效。

采用 100mm × 100mm × 100mm 非标准试件测得的劈裂抗拉强度值，应乘以尺寸换算系数 0.85；当混凝土强度等级 ≥ C60 时，宜采用标准试件；使用非标准试件时，尺寸换算系数应由试验确定。

4.3 材料弯曲性能的测试

4.3.1 概述

在工程中受弯构件很多，最常见的弯曲是梁承受横向荷载的作用，如建筑结构中的简支梁和悬臂梁。在一般情况下，弯曲伴随着横向剪切，如果只有弯曲应力而没有剪切应力，则称为纯弯。通常产生弯曲作用的是承受横向荷载作用的梁，弯曲也可以是由弯矩产生，例如受到平行于试件纵轴的偏心荷载而产生的弯矩。

通常用弯曲试样的最大载荷对应的挠度 f_{max} 表征材料的变形性能。试验时，在试样跨距的中心测定挠度，通过记录弯曲力 P 和试样挠度 f_{max} 之间的关系曲线绘成 P-f 关系曲线，称为弯曲图（图 4-35）。对高塑性材料，弯曲试验不能使试件发生断裂，其曲线的最后部分可延伸很长。因此，弯曲试验难以测得高塑性材料的强度，而且试验结果的分析也

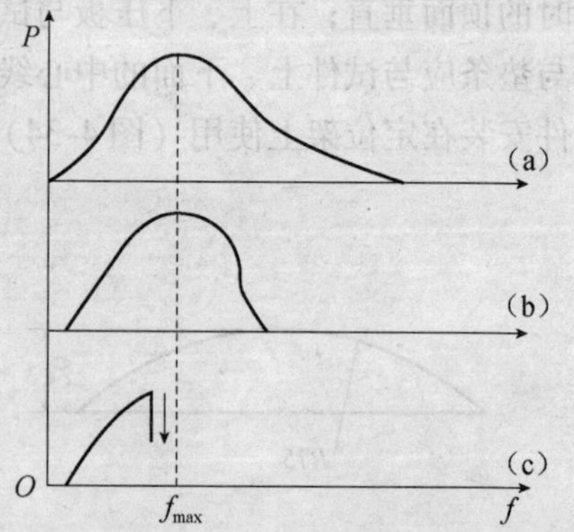

图 4-35　不同材料的弯曲图

（a）高塑性材料；（b）中等塑性材料；（c）脆性材料

很复杂，故塑性材料的力学性能由拉伸试验测定，而不采用弯曲试验测定，弯曲试验主要测定其工艺性能。对脆性材料（如水泥胶砂、混凝土梁、陶瓷材料、灰铸铁、硬质合金等）可通过弯曲试验测定其抗弯强度、弯曲模量等指标。

弯曲试验主要用来检验材料在受弯曲荷载作用下的性能，适用于测定脆性和低塑性材料的抗弯强度指标，同时用挠度表示塑性，能明显地显示脆性或低塑性材料的塑性。

弯曲试验时，试样横截面上的应力分布是不均匀的，试件的横截面上一部分产生压力，而另一部分产生拉应力，表面的应力-应变最大，可以较灵敏地反映材料的表面缺陷情况。因此，弯曲试验也可用于检验焊接质量的好坏。

弯曲试验常采用圆柱形或矩形试样，金属材料圆柱形试样的直径 d 为 5 ~ 45mm，矩形试样的 h（高度）× b（宽度）为 5mm × 7.5mm（或 5mm × 5mm）至 30mm × 40mm（或 30mm × 30mm）。试样的跨距 L 为直径 d 或高度 h 的 16 倍。要求试样有一定的加工精度，但对铸铁弯曲试样表面可不加工。

弯曲试验根据加载方式不同可分为集中荷载（三点弯曲）和等弯矩弯曲（四点弯曲）两种，如图 4-36 所示。等弯矩试验时能较好地反映材料的品质，因为在两加载点之间试件受到等弯矩的作用，四点弯曲试验时必须注意加载的均衡。试验时，试样会在该长度上任何薄弱处破坏，能较好地反映材料的缺陷性质，而且试验结果也较精确。三点弯曲则总是在集中荷载施载（最大弯矩）处破坏，三点弯曲试验方法较简单。

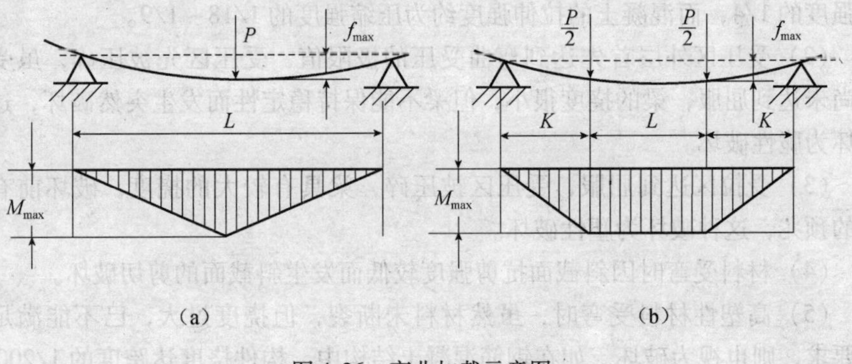

图 4-36　弯曲加载示意图

（a）三点弯曲；（b）四点弯曲

杆状试样承受弯矩作用后，其内部应力主要为正应力，与单向拉伸时产生的应力类似。但由于杆件截面上的应力分布不均匀，表面最大，中心为零，且应力方向发生变化，因此，材料在弯曲加载下所表现的力学行为与单纯拉应力作用下的力学行为不完全相同。于是，对于承受弯曲载荷的机件如轴、板状弹簧等，常用弯曲试验测定其力学性能，以作为设计或选材的依据。弯曲试验作为一种试验方法与拉伸、扭转试验相比，还有以下两个方面的特点：一是弯曲试验的试样形状简单、操作方便，不存在拉伸试验时的试样偏斜（力的作用线不能准确通过拉伸试样的轴线而产生附加弯曲应力）对试验结果的影响，并可用试样弯曲的挠度显示材料的塑性。因此，弯曲试验方法常用于测定铸铁、铸造合金、工具钢、硬质合金及陶瓷材料等脆性与低塑性材料的强度和显示塑性的差别。另外，与扭转试验类似，弯曲试样的表面应力最大，故可较灵敏地反映材料的表面缺陷。因此，常用来比较和鉴别渗碳层和表面淬火层等表面热处理机件的质量和性能。

管材在承受压缩荷载时，其局部也会发生显著的弯曲变形。因此，管材也可用压缩变形破坏荷载判定其变形能力及材料的塑性。试验时将试样放在两个平行板之间，用压力机或其他方法，均匀地压至有关技术条件规定的压扁距，用管子外壁压扁距或内壁压扁距（mm）表示。试验焊接管时，焊缝位置应按有关技术标准中规定，如无规定时，则焊缝应位于同施力方向呈90°角的位置。试验均在常温下进行，但冬季不应低于-10℃。试验后检查试样弯曲变形处，如无裂缝、裂口或焊缝开裂，即认为试样合格。

材料的受弯破坏状态与材料性能有关，一般情况下有以下几种形式。

（1）受拉区外层被拉断，材料断裂。如铸铁和素混凝土梁，都是突然断裂而破坏，这是因为其拉伸强度远远低于压缩强度，如铸铁的拉伸强度约为压缩强度的1/4，而混凝土的拉伸强度约为压缩强度的1/18～1/9。

（2）受压区外层首先达到弯曲受压的极限值，受压区先被压碎，虽受拉区尚未达到屈服，梁的挠度很小，但梁不能保持稳定性而发生突然破坏，这种破坏为脆性破坏。

（3）受拉区达到屈服，受压区被压碎，梁具有较大的挠度，破坏前有明显的预兆，这种破坏为塑性破坏。

（4）材料受弯时因斜截面抗剪强度较低而发生斜截面的剪切破坏。

（5）高塑性材料受弯时，虽然材料未断裂，但挠度过大，已不能满足使用要求，则也视为破坏。如在钢筋混凝土结构中，构件挠度达跨度的1/200时（构件跨度小于7m），就视为已达到破坏。塑料挠度大于材料厚度的1.5倍时，亦视为破坏。

木制梁破坏的几种形式如图4-37所示。

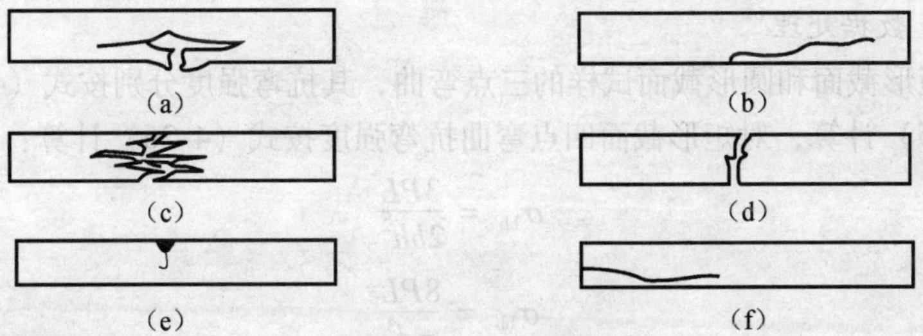

图4-37　木制梁破坏的不同形式

(a) 纯拉；(b) 纹理不规则截面；(c) 裂升拉伸；(d) 脆性拉伸；(e) 压缩；(f) 水平剪切

材料的弯曲受拉极限强度，通常高于直接拉伸试验所测得的拉伸强度。因为在直接拉伸试验中，试件受力均匀，一旦试件内发生微裂缝时，很快就破坏。而在梁弯曲受拉时，因为截面受拉区内的应力是不均匀的，外层纤维受力较大，靠近中和轴的受力较小，当外边纤维发生微裂缝时，由于内部受力较小，部分纤维的约束作用还不会立即引起破坏，因此必须施加比拉伸强度还高的应力，才能使微裂缝向内部发展，使试件破坏。对于脆性材料梁，用弯曲公式计算所得的弯曲抗拉强度，通常比材料的真正拉伸强度大，如铸铁的比值为1.8，混凝土的比值约为1.5~2.0；弯曲抗拉强度与抗压强度的比值，铸铁约为0.5，混凝土约为0.15~0.20，木材约为2（顺纹抗压时）。

4.3.2　测试步骤

弯曲试验通常是为了测定梁的弯曲强度及刚度，有时可以绘制受弯构件应力分布图形。弯曲强度包括比例极限、屈服强度及极限强度。从试验中可根据荷载的挠度值得到材料的刚度。

(1) 测量尺寸

试件尺寸对弯曲强度的影响很大，因此，首先应当测量试件的截面尺寸，矩形截面测量高度和宽度，圆形截面测量直径。此外，还要校正跨距。

(2) 仪表安装，选择量程

根据材料不同，试件尺寸不同，选择试验机类型和量程，使材料破坏时处于满量程的20%~80%。

(3) 加荷控制

加荷速度在弯曲试验中和拉伸与压缩试验中一样，同样有较大的影响，也就是，加荷速度越快，显示出的强度越高。因此，在材料的抗弯（抗折）的试验中，一般均规定其试验加荷速度。

(4) 破坏荷载的确定

加荷直至材料破坏或变形超过规定值，记录最大荷载。

(5) 数据处理

对矩形截面和圆形截面试样的三点弯曲，其抗弯强度分别按式（4-24）和式（4-25）计算，对矩形截面四点弯曲抗弯强度按式（4-26）计算：

$$\sigma_{bb}=\frac{3PL}{2bh^2} \tag{4-24}$$

$$\sigma_{bb}=\frac{8PL}{\pi d^3} \tag{4-25}$$

$$\sigma_{bb}=\frac{3P(L-l)}{2bh^2} \tag{4-26}$$

式中 σ_{bb}——抗弯强度，N/mm^2；

P——最大弯曲破坏荷载，N；

L——下支点跨距，mm；

b——矩形截面试件的宽度，mm；

h——矩形截面试件的高度，mm；

d——圆形截面试件的直径，mm；

l——上支点跨距，mm。

当 $l=(1/3)L$ 时则变为三等分点加荷，其抗弯强度按照式（4-27）计算。

$$\sigma_{bb}=\frac{PL}{bh^2} \tag{4-27}$$

4.3.3 主要影响因素

(1) 截面形状及尺寸

为了测定材料的弯曲强度，被试验梁的尺寸必须具有一定的比例关系，使试件不至于出现于极限弯曲抗拉强度达到之前因剪切或横向挠曲而破坏。为了使试件产生断裂破坏，做成的试件，对梁的高度来说，必须不得太短。相反地，假如要求剪切破坏，则梁的跨度必须不能太长。实际数值取决于材料性能、梁的截面尺寸和荷载类型。标准化试件用于普通材料常规试验，如水泥胶砂、木材和混凝土等，其试件尺寸详见各试验内容。

具有相同截面积的不同外形的梁，如较大的面积靠近外层受拉区，则弯曲强度大。矩形和工字形截面相比，工字形截面的梁承受的荷载就大。

(2) 荷载类型

简支梁中，集中荷载能得到最大的弯曲强度值。简支梁三等分点加荷法所得的弯曲强度总是稍低于集中荷载所得结果。因为沿梁的长度方向，材料的强度可能不同。在双点加荷中能找到梁中最薄弱的截面（在承受不变弯矩的截面中）。悬臂梁集中荷载得到的结果，有时稍高于简支梁集中荷载所得到的结果。

（3）跨距

对相同截面的梁，跨长较短的梁测得的弯曲强度较大。

（4）表面划痕

弯曲试验对材料受拉表面缺陷比较敏感，因此，受拉区表面如果有划痕将显著降低材料的弯曲强度。

4.3.4　水泥弯曲强度的测试

（1）主要测试设备

水泥抗折试验机。

（2）试样制备

同本章4.1.6中“水泥抗压强度测定”相关内容。

（3）测试方法

①每龄期取出3条试件先做抗折强度试验；

②试验前擦去试件表面的水分和砂粒，清除夹具上的杂物；

③试件放入抗折试验机夹具内，应使侧面与圆柱接触；

④试件放入前应使杠杆成平衡状态，试件放入后调整夹具，使杠杆在试件折断时尽可能地接近平衡位置；

⑤启动抗折试验机，开始加荷，抗折试验加荷速度为50±5N/s。

⑥试块断裂时，记录破坏荷载或直接读出强度值。

（4）数据处理

根据式（4-24）计算出抗折强度，其中跨距为100mm。以3块试件的算术平均值为试验结果。当3个强度值中有一个超过平均值的±10%时，应剔除该值，用余下两个值的算术平均值作为该组试件的强度代表值。当3个强度值中有两个超过平均值的±10%时，则此组结果作废。

4.3.5　混凝土抗弯强度的测试

（1）主要测试设备

压力试验机，抗折试验装置。试件的支座和加荷头采用直径为20～40mm、长度大于试件宽度10mm以上的硬钢圆柱，支座立脚点固定铰支，其他应为滚动支点（图4-38）。

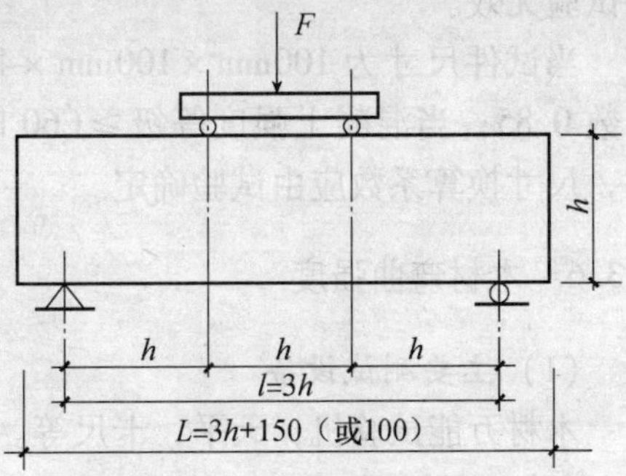

图4-38　混凝土抗折试验装置（mm）

（2）试样制备

试样尺寸可选用150mm×150mm×

600mm（或 550mm）的棱柱体试件（标准试件）或 100mm × 100mm × 400mm 的棱柱体试件（非标准试件）。试件受拉区中部 1/3 区段内不得有表面直径超过 5mm、深度超过 2mm 的孔洞。

试件成型养护同本章 4.1.4 中“混凝土抗压强度测定”相关内容。

（3）测试方法

①试件从养护地取出后及时进行试验，将试件表面擦干净。

②按图 4-38 装置试件，安装尺寸偏差不得大于 1mm。试件的承压面应为试件成型时的侧面。调整支座及承压面与圆柱的接触面使之平稳、均匀。

③均匀、连续地施加荷载。当混凝土强度等级 < C30 时，加荷速度取每秒 0.02 ~ 0.05MPa；当混凝土强度等级 ≥ C30 且 < C60 时，取每秒钟 0.05 ~ 0.08MPa；当混凝土强度等级 ≥ C60 时，取每秒钟 0.08 ~ 0.10MPa；

④至试件接近破坏时，应停止调整试验机油门，直至试件破坏，然后记录破坏荷载。

⑤记录试件破坏荷载及试件断裂位置。

（4）数据处理

单块试件的抗折强度按式（4-27）计算。

若试件下边缘断裂位置处于两个集中荷载作用线之间，则取 3 个试件的算术平均值作为该组试件的强度值（精确至 0.1MPa），如果 3 个测值中的最大值或最小值中有一个与中间值的差值超过中间值的 15% 时，则取中间值作为该组试件的抗压强度值；如最大值和最小值与中间值的差均超过中间值的 15%，则该组试件的试验结果无效。

3 个试件中若有一个断裂位置位于两个集中荷载之外，则混凝土抗折强度值取另两个试件的平均值作为该组试件抗折强度，若这两个测值的差值大于这两个测值的较小值的 15% 时，该组试件的试验结果无效。

若有两个试件的下边缘断裂位置位于两个集中荷载作用线之外，则该组试件试验无效。

当试件尺寸为 100mm × 100mm × 400mm 非标准试件时，应乘以尺寸换算系数 0.85；当混凝土强度等级 ≥ C60 时，宜采用标准试件；使用非标准试件时，尺寸换算系数应由试验确定。

4.3.6 木材弯曲强度

（1）主要测试设备

木材万能试验机，天平，卡尺等。

（2）试样制备

试样尺寸 20mm × 20mm × 300mm，其长轴与木材纹理相平行。试样上应避免斜纹、节疤等缺陷。

（3）测试方法

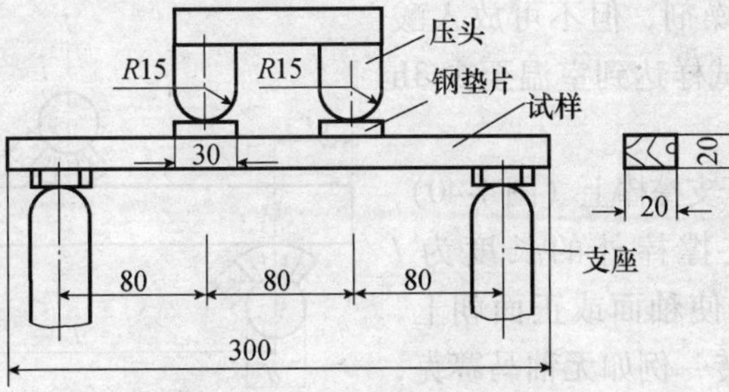

图4-39　木材抗弯强度试验装置

①木材弯曲强度只做弦向试验，试验时加压方向应与木材年轮相切（弦向），而且作用力应与木纤维相垂直。

②测量试件长度方向中央的径向宽度和弦向高度，准确至0.1mm。

③以5～10mm/min的速度均匀加荷，直至试样断裂。记录最大荷载。

④从靠近破坏处，锯取3cm的木块测定含水率。

（4）数据处理

含水率为$w\%$时的抗弯强度按式（4-27）计算，应按式（4-22）换算成标准含水率15%时的抗拉强度（精确至0.1MPa），当木材含水率在9%～23%范围内时，计算有效。

4.3.7　陶瓷砖的破坏强度及断裂模数测试

（1）主要测试设备

烘箱，金属支撑棒，橡胶垫［硬度50±5 IRHD（国际橡胶硬度）］，试验机。

（2）试样制备

应用整砖检验，但对边长大于300mm的砖和一些非矩形的砖，必须进行切割，切割成可能的最大尺寸的矩形试样，其中心应与原来砖的中心一致。在有疑问时，整砖所测结果比切割试样测得的结果准确。

砖的尺寸大于等于48mm时，最少试样数量为7块，砖的尺寸在18～48mm时，最小试样数量为10块。

（3）测试方法

①用硬刷刷去试样背面松散的粘结颗粒。

②将试样放入110℃±5℃的烘箱中干燥至恒重，即间隔24h的连续两次

称量的差值不大于0.1%。

③然后将试样放在密闭的烘箱或干燥器中冷却至室温，干燥器中放有硅胶或其他合适的干燥剂，但不可放入酸性干燥剂。需在试样达到室温至少3h后才能进行试验。

④将试样置于支撑棒上（图4-40），试样伸出每根支撑棒外的长度为 l（见表4-12）。应使釉面或正面朝上，对于两面相同的砖，例如无釉马赛克，哪面在上都可以。对于挤压成型的砖，应将其背肋垂直于支撑棒放置，对所有其他矩形砖，应以其长边垂直于支撑棒放置。

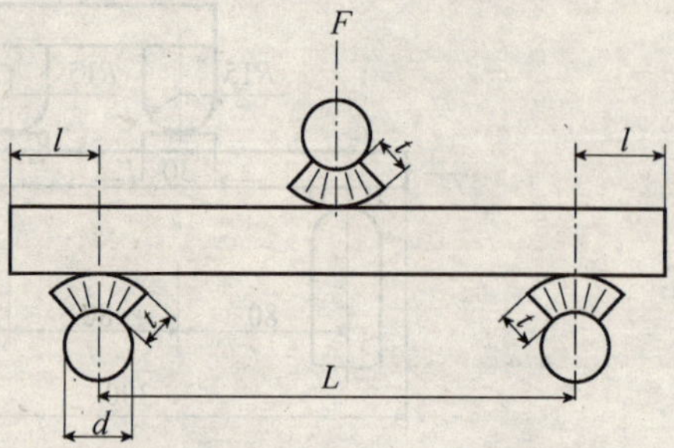

图4-40　陶瓷砖断裂模数测试方法

表4-12　棒的直径、橡胶厚度和长度选用表

陶瓷砖的尺寸 K(mm)	棒的直径 d(mm)	橡胶厚度 t(mm)	陶瓷砖伸出支撑棒外的长度 l(mm)
$K \geq 95$	20	5±1	10
$48 \leq K < 95$	10	2.5±0.5	5
$18 \leq K < 48$	5	1±0.2	2

⑤对凸纹浮雕的砖，应在与浮雕面接触的中心棒上再垫一层橡胶层，厚度见表4-12。

⑥中心棒应与两支撑棒等距，以 $1 \pm 0.2\text{N}/(\text{mm}^2 \cdot \text{s})$ 的速率均匀加载，记录断裂荷载 F。

(4) 数据处理

只有在宽度与中心棒直径相等的中间部位断裂试样，其结果才能用来计算平均破坏强度和平均断裂模数，计算平均值至少需要5个有效的结果。

如果有效结果少于5个，应取加倍数量的砖再作第二组试验，此时至少需要10个有效结果来计算平均值。

陶瓷砖的破坏强度按式（4-28）计算：

$$S = \frac{FL}{b} \tag{4-28}$$

式中　F——破坏荷载，N；

L——支撑棒之间的跨距，mm；

b——试样的宽度，mm。

断裂模数按式（4-29）计算：

$$R = \frac{3FL}{2bh^2} = \frac{3S}{2h^2} \tag{4-29}$$

式中　F——破坏荷载，N；

L——支撑棒之间的跨距，mm；

b——试样的宽度，mm；

h——试验后沿断裂边测得的试样断裂面的最小厚度，mm。

记录所有结果，以有效结果计算试样的平均破坏强度和平均断裂模数。

4.3.8　钢材弯曲试验及焊接试件的弯曲性能检验

(1) 主要测试设备

弯曲装置（图4-41），万能试验机或压力试验机。

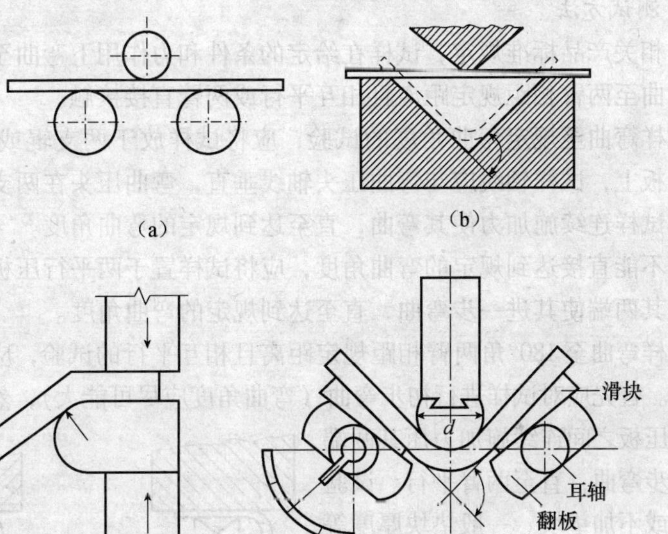

图4-41　金属材料弯曲装置

(a) 支撑式；(b) V形模具式；(c) 虎钳式；(d) 翻板式

(2) 试样制备

表面不得有划痕或损伤，试样宽度和厚度（或直径）应符合相关产品标准。宽度无具体规定时，不大于20mm时取原产品宽度；大于20mm且厚度小于3mm时，宽度为20±5mm；大于20mm且厚度不小于3mm时，宽度在20~50mm之间。厚度（或直径）无具体规定时，对于板材、带材和型材产品不大于25mm取产品厚度；大于25mm可加工至厚度不小于25mm，并保留一侧原表面，该表面弯曲时位于受拉变形一侧。对于圆形或多边形截面产品，其内切圆直径不大于25mm时，取原产品截面；如内切圆直径超过30～50mm，试验设备能力不足时，可加工成内切圆直径不小于25mm的试样（图4-42），并且未经加工的原表面弯曲时应位于受拉变形一侧。钢筋类产品不允许车削加工，取全截面进行试验。

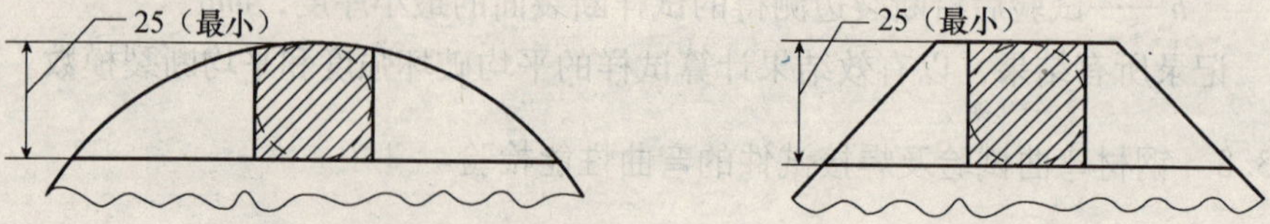

图4-42 加工试样横截面形状与尺寸

（3）测试方法

①由相关产品标准规定，试样在给定的条件和力作用下弯曲至规定的弯曲角度或弯曲至两臂相距规定距离且相互平行或两臂直接接触。

②试样弯曲至规定弯曲角度的试验，应将试样放于两支辊或V形模具或两水平翻板上，试样轴线应与弯曲压头轴线垂直，弯曲压头在两支座之间的中点处，对试样连续施加力使其弯曲，直至达到规定的弯曲角度。

③如不能直接达到规定的弯曲角度，应将试样置于两平行压板之间，连续施加力压其两端使其进一步弯曲，直至达到规定的弯曲角度。

④试样弯曲至180°角两臂相距规定距离且相互平行的试验，应采用支撑式弯曲装置。首先应对试样进行初步弯曲（弯曲角度应尽可能大），然后将试样置于两平行压板之间连续施加力压其两端使其进一步弯曲，直至两臂平行。试验时可以加或不加垫块。一般垫块厚度等于规定的弯曲压头直径。采用翻板式弯曲装置时，在力作用下不改变力的方向，弯曲直至达到180°角，试样弯曲至两臂平行，如图4-43所示。

图4-43 试样弯曲至两臂平行示意图

⑤试样弯曲至两臂直接接触的试验，应首先将试样进行初步弯曲（弯曲角度应尽可能大），然后将其置于两平行压板之间，连续施加力压其两端使其进一步弯曲，直至两臂直接接触。

⑥弯曲试验时，应缓慢施加弯曲力。

（4）结果判定

应按照相关产品标准要求判定弯曲试验结果。如未规定具体要求，弯曲试验后试样弯曲处外表面无肉眼可见裂纹应判定为合格。

4.3.9　管材压扁强度的测定

（1）主要测试设备

压力试验机；要求压板长度大于试样长度，宽度应超过压扁后的试样宽度，即大于 $1.6D$。

（2）试样制备

结构用不锈钢无缝钢管要求壁厚小于等于10mm 的冷拔（轧）钢管应进行压扁试验；流体输送用无缝钢管要求对外径 22 ~ 400mm 并且壁厚与外径之比不大于 10% 的钢管进行压扁试验。

一般要求试样长度不小于 10mm，但不超过 100mm。

（3）测试方法

试样置于两压板之间，一般要求焊接管的焊缝应处于与受力方向呈 90°的位置。

沿垂直于管纵轴线加压，压板移动速度不应超过 25mm/min。

（4）数据处理

金属管材压扁至规定值时无可见裂纹，则判定为合格。仅在试件棱角处的轻微开裂不应判作废。

第5章　材料在其他荷载作用下的力学性能测试

5.1　材料剪切性能的测试

5.1.1　概述

工程中常用的螺栓、销钉、铆钉和键等构件，都主要承受剪切作用。剪切就是材料受到一对大小相等、方向相反、作用线很近的横向力作用，使材料沿外力作用方向发生错动，先变成平行四边形，而后被剪断。如铆钉承受直接剪切的作用。除直接剪切外，在其他外力作用下同样伴随着剪切，如梁在垂直于其纵轴的荷载作用下产生的弯曲应力和剪切应力，剪切应力沿梁截面高度按二次线规律而变化，在中和轴处剪应力最大。如果作用在垂直于轴线的平面内的力偶，在其作用下将产生扭转，扭转剪切应力在圆截面上沿扭转轴从零到端部为最大。如果在扭转中不存在弯曲作用，而只有剪切作用，这种情况可称为纯剪。对抗剪强度低于实际抗拉强度的材料，例如低碳钢，在扭转时破坏首先从杆的最外层沿横截面发生剪断破坏，如图5-1（a）所示；对于抗拉强度低于抗剪强度的材料，例如铸铁，破坏则首先在杆的最外层沿着与杆轴线约呈45°倾角的螺旋形曲面发生拉断，如图5-1（b）所示。

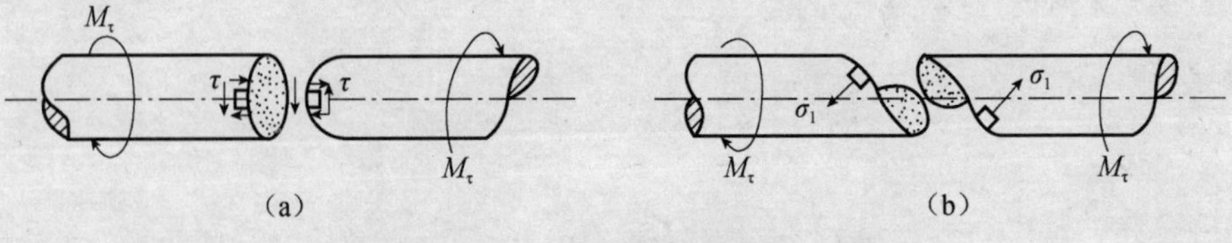

图5-1　受扭试样断口

（a）横截面剪断破坏；（b）45°螺旋形曲面拉断

假如一个物体仅在一个方向承接拉伸或压缩应力的作用，那么其45°斜面上的剪应力为最大剪应力，该值为正应力大小的一半。因此，当试件承受拉伸或压缩时，沿45°斜面上发生剪切错动而破坏，如铸铁压缩时的破坏，这就说明材料是因为超过其抗剪强度而破坏的。

进行剪切试验，可以模拟实际服役条件，并提供材料的抗剪强度数据作为设计的依据。常用的剪切试验方法有单剪试验、双剪试验和冲孔式剪切试验，如图 5-2 所示。

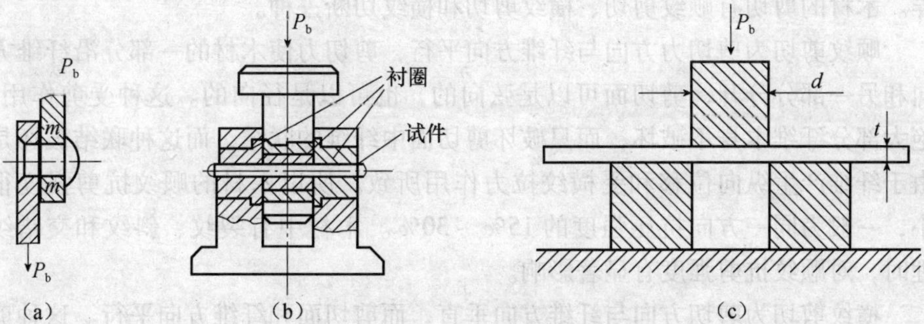

图 5-2　剪切试验装置

(a) 单剪试验；(b) 双剪试验；(c) 冲孔式剪切试验

单剪试验主要用于板材和线材的抗剪强度测量，故剪切试件常取自板材或线材。试验时，将试件固定在底座上，然后对上压模加压，直至试件沿剪切面剪断。双剪试验是最常用的剪切试验，将试样装在压式或拉式剪切器内，然后加载。试件两个截面上同时受到剪力的作用。双剪试验用的试件为圆柱体，其被剪部分长度不能太长。因为在剪切过程中，除了两个剪切面受到剪切外，试样还受到弯曲作用。为了减小弯曲的影响，被剪部分的长度与试件直径之比值不要超过 1.5。薄板的抗剪强度，也可用冲孔式剪切试验法测定，断裂面为一圆柱面。剪切试验加载速率一般规定为 1mm/min，最快不得超过 10mm/min。剪断后，如试件发生明显的弯曲变形，则试验无效。

根据试件被剪断时的最大载荷 P_b 和试件的原始截面面积 A_o，计算剪切面上的最大切应力，即材料的抗剪强度，三种剪切方法的剪切强度分别按下式计算：

单剪试验剪切强度　　$$\tau_b = \frac{P_b}{A_o} \tag{5-1}$$

双剪试验剪切强度　　$$\tau_b = \frac{P_b}{2A_o} \tag{5-2}$$

冲孔式剪切试验剪切强度　　$$\tau_b = \frac{P_b}{\pi dt} \tag{5-3}$$

式中　d——冲孔直径，mm；

t——板料厚度，mm；

P_b——破坏荷载，N；

A_o——剪切面面积，mm^2。

在进行剪切试验时，同样要注意各向异性材料不同方向的剪切强度存在差异。木材的剪切有顺纹剪切、横纹剪切和横纹切断三种。

顺纹剪切为剪切力方向与纤维方向平行，剪切力使木材的一部分沿纤维方向和另一部分分开，剪切面可以是弦向的，也可以是径向的。这种受剪作用，绝大部分纤维本身不破坏，而只破坏剪切面中纤维的联结，而这种联结破坏是由于纤维产生纵向位移和受横纹拉力作用所致。所以木材的顺纹抗剪强度很小，一般为同一方向抗压强度的15% ~30%。木材中有裂纹、斜纹和交错纹理时，对顺纹抗剪强度有显著影响。

横纹剪切为剪切方向与纤维方向垂直，而剪切面和纤维方向平行。这种剪切作用完全破坏剪切面中纤维的横向联结，因此木材的横纹剪切强度比顺纹剪切强度还要低。

横纹剪断为剪切方向与剪切面均与木材纤维方向垂直。这种剪切破坏是将木材纤维切断，因此这种强度较大，一般为顺纹剪切强度的4 ~5 倍。

木材的剪切试验一般做顺纹抗剪强度试验。

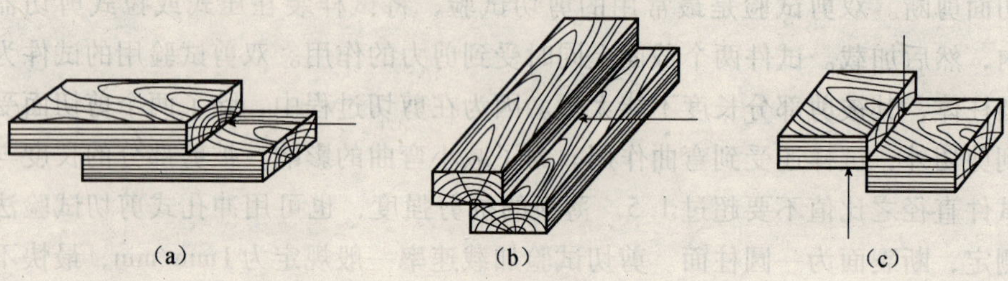

图5-3　木材的剪切

（a）顺纹剪切；（b）横纹剪切；（c）横纹切断

胶粘剂的剪切强度是胶结强度的主要指标，剪切试验是胶粘剂最基本的试验之一。剪切法测试粘结接头可以采用拉伸、压缩、扭转、弯曲。而以拉伸剪切强度法的使用最为广泛。胶粘剂的钢-钢胶结强度采用两个金属片粘结进行拉伸。试验时加载夹具移动速度为10mm/min。剪切破坏应力按下式计算：

$$\tau = \frac{F}{B \times L} \tag{5-4}$$

式中　τ——接头的拉伸剪切强度，MPa；

F——试样剪切破坏时的最大负荷，N；

B——试样胶结面的宽度，mm；

L——试样胶结面的长度，mm。

国外类似的试验方法采用同样的或较小尺寸的试样。但按美国的试验方法，需要制成粘结薄板，然后切割成宽度为25.4mm的单片试样，试样搭接端头留有少量胶痕。因此，按我国试样标准进行西欧、美国胶粘剂的剪切强度试验时得出的结果总是比制造厂所给的数值低些。

5.1.2　金属材料剪切试验

(1) 主要测试设备

万能材料试验机，剪切装置，游标卡尺。

(2) 试样制备

低碳钢剪切试样尺寸如图5-4所示。

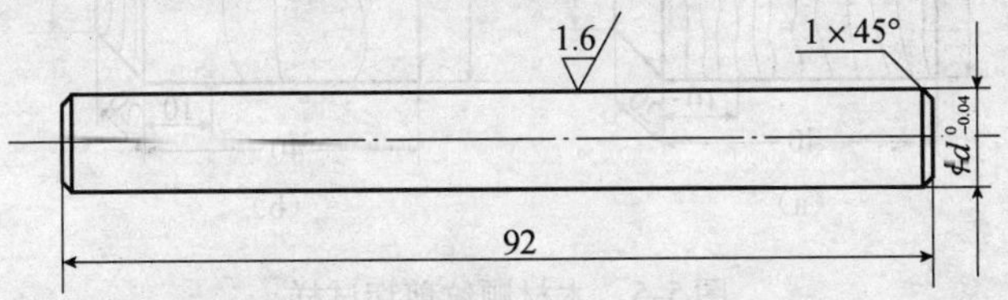

图5-4　剪切试样尺寸

(3) 测试方法

①测量低碳钢剪切试件的直径 d，用游标卡尺在试件任意处沿互相垂直的两方向各测量一次，取其平均值作为 d。

②估计低碳钢材料的剪切强度极限（其 τ 约在500~600MPa之间），根据试件直径估算破坏时所需最大载荷，选择好试验机的量程及其相应的测力度盘。

③按要求将试件安装到剪切装置上并将剪切装置置于万能材料试验机的承台上。

④缓慢均匀加荷直至试件被剪断，试件剪断后，应立即关机，并读取试件被剪断时的破坏荷载 F，然后取出试件，观察试件破坏后的形貌。

⑤关闭进油阀、打开回油阀，使试验机的工作台回复原位。

(4) 数据处理

该试验采用双剪装置，剪切强度按照下式计算：

$$\tau = \frac{F}{2A} = \frac{2F}{\pi d^2} \tag{5-5}$$

式中 F——剪切试验中最大荷载；

d——试样直径。

5.1.3 木材剪切试验

(1) **主要测试设备**

木材全能试验机，天平，钢直角尺，量角卡规（角度为106°42′），钢尺、卡尺，烘箱等。

(2) **试样制备**

试样形状尺寸如图5-5所示，应使受剪面为正确的弦面或径面。

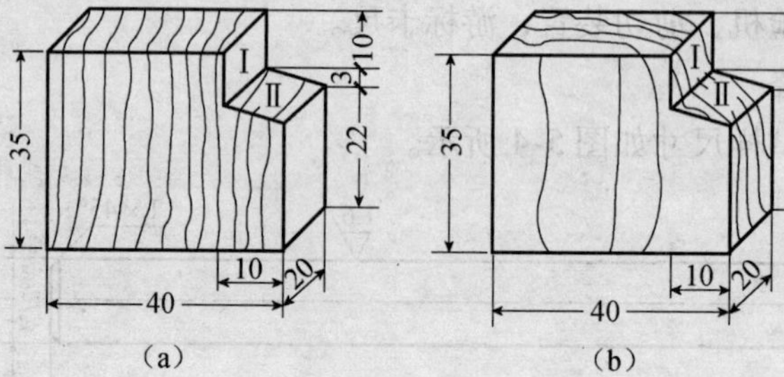

图5-5 木材顺纹剪切试样

(a) 弦面抗剪试样；(b) 径面抗剪试样

试样所有尺寸的允许误差，不得超过±0.5mm，试样缺角部分角度的精度应严格控制，必须用角度为106°42′的角规检查。

(3) **测试方法**

①用卡尺测量试样受剪面的宽度 b 和长度 L，准确至0.1mm。

②将试样装入试验附件的斜 L 形垫块上（图5-6），调整螺杆使试样顶端和Ⅰ面上部贴紧附件上部凹角的相邻两侧面，至试件不动为止。再将压块置于试样斜面Ⅱ上，并使其侧面紧靠附件的主体。

③将装好试样的附件放在试验机上，使压块的中心对准试验机压头的中心位置，以15kN/min±20%的速度均匀加荷，直至试样破坏为止。记录最大荷载。

④将试样破坏后的小部分，立即进行含水率的测定。

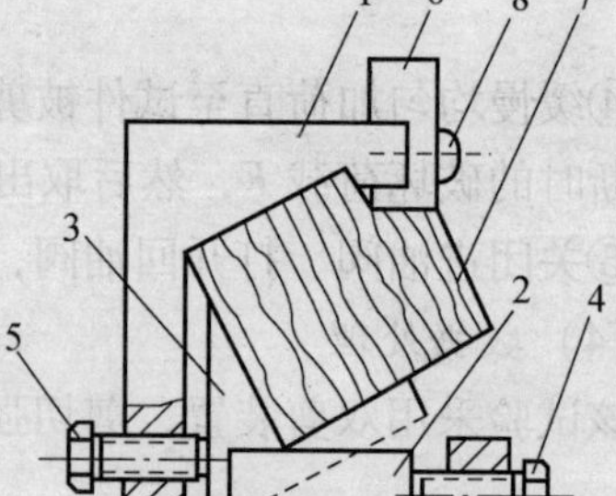

图5-6 顺纹抗剪试验附件及试验装置

1—附件主杆；2—楔块；3—L形垫块；4、5—螺杆；6—压块；7—试样；8—圆头螺钉

(4) **数据处理**

试样含水率为 $w\%$ 时的弦面或径面顺纹抗剪强度按下式计算（准确至0.1MPa）：

$$\tau = \frac{P \cdot \cos\theta}{b \cdot L}$$

式中　P——试样最大荷载，N；

θ——加荷方向与顺纹方向之间的夹角（16°42′），$\cos\theta$ 为常数（0.9578）；

b——试样宽度，mm；

L——试样受剪面长度，mm。

顺纹抗剪强度按式（4-22）换算为含水率15%时的抗剪强度。

5.1.4　胶粘剂的拉伸剪切强度

（1）主要测试设备

试验机，量具，夹具。

（2）试样制备

试样应符合图5-7的形状和尺寸。标准试样的搭接长度是12.5±0.5mm，金属片的厚度是1.5±0.1mm（ISO厚度为1.6±0.1mm）。试样的搭接长度或金属片的厚度不同对试验结果会有影响。常规试验，试样数量不应少于5个。仲裁试验试样数量不应少于10个。应当注意，对于高强度胶粘剂，测试时如出现金属材料屈服或破坏的情况，则可适当增加金属片厚度或减少搭接长度，两者中选择前者较好。测试时金属片所受的应力不要超过其屈服强度。

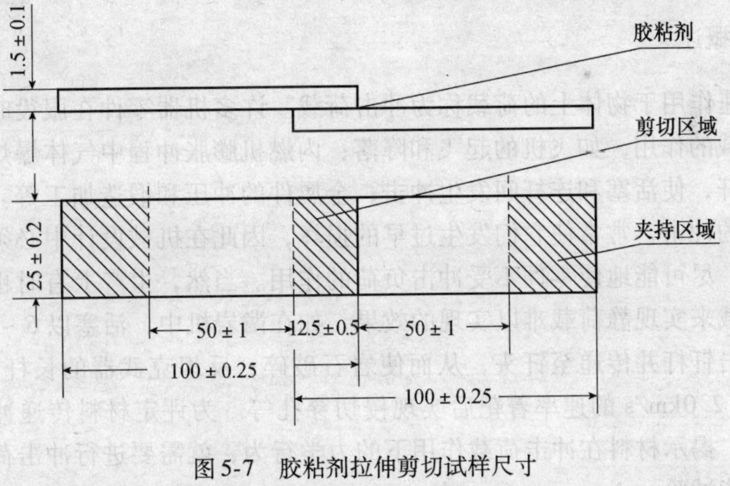

图5-7　胶粘剂拉伸剪切试样尺寸

试样可用不带槽或带槽的平板制备，也可单片制备。胶接用的金属片表面应平整，不应有弯曲、翘曲、歪斜等变形。金属片应无毛刺，边缘保持直角。胶接时，金属片的表面处理、胶粘剂的配比、涂胶量、涂胶次数、晾置时间等胶接工艺以及胶粘剂的固化温度、压力、时间等均按胶粘剂的使用要求进行。应使用夹具，以保证试样正确地搭接和精确地定位。切割已胶接的平板时，要防止试样过热，应尽量避免损伤胶接缝。胶层厚度宜控制在0.2mm，可用插入间隔导线等方法控制。

试样制备后到试验的最短时间为16h，最长时间为一个月。试验应在温度为23℃ ±2℃的环境中进行。仲裁试验或对温度、湿度敏感的胶粘剂应在温度为23℃ ±2℃、相对湿度为45% ~55%的环境中进行。对仅有温度要求的测试，测试前试样在试验温度下停放时间不应少于30min；对有温度、湿度要求的测试，测试前试样在试验环境下的停放时间一般不应少于16h。

(3) 测试方法

①用量具测量试样搭接面的长度和宽度，精确到0.05mm。

②把试样对称地夹在上、下夹持器中，夹持处至搭接端的距离50 ±1mm。

③开动试验机，以稳定速度加载，使破坏时间介于65 ±20s。记录试样剪切破坏的最大负荷。记录胶接破坏的类型（内聚破坏、粘附破坏、金属破坏）。

(4) 数据处理

对金属搭接的胶粘剂拉伸剪切强度按式（5-4）计算，试验结果以剪切强度的算术平均值、最高值、最低值表示。取三位有效数字。

5.2 材料的冲击韧性测试

5.2.1 概述

高速作用于物体上的荷载称为冲击荷载。许多机器零件在服役时往往受冲击荷载的作用，如飞机的起飞和降落；内燃机膨胀冲程中气体爆炸推动活塞和连杆，使活塞和连杆间发生冲击；金属件的冲压和锻造加工等。这些零件之间的冲击，常常使它们发生过早的损坏，因此在机械设计中必须考虑冲击问题，尽可能地使零件不受冲击负荷的作用。当然，生产上有时也要利用冲击荷载来实现静荷载难以实现的效果，如在凿岩机中，活塞以6 ~8m/s的速率冲击钎杆并传递至钎头，从而使岩石破碎；反坦克武器的长杆穿甲弹，以1.5 ~2.0km/s的速率着靶后实现侵切穿孔等。为评定材料传递冲击荷载的能力，揭示材料在冲击荷载作用下的力学行为，就需要进行冲击荷载下的力学性能试验。

冲击荷载与静荷载的主要区别在于加载速率不同。加载速率是指荷载施加于试样或机件时的速率，用单位时间内应力增加的数值表示。由于加载速率提高，变形速率也随之增加，因此可用变形速率间接地反映加载速率的变化。

承受静荷载的零件，进行强度计算是很方便的。而在冲击荷载下，由于它本身是冲击功，必须测量荷载作用的时间及荷载在作用瞬间的速率变化情况，才能按公式 $F\Delta t = m\ (v_2 - v_1)$ 计算出作用力 F，这些数据是很难准确测量的，并且在 Δt 时间内，F 是一个变量。因此总是把冲击荷载作为能量而不是作为力来处理，故冲击荷载具有能量的性质。所以，机件在冲击荷载下所受的应力，通常是假定冲击能全部转换成机件内的弹性能，再按能量守恒法进行计算。

静载下零件所受的应力取决于荷载和零件的最小断面面积。而冲击荷载具有能量特性，故在冲击荷载下，冲击应力不仅与零件的断面面积有关，而且与其形状和体积有关。若零件不含缺口，则冲击能被零件的整个体积均匀地吸收，从而应力和应变也是均匀分布的；零件体积越大，单位体积吸收的能量越小，零件所受的应力和应变也越小；若零件含有缺口，则缺口根部单位体积将吸收更多的能量，使局部应变和应变速率大为升高，所以受冲击的零件要尽量避免断面尺寸的变化。

冲击试验的方法很多，但常规冲击试验有两种，一种是简支梁式冲击弯曲试验，试验时试样处于三点弯曲受力状态；另一种是悬管式冲击弯曲试验，试验时试样处于弯曲状态。通常把前者称为“夏比”（Charpy）冲击试验（图 5-8a），后者称为“艾佐”（Izod）冲击试验（图 5-8b）。艾佐冲击试验对试样的夹紧需较高的技术要求，故应用受到一定限制。而夏比冲击试验因其较为简便且可在不同温度下进行，同时可以根据测试材料的试验目的不同，采用带有不同几何形状和深度的缺口试样，因此应用较为广泛。

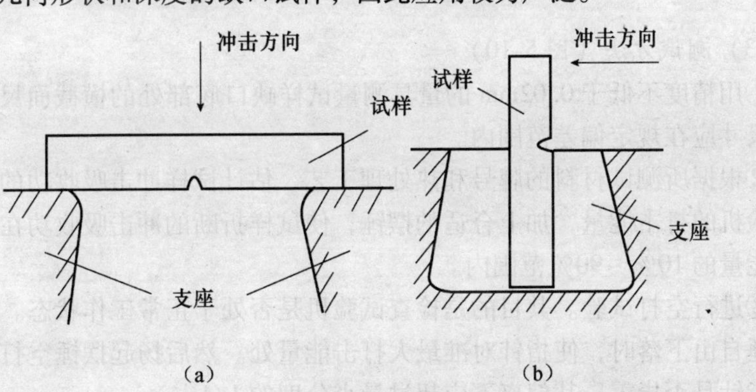

图 5-8　冲击试验类型

（a）夏比冲击试验；（b）艾佐冲击试验

5.2.2 金属材料冲击韧性试验

(1) 主要测试设备

冲击试验机，游标卡尺。

(2) 试样制备

夏比冲击试样根据缺口形状不同，分为V型缺口试样和U型缺口试样。标准尺寸冲击试件长度为55mm，横截面为10mm×10mm方形截面，在试件长度的中间有V型或U型缺口。如果试件尺寸不够，可采用宽度7.5mm、5mm或2.5mm的小尺寸试样。V型缺口应有45°夹角，深度为2mm，底部曲率半径0.25mm。U型缺口深度为2mm或5mm，底部曲率半径为1mm。

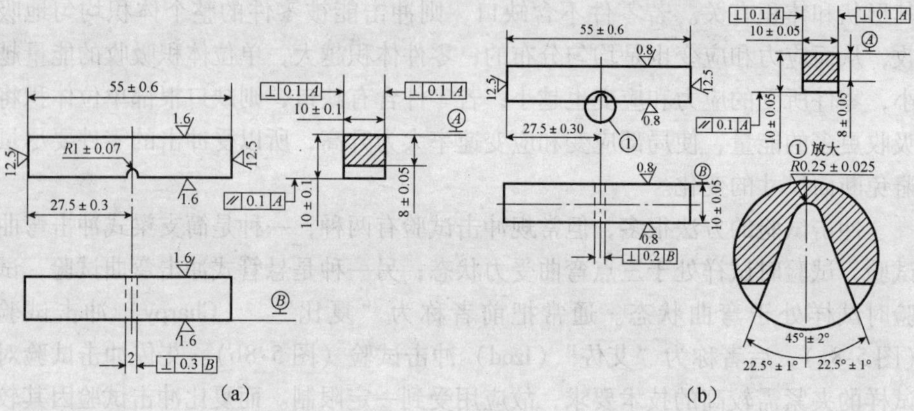

图5-9 夏比U型试件和夏比V型试件尺寸

(a) U型试件尺寸；(b) V型试件尺寸

(3) 测试方法（图5-10）

①用精度不低于0.02mm的量具测量试样缺口底部处的横截面尺寸，其横截面尺寸应在规定偏差范围内。

②根据所测试材料的牌号和热处理工艺，估计试样冲击吸收功的大小，选择试验机的打击能量，加上合适的摆锤，使试样折断的冲击吸收功在所用摆锤最大能量的10%~90%范围内。

③进行空打试验。其目的是检查试验机是否处于正常工作状态。其方法是当摆锤自由下落时，使指针对准最大打击能量处。然后扬起摆锤空打，检查此时的指针是否指零。其偏离不应超过最小分度的1/4。

④正确放置试样。试样应紧贴支座安放，使缺口的背面朝向摆锤打击方向；试样缺口的搁置，应使用专用的定位规对中，使之位于两支座对称面上，其偏差不应大于±0.2mm。

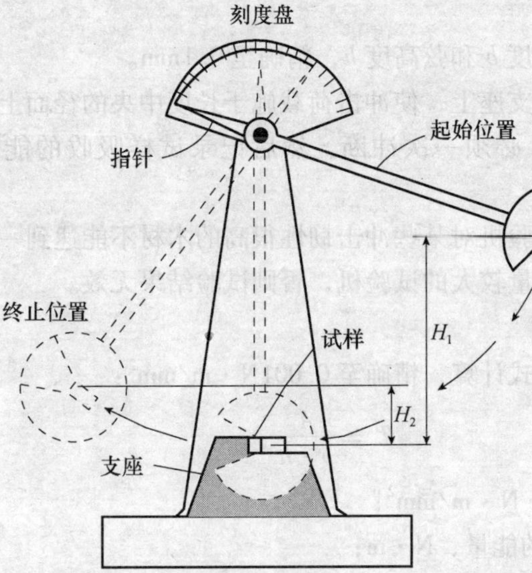

图 5-10　夏比冲击试验示意图

⑤将摆锤挂起，拨动指针指向最大打击能量处，然后松开挂钩使摆锤下落冲断试样，并任其向前继续摆动，直到达到最高点后回摆时，使用制动闸将摆锤刹住，使其停止在垂直位置，记下指针在示值度盘上所指的数值，即为冲击吸收功 A_k。

⑥回收试样，观察断口。

(4) 数据处理

冲击韧性 α_k 按下式计算，至少保留两位有效数字。

$$\alpha_k = \frac{A_k}{S_o} \tag{5-6}$$

式中 α_k——冲击韧性，J/cm^2；

A_k——冲击吸收功，J；

S_o——试样缺口断面面积，cm^2。

5.2.3　木材冲击韧性试验

(1) 主要测试设备

摆锤式冲击试验机，游标卡尺。

(2) 试样制备

木材冲击韧性只做弦向试验。试样尺寸为 20mm × 20mm × 300mm，其长轴与木材纹理相平行。

(3) 测试方法

①测量试样径向宽度 b 和弦高度 h，精确至 0.1mm。

②试样放在试验机支座上，使冲击荷载施于长度中央的径面上；

③进行冲击试验，必须一次冲断，然后记录试样吸收的能量，精确至 1 N·m。

④当所用的冲击试验机对某些冲击韧性很高的木材不能达到一次冲断的要求时，必须换用冲击能量较大的试验机，否则试验结果无效。

(4) 数据处理

木材冲击韧性按下式计算，精确至 0.001N·m/mm²：

$$T = \frac{A}{b \cdot h} \tag{5-7}$$

式中 T——冲击韧性，N·m/mm²；

A——试样吸收的能量，N·m；

b——试样的宽度，mm；

h——试样的高度，mm。

5.3 材料硬度测试

5.3.1 概述

硬度试验在工业生产及材料研究中的应用极为广泛，如评价材料的耐磨性，选择加工方法，材料性能检测，热处理效应检查和生产过程中质量控制等。硬度是衡量材料软硬程度的一种力学性能指标，它反映的是固体材料表面一个小的或很小的体积内抵抗变形或破裂的能力。硬度不是一个单纯的、确定的物理量，而是一个由材料的弹性、韧性等一系列不同力学性能组成的综合性能指标。所以，硬度所表示的量不仅取决于材料本身，而且还取决于试验方法和试验条件。例如，压入法的硬度值是材料表面抵抗另一物体局部压入时所引起的塑性变形能力；划痕法的硬度值表征材料表面对局部切断破坏的抗力；回跳法硬度则表征材料弹性变形功的大小。

材料硬度的测试方法很多，一般可分为四类，即压入法、刻痕法、弹跳法及其他方法。

压入法是以各种压头或压针压入材料表面而得到硬度值，如布氏硬度、洛氏硬度、维氏硬度、努氏硬度、邵氏硬度等。

刻痕法是指用一种材料刻划另一种材料表面，以其划痕粗细、深浅等来度量其硬度值的方法，如莫氏硬度。

弹跳法是用一定重量和一定形状的冲头，从一定高度自由下落在试件表面上，以其回跳高度或速度作为硬度测量的依据，如肖氏硬度。

除此之外，还有超声波法、电磁法、钻孔法等其他硬度测试方法。

硬度试验具有以下优点：基本不损伤试件或极为轻微，不影响使用；适用范围广，成品、半成品、毛坯、原材料都适用，大小、厚薄、形状不同均可；方法简便、迅速、效率高，可全数检查；硬度与其他物理性能有一定相关关系，如金属材料布氏硬度与抗拉强度在一定范围内呈正比。

5.3.2　硬度测试方法基本原理

（1）布氏硬度试验

布氏硬度试验是1900年由瑞典工程师J. B. Brinell提出的，是应用最久、最广泛的压入法硬度试验之一。布氏硬度的测定原理是：用一定大小的荷载P（kgf），将直径为D（mm）的淬火钢球或硬质合金球压入试样表面，保持规定的时间后卸除载荷，于是在试样表面留下压痕。测量试样表面残留压痕的直径d，计算出压痕的表面积A。将单位压痕面积承受的平均压力定义为布氏硬度，用符号HB表示。

$$\mathrm{HB}=\frac{P}{A}=\frac{P}{\pi Dh}=\frac{P}{\pi D\left(D-\sqrt{D^2-d^2}\right)} \tag{5-8}$$

式中　h——压痕凹陷的深度，mm；

πDh——压痕的表面积，mm^2。

布氏硬度的单位为kgf/mm^2，但一般不标注单位。如载荷的单位用牛顿（N），则布氏硬度的单位变为MPa，式（5-8）的右端应乘以0.102。

由式（5-8）可知，当压力和压头直径一定时，压痕直径越大，则布氏硬度越低，即材料的变形抗力越小；反之，布氏硬度值越高，材料的变形抗力越高。压头材料不同，表示布氏硬度值的符号也不同。当压头为硬质合金球时，用符号HBW表示，适用于测量布氏硬度值为450~650的材料；当压头为淬火钢球时，用符号HBS表示，适用于测量布氏硬度值低于450的材料。布氏硬度值的表示方法，一般记为“数字+硬度符号（HBW或HBS）+数字/数字/数字”的形式，符号前面的数字为硬度值，符号后面的数字依次表示钢球直径、载荷大小及载荷保持时间等试验条件。例如，当用10mm淬火钢球，在3000kgf载荷作用下保持30s时测得的硬度值为280，则记为280HBS10/3000/30。当保持时间为10~15s时可不标注。又如500HBW5/750表示用直径为5mm的硬质合金球，在750kgf载荷作用下，保持10~15s测得的布氏硬度为500。

对于材料相同而厚薄不同的工件，为了测得相同的布氏硬度值，在选配压头直径和压下载荷时，应保证测试时得到几何相似的压痕（即压痕的压入角 φ 保持不变），如图 5-11 所示。为此应使

$$\frac{P_1}{D_1^2}=\frac{P_2}{D_2^2}=\cdots=\frac{P}{D^2} \tag{5-9}$$

为常数，这样才能保证对同一材料得到相同的 HB 值，对于钢材，该值规定为 30。压头直径 D 规定有 10mm、5mm、2.5mm 和 1mm 四种。对于软硬不同的材料，为测得统一的可比较的硬度值，应选用不同的 P/D^2 值，使压入角 φ 在 28°~74°的范围内，与此对应的 d 在（0.24~0.6）D 之间。

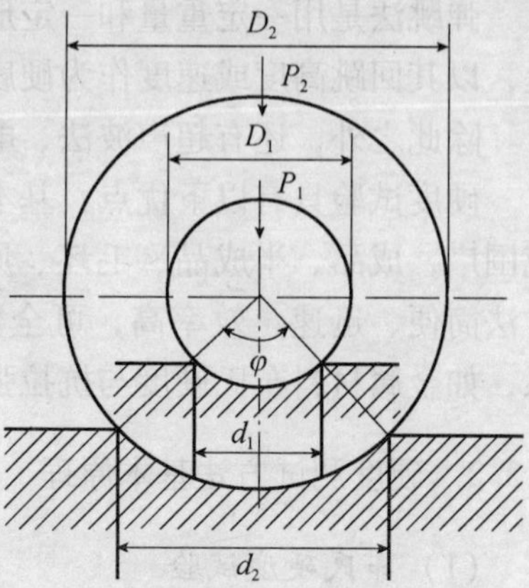

图 5-11　压痕相似原理示意图

由于测定布氏硬度时采用较大直径的压头和压力，因而压痕面积大，能反映出较大体积范围内材料各组成相的综合平均性能，而不受个别相和微小不均匀性的影响。故布氏硬度试验特别适宜于测定灰铸铁、轴承合金等具有粗大晶粒或粗大组成相的材料硬度。其试验数据稳定，分散性小，重复性好。另外，试验证明，在一定的条件下，布氏硬度与抗拉强度 σ_b 存在如下的经验关系：

$$\sigma_b = k\text{HB} \tag{5-10}$$

式中　σ_b——抗拉强度，MPa；

k——经验常数，随材料不同而异。

因此，只要测定了布氏硬度，便可估算出材料的抗拉强度。

一般布氏硬度试验可以采用钢球压头或硬质合金球压头两种。但由于淬火钢球相对硬质合金球压头容易产生变形，当布氏硬度值超过 350 时，用钢球和硬质合金球得到的试验结果明显不同。因此，为了统一起见，只采用硬质合金球压头一种，标注符号“HBW”。

（2）洛氏硬度试验

1919 年美国的 S. P. Rockwell 和 M. Rockwell 提出了直接用压痕深度作为标志硬度值高低的洛氏硬度试验。洛氏硬度试验也是目前最常用的硬度试验方法之一。洛氏硬度试验是以一定的压力将压头压入试样表面，以残留于表面的压痕深度来表示材料的硬度。测定洛氏硬度的原理和过程，如图 5-12 所示。

洛氏硬度试验的压头有两种，一种是由顶角为 120°的金刚石圆锥体制成，适于测定淬火钢材等较硬的材料；另一种是直径为 1/16in（1.5875mm）~1/2in（12.70mm）的钢球，适于测定退火钢、有色金属等较软材料的硬度。测洛氏硬度

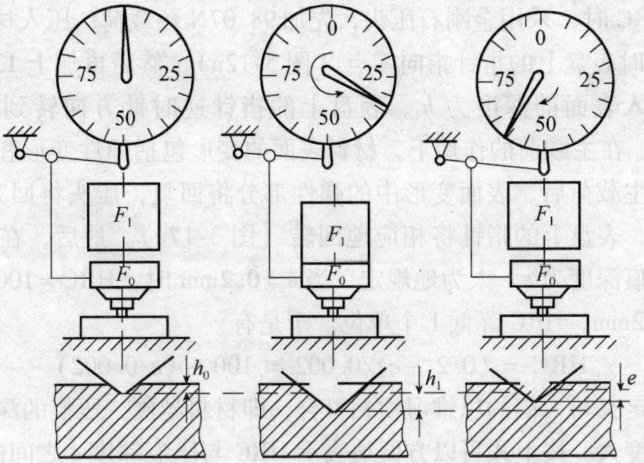

（a）　（b）　（c）

图 5-12　洛氏硬度试验的原理与测试过程示意图

（a）加预荷载；（b）加主荷载；（c）卸主荷载

时，先加 98.07N 或 29.42N 的预载荷，然后再施加主载荷，所加总载荷的大小，视被测材料的软硬程度而定。采用不同的压头并施加不同的载荷，可组成 15 种不同的洛氏硬度标尺，见表 5-1。生产上常用的有 A、B 和 C 三种标尺，其中又以 C 标尺用得最普遍。用这三种标尺的硬度，分别记为 HRA、HRB 和 HRC。

表 5-1　洛氏硬度试验范围

标尺	硬度符号	压头类型	F_0（N）	F_1（N）	适用范围
A	HRA	金刚石圆锥	98.07	490.3	20HRA ~ 88HRA
B	HRB	直径 1.5875mm 球	98.07	882.6	20HRB ~ 100HRB
C	HRC	金刚石圆锥	98.07	1373	20HRC ~ 70HRC
D	HRD	金刚石圆锥	98.07	882.6	40HRD ~ 77HRD
E	HRE	直径 3.175mm 球	98.07	882.6	70HRE ~ 100HRE
F	HRF	直径 1.5875mm 球	98.07	490.3	60HRF ~ 100HRF
G	HRG	直径 1.5875mm 球	98.07	1373	30HRG ~ 94HRG
H	HRH	直径 3.175mm 球	98.07	490.3	80HRH ~ 100HRH
K	HRK	直径 3.175mm 球	98.07	1373	40HRK ~ 100HRK
15N	HR15N	金刚石圆锥	29.42	117.7	70HR15N ~ 94HR15N
30N	HR30N	金刚石圆锥	29.42	264.8	42HR30N ~ 86HR30N
45N	HR45N	金刚石圆锥	29.42	411.9	20HR45N ~ 77HR45N
15T	HR15T	直径 1.5875mm 球	29.42	117.7	67HR15T ~ 93HR15T
30T	HR30T	直径 1.5875mm 球	29.42	264.8	29HR30T ~ 82HR30T
45T	HR45T	直径 1.5875mm 球	29.42	411.9	10HR45T ~ 72HR45T

测定 HRC 时，采用金刚石压头，先加 98.07N 预载荷，压入材料表面的深度为 h_0，此时表盘上的指针指向零点（图 5-12a）。然后再加上 1373N 的主载荷，压头压入表面的深度为 h_1，表盘上的指针逆时针方向转到相应的刻度（图 5-12b）。在主载荷的作用下，材料表面的变形包括弹性变形和塑性变形两部分，卸除主载荷后，表面变形中的弹性部分将回复，压头将回升一段距离，即（$h_1 - e$），表盘上的指针将相应地回转（图 3-17c）。最后，在试件表面留下的残余压痕深度为 e。人为地规定，当 $e = 0.2$mm 时，HRC = 100；压痕深度每增加 0.002mm，HRC 降低 1 个单位。于是有

$$\text{HRC} = (0.2 - e)/0.002 = 100 - (e/0.002) \tag{5-11}$$

这样的定义与人们的思维习惯相符合，即材料越硬，压痕的深度越小；反之，压痕深度大。按上式可以方便地表示 HRC 与压痕深度 e 之间的线性关系，并制成洛氏硬度读数表，装在洛氏硬度试验机上，在主载荷卸除后，即可由读数表直接读出 HRC 值。

测定 HRB 时，采用直径 1.5875mm 的钢球作压头，主载荷为 882.6N，测定方法与测定 HRC 相同，但 HRB 的定义方法略有不同，即

$$\text{HRB} = (0.26 - e)/0.002 = 130 - (e/0.002) \tag{5-12}$$

总之，洛氏硬度可统一用下式来定义：

$$\text{HR} = K - (e/0.002) \tag{5-13}$$

式中 K——常数，采用金刚石圆锥体压头时为 100，采用钢球压头时为 130。

洛氏硬度试验的优点是操作简便迅速，试验效率高；不存在压头变形，压痕较小，可在一些成品表面直接进行测试；采用不同标尺可测定各种软硬不同和厚薄不一的试样硬度。缺点是压痕较小，代表性差；对于有偏析和组织不均匀等缺陷的材料重复性差；用不同硬度标尺测得的硬度值无法统一，不能直接进行比较。

(3) 维氏硬度试验

维氏硬度试验法是 1925 年由英国人 RLSmith 和 GESandland 提出的。第一台按照此方法制作的硬度计是由英国的 Vickers 公司研制成功的，于是称之为维氏硬度试验法。

维氏硬度试验的测定原理和布氏硬度试验相同，也是根据单位压痕面积上承受的载荷来计算硬度值。所不同的是维氏硬度试验采用锥面夹角为 136°的四方金刚石角锥压头。采用四方角锥压头，是针对布氏硬度的载荷 P 和压头直径 D 之间必须遵循 P/D^2 为定值的这一制约关系的缺点而提出来的。采用了四方角锥压头，当载荷改变时压入角不变，因此载荷可以任意选择，这是维氏硬度试验最主要的特点，也是最大的优点。

四方角锥体之所以选取136°，是为了所测数据与HB值能得到最好的配合。因为一般布氏硬度试验时，压痕直径 d 多半在 $0.25D$ 到 $0.50D$ 之间，当 $d=(0.25D+0.5D)/2=0.375D$ 时，通过此压痕直径作压头的切线，切线的夹角正好等于136°（图5-13）。所以通过维氏硬度试验所得到的硬度值和通过布氏硬度试验所得到的硬度值能完全相等，这是维氏硬度试验的第二个特点。此外，采用四方角锥后，压痕为一具有清晰轮廓的正方形。在测量压痕对角线长度时误差小，这比用布氏硬度试验测量圆形的压痕直径要方便得多。另外采用金刚石压头可适用于试验任何硬质材料的硬度测量，维氏硬度试验原理如图5-14所示。

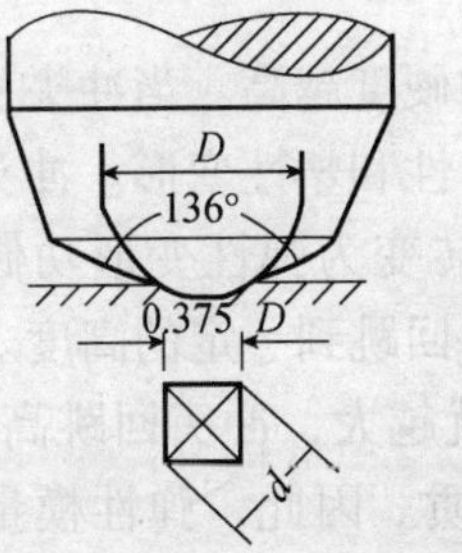

图5-13　维氏硬度四方金刚石角锥压头锥面夹角的确定

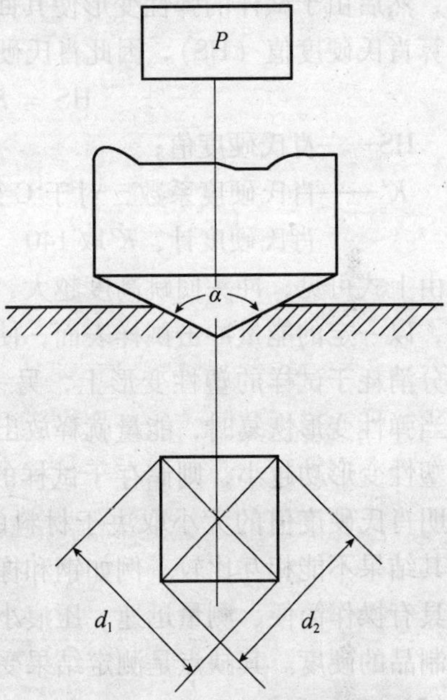

图5-14　维氏硬度试验原理图

测定维氏硬度时，也是以一定的压力将压头压入试样表面，保持一定的时间后卸除压力，于是在试样表面上留下压痕。测量压痕两对角线的长度后取平均值 d，由于压痕面积 $A=d^2/2\sin(136/2)°=d^2/1.854$，所以维氏硬度值可用下式计算：

$$HV = P/A = 1.854P/d^2 \qquad (5\text{-}14)$$

维氏硬度的单位为 kgf/mm^2，但一般不标注单位。当载荷一定时，即可根据 d 值列出维氏硬度表。试验时，只要测量压痕两对角线长度的平均值，即可查表求得维氏硬度值。维氏硬度的表示方法与布氏硬度的相同，例如640HV30/20前面的数字为硬度值，后面的数字依次为所加载荷（kgf）和保持时间。

维氏硬度试验与布氏硬度和洛氏硬度试验相比，其具有很多优点。由于采用正四棱锥体金刚石压头，当载荷改变时，压入角恒定不变，不存在布氏硬度载荷 P 和压头直径 D 之间关系的约束；角锥压痕清晰，可精确计量对角线长度，不存在洛氏硬度试验不同标尺的值不能统一的问题；比洛氏硬度试验能更好地测定薄件的硬度。缺点是试验效率不如洛氏硬度试验高，不宜用于成批生产的常规检验。

(4) 肖氏硬度试验

肖氏（Shore）硬度试验是一种动载荷试验法。其测定原理是将一定重量的具有金刚石圆头或钢球的标准冲头（重锤）从一定高度 h_0 自由下落到试样表面，然后由于试样的弹性变形使其回跳到某一高度 h，用这两个高度的比值来计算肖氏硬度值（HS），因此肖氏硬度又叫回跳硬度。计算公式为

$$HS = K'(h/h_0) \tag{5-15}$$

式中 HS——肖氏硬度值；

K'——肖氏硬度系数，对于 C 型肖氏硬度计，$K' = 10^4/65$，对于 D 型肖氏硬度计，K' 取 140。

由上式可见，冲头回跳高度越大，则试样的硬度越高。当冲头从一定高度落下，以一定的能量冲击试样表面，使其产生弹性和塑性变形。冲头的冲击能一部分消耗于试样的塑性变形上，另一部分则转变为弹性变形功储存在试样中，当弹性变形恢复时，能量就释放出来使冲头回跳到一定的高度。消耗于试样的塑性变形功越小，则储存于试样的弹性能就越大，冲头回跳高度就越高。这说明肖氏硬度值的大小取决于材料的弹性性质。因此，弹性模量不同的材料，其结果不能相互比较。例如钢和橡胶的肖氏硬度值就不能比较。肖氏硬度试验具有操作简便、测量迅速、压痕小、携带方便等优点，可在现场测量大件金属制品的硬度。其缺点是测定结果受人为因素影响较大，精确度较低。

(5) 努氏硬度试验

努氏硬度（Knoop hardness）试验是维氏硬度试验的发展，属于低载荷压入的显微硬度试验。试验原理和维氏显微硬度相同。不同的是四棱锥金刚石压头的两个相对面的夹角不等，分别为 172.5°及 130°。在试样上得到长、短对角线之比为 7.11 的菱形压痕。测量压痕的长对角线长度 d(mm)。用下式计算努氏硬度值，并记作 HK

$$HK = 14.229\frac{P}{d^2} \tag{5-16}$$

当力的单位为 kgf 时，用上式直接求出 HK；当力的单位为 N 时，上式再乘以系数 0.102。努氏硬度试验载荷可在 0.05～2kgf（即 0.49～19.6N）范围内选取。

努氏硬度试验由于压痕细长，只测量长对角线的长度，精确度较高。对于薄层区域或坚硬易碎的无机非金属材料硬度测试及测定硬度分布极为方便。

（6）莫氏硬度试验

陶瓷及矿物材料常用的划痕硬度称为莫氏硬度，它只表示硬度从小到大的顺序，不表示软硬的程度，后面的材料可以划破前面材料的表面。莫氏硬度一般分为 10 级，后来因为出现了一些人工合成的高硬度材料，故又将莫氏硬度分为 15 级，表 5-2 为两种莫氏硬度的分级顺序。莫氏硬度试验广泛应用于非金属矿石和建材瓷砖、玻璃及石材上。测试时，应使用标准矿石的棱角在被测试样的小平面上以人手中等大小的压力（约 10N）划线，如果被测试样上划出线道，则再取高一级的标准矿石刻划，直到不能划出线道为止，这一级即为试样的莫氏硬度级别。

表 5-2　两种莫氏硬度顺序表

顺序	材料	顺序	材料
1	滑石	1	滑石
2	石膏	2	石膏
3	方解石	3	方解石
4	萤石	4	萤石
5	磷灰石	5	磷灰石
6	正长石	6	正长石
7	石英	7	SiO_2玻璃
8	黄玉	8	石英
9	刚玉	9	黄玉
10	金刚石	10	石榴石
		11	熔融氧化锆
		12	刚玉
		13	碳化硅
		14	碳化硼
		15	金刚石

（7）邵氏硬度试验（图 5-15）

邵氏硬度适用于软、硬塑料及其制品的硬度试验，由于邵氏硬度试验设备简单、操作简易，因此该方法广泛应用于塑料工业。

邵氏硬度试验是将规定形状的压针（图 5-16），在标准弹簧压力下压入试样，将压针压入试样的深度值 h（mm）转换为邵氏硬度值。

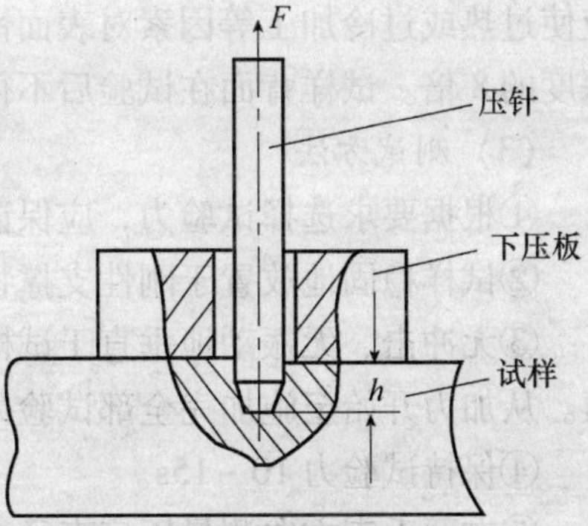

图 5-15　邵氏硬度试验原理图

$$HA(HD) = 100 - \frac{h}{0.025} \tag{5-17}$$

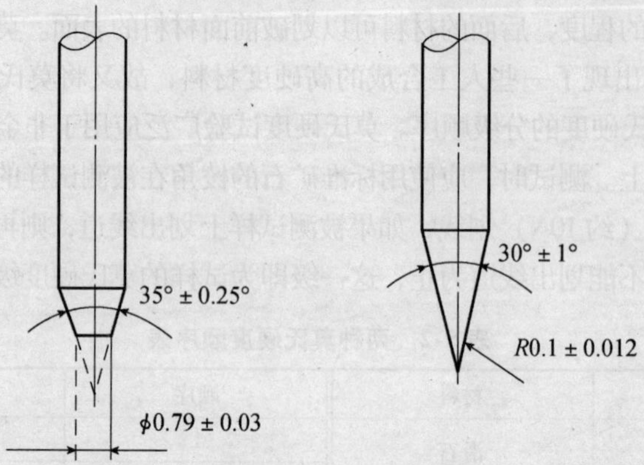

图 5-16　邵氏硬度的压针

根据针尖和针锥度的不同，邵氏硬度分为 A 型和 D 型两种，邵氏硬度符号分别为 HA 和 HD。用 A 型硬度计测试时要求试样厚度≥5mm，用 D 型硬度计时试样厚度应≥3mm。邵氏硬度的范围在 20～90 之间，当试样用 A 型硬度计测量硬度大于 90 时，改用邵氏 D 型硬度计测量硬度；用 D 型硬度计测量硬度值低于 20 时，改用 A 型硬度计测量。

5.3.3　金属材料布氏硬度测试

（1）主要测试设备

布氏硬度计，读数显微镜。

（2）试样制备

试样表面应光滑平坦，不得有氧化皮或污物，尤其是油脂。制备试样时，应使过热或过冷加工等因素对表面性能的影响减至最小。试样厚度至少为压痕深度的 8 倍。试样背面在试验后不得出现变形。

（3）测试方法

①根据要求选择试验力，应保证压痕直径在 0.24D～0.6D 之间。

②试样稳固地放置于刚性支撑物上，使压头与试样表面接触。

③无冲击、无振动地垂直于试样表面施加试验力，直至达到规定的试验力值。从加力开始至施加完全部试验力的时间应在 2～8s 之间。

④保持试验力 10～15s。

⑤在两垂直方向测量压痕直径。

⑥任一压痕中心距试样边缘的距离至少为压痕平均直径的 2.5 倍。两相邻

压痕中心间距至少为压痕平均直径的3倍。

(4) 数据处理

用两压痕直径的平均值查表或按式（5-8）计算得到布氏硬度。

5.3.4　金属材料洛氏硬度测试

(1) 主要测试设备

洛氏硬度计，读数显微镜。

(2) 试样制备

试样表面应光滑平坦，不得有氧化皮或污物，尤其是油脂。制备试样时，应使过热或过冷加工等因素对表面性能的影响减至最小。对于用金刚石圆锥压头进行的试验，试样或试验层厚度不小于压痕深度的10倍；对于用球压头进行的试验，试样或试验层厚度不小于压痕深度的15倍。试样背面在试验后不得出现可见变形。

(3) 测试方法

①试样稳固地放置于刚性支撑物上，使压头与试样表面垂直。对圆柱形试样应做适当支撑，如V形槽等。

②使压头与试样表面接触，无冲击、无振动地垂直于试样表面施加初试验力 F_0，初试验力保持不应超过3s；

③无冲击、无振动地将测量装置调整至基准位置，从初试验力 F_0 施加载荷至总试验力 F 的时间应不小于1s且不大于8s。

④保持总试验力4 ±3s。

⑤卸除总试验力，保持初试验力，经短时间稳定后读数。

⑥两相邻压痕中心间距至少为压痕直径的4倍，且不小于2mm。任一压痕中心距试样边缘距离至少为压痕直径的2.5倍，且不小于1mm。

(4) 数据处理

从测量装置直接读数，试验结果应至少精确到0.5HR。每个试样上的试验点数不少于4点，第1点不计。

第6章　材料其他性能的检测

6.1　混凝土拌合物性能的测试

6.1.1　概述

在土木工程中，混凝土是一种最常用的结构材料，硬化混凝土的质量与工程质量密不可分。而硬化混凝土的质量又受到原材料质量及搅拌、运输、浇筑、振捣和养护等工艺环节的影响。混凝土拌合物的性质即混凝土在凝结硬化之前的性质对于混凝土的密实成型及正常凝结硬化有着重要影响。混凝土拌合物的性质不仅包括流动性、粘聚性和保水性等和易性方面的内容，还包括含气量、凝结时间、湿表观密度等性质，这些性质既影响混凝土施工工作性能，又影响混凝土硬结后能否达到质量均匀成型密实的要求。

混凝土的流动性也称为混凝土拌合物的稠度，直接影响到混凝土拌合物是否易于浇筑，对不同性质的混凝土其测试方法不同，如干硬性混凝土用维勃稠度法测定，而普通塑性或流动性混凝土常用坍落度法进行测定，而对大流动性混凝土需要测量坍落扩展度来评价流动性。

混凝土拌合物的含气量即对流动性和保水性有影响，也会影响到强度和耐久性，混凝土含气量增大对流动性、保水性和耐久性有益，但会降低强度，因此，应当根据工程要求和工程部位，合理控制混凝土拌合物的含气量。

混凝土正常的凝结硬化，对保证混凝土结构的形成、强度的增长都有重要影响。混凝土拌合物的泌水率和压力泌水率对泵送混凝土的泵送性能尤为重要。因此，做好混凝土拌合物性质的检测对于保证混凝土的施工和硬化混凝土的质量是非常重要的。

6.1.2　混凝土拌合物坍落度及坍落扩展度的测定

（1）主要测试设备

坍落度仪，捣棒，抹刀，钢尺等。

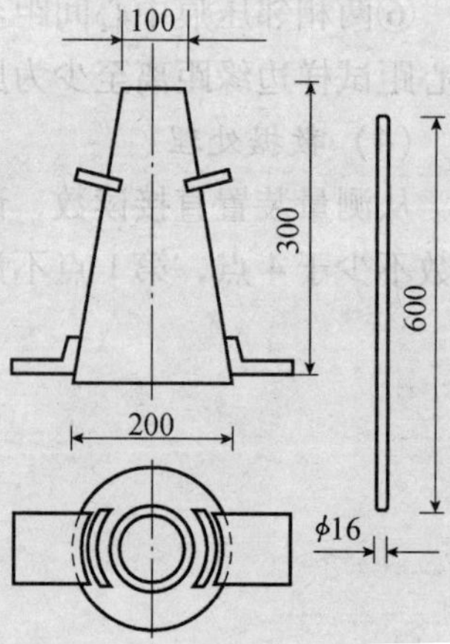

图6-1　混凝土坍落度筒、捣棒

（2）试样制备

适用于骨料最大粒径不大于40mm、坍落度不小于10mm的混凝土拌合物稠度测定，从试样制备完毕到开始试验不宜超过5min。

（3）测试方法

①湿润坍落度筒及底板，坍落度筒内壁和底板上无明水。底板应放置在坚实水平面上，用脚踩住脚踏板，坍落度筒在装料时不得移动。

②把按要求取得的混凝土试样分三层均匀装入筒内，使捣实后每层高度为筒高的三分之一左右。每层用捣棒插捣25次，插捣应沿螺旋方向由外向中心进行，各次插捣应在截面上均匀分布。插捣到筒边混凝土时，捣棒可以稍稍倾斜。插捣底层时，捣棒应贯穿整个深度，插捣第二层和顶层时，捣棒应插透本层至下一层的表面；浇灌顶层时，混凝土应灌到高出筒口。插捣过程中，如混凝土沉落到低于筒口，则应随时添加。顶层插捣完后，刮去多余的混凝土，并用抹刀抹平。

③清除筒边底板上混凝土，垂直平稳地提起坍落度筒。坍落度筒的提离过程应在5～10s内完成；从开始装料到提坍落度筒的整个过程应不间断地进行，并应在150s内完成。

④测量筒高与坍落后混凝土试体最高点之间的高度差，即为该混凝土拌合物的坍落度值；坍落度筒提离后，如混凝土发生崩坍或一边剪坏现象，则应重新取样另行测定；如第二次试验仍出现上述现象，则表示该混凝土和易性不好，应予记录备查。

⑤粘聚性观察：用捣棒在已坍落的混凝土锥体侧面轻轻敲打，此时如果锥体逐渐下沉，则表示粘聚性良好，如果锥体倒塌、部分崩裂或出现离析现象，则表示粘聚性不好。

⑥保水性观察：坍落度筒提起后如有较多的稀浆从底部析出，锥体部分的混凝土也因失浆而骨料外露，则表明此混凝土拌合物的保水性能不好；如坍落度筒提起后无稀浆或仅有少量稀浆自底部析出，则表示此混凝土拌合物保水性良好。

⑦当混凝土拌合物的坍落度大于220mm时，用钢尺测量混凝土扩展后最终的最大直径和最小直径，在这两个直径之差小于50mm的条件下，用其算术平均值作为坍落扩展度值；否则，此次试验无效。

⑧抗离析性观察：如果发现粗骨料在中央集堆或边缘有水泥浆析出，表示此混凝土拌合物抗离析性不好，应予记录。

(4) 数据处理

混凝土拌合物坍落度和坍落扩展度值以毫米为单位，测量精确至1mm，结果表达修约至5mm。

6.1.3 混凝土拌合物维勃稠度的测定

(1) 主要测试设备

维勃稠度仪（图6-2），捣棒，抹刀，钢尺等。

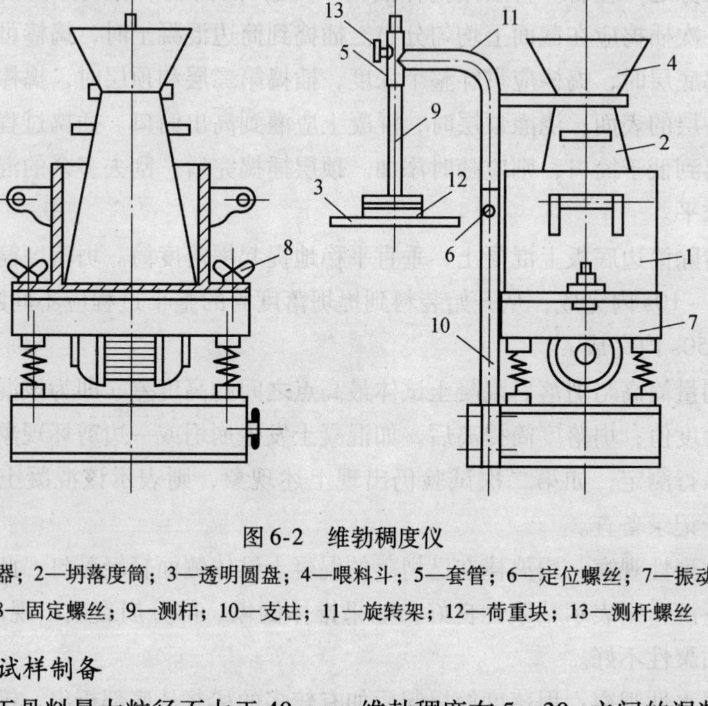

图6-2 维勃稠度仪

1—容器；2—坍落度筒；3—透明圆盘；4—喂料斗；5—套管；6—定位螺丝；7—振动台；8—固定螺丝；9—测杆；10—支柱；11—旋转架；12—荷重块；13—测杆螺丝

(2) 试样制备

适用于骨料最大粒径不大于40mm，维勃稠度在5～30s之间的混凝土拌合物稠度测定。从试样制备完毕到开始试验不宜超过5min。

(3) 测试方法

①维勃稠度仪放置在坚实水平面上，用湿布把容器、坍落度筒、喂料斗内壁及其他用具润湿。

②将喂料斗提到坍落度筒上方扣紧，校正容器位置，使其中心与喂料中心重合，然后拧紧固定螺丝。

③把按要求取样或制作的混凝土拌合物试样用小铲分三层经喂料斗均匀地装入筒内，装料及插捣的方法同“混凝土拌合物坍落度及坍落扩展度的测定”内容。

④转离喂料斗，垂直提起坍落度筒，注意不要使混凝土试体产生横向的扭动。

⑤把透明圆盘转到混凝土圆台体顶面，放松测杆螺钉，降下圆盘，使其轻轻接触混凝土顶面。

⑥拧紧定位螺钉，并检查测杆螺钉是否已经完全放松。

⑦在开启振动台的同时用秒表计时，当振动到透明圆盘的底面被水泥浆布满的瞬间停止计时，关闭振动台。

(4) 数据处理

由秒表读出时间即为该混凝土拌合物的维勃稠度值，精确至1s。

6.1.4　混凝土拌合物含气量测定

(1) 主要测试设备

含气量测定仪（图6-3），捣棒，振动台，台秤，橡皮锤等。

(2) 试样制备

适用于骨料最大粒径不大于40mm的混凝土拌合物含气量测定。从试样制备完毕到开始试验不宜超过5min。

(3) 测试方法

①用湿布擦净容器和盖的内表面，装入混凝土拌合物试样。

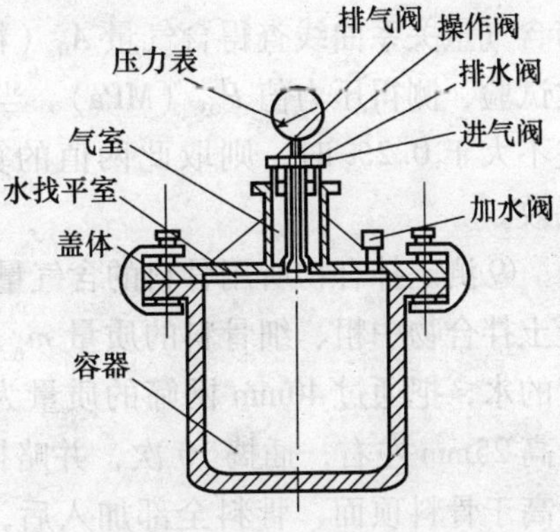

图6-3　含气量测定仪

②采用手工或机械方法捣实。当拌合物坍落度大于70mm时，宜采用手工插捣；当拌合物坍落度不大于70mm时，宜采用机械振捣，如使用振动台或插入式振捣器等；用捣棒捣实时，应将混凝土拌合物分三层装入，每层捣实后高度约为1/3容器高度；每层装料后由边缘向中心均匀插捣25次，捣棒应插透本层高度，再用橡皮锤沿容器外壁重击10～15次，使插捣留下的插孔填满。最后一层装料应避免过满；采用机械捣实时，一次装入捣实后体积为容器容量的混凝土拌合物，装料时可用捣棒稍加插捣，振实过程中如拌合物低于容器口，应随时添加；振动至混凝土表面平整、表面出浆即止，不得过度振捣；若使用插入式振动器捣实，应避免振动器触及容器内壁和底面；在施工现场测定混凝土拌合物含气量时，应采用与施工振动频率相同的机械方法捣实。

③捣实完毕后立即用刮尺刮平，表面如有凹陷应予填平抹光；如需同时测定拌合物表观密度时，可在此时称量和计算；然后在正对操作阀孔的混凝土拌合物表面贴一小片塑料薄膜，擦净容器上口边缘，装好密封垫圈，加盖并拧紧

螺栓。

④关闭操作阀和排气阀，打开排水阀和加水阀，通过加水阀，向容器内注入水；当排水阀流出的水流不含气泡时，在注水的状态下，同时关闭加水阀和排水阀。

⑤然后开启进气阀，用气泵注入空气至气室内，压力略大于0.1MPa，待压力示值仪表示值稳定后，微微开启排气阀，调整压力至0.1MPa，关闭排气阀。

⑥开启操作阀，待压力示值仪稳定后，测得压力值 P_{01}（MPa）。

⑦开启排气阀，压力示值仪回零；重复上述⑤至⑥的步骤，对容器内试样再测一次压力值 P_{02}（MPa）。

⑧若 P_{01} 和 P_{02} 的相对误差小于0.2%时，则取两者的算术平均值，按压力与含气量关系曲线查得含气量 A_0（精确至0.1%）；若不满足，则应进行第三次试验，测得压力值 P_{03}（MPa）。当 P_{03} 与 P_{01} 和 P_{02} 中较接近一个值的相对误差不大于0.2%时，则取此两值的算术平均值；当仍大于0.2%，此次试验无效。

⑨测定拌合物所用骨料的含气量。计算与含气量测定仪容器容积相等的混凝土拌合物中粗、细骨料的质量 m_g、m_s。在含气量测定仪容器中注入1/3高度的水，把通过40mm网筛的质量为 m_g、m_s 的粗、细骨料慢慢倒入，水面每升高25mm左右，插捣10次，并略搅动排出夹杂的空气，加料过程中保持水面高于骨料顶面，骨料全部加入后，浸泡5min左右，再用橡皮锤轻敲外壁，排净气泡，除去水面泡沫，加水至满，装好密封圈，加盖拧紧螺栓，以下步骤同上述④至⑧的步骤，测得骨料含气量 A_g。

(4) 数据处理

混凝土拌合物含气量应按下式计算，计算精确至0.1%：

$$A = A_0 - A_g \tag{6-1}$$

式中 A——混凝土拌合物含气量，%；

A_0——两次含气量测定的平均值，%；

A_g——骨料含气量，%。

6.1.5 混凝土拌合物泌水率测定

(1) 主要测试设备

试样筒，台秤，量筒，振动台，捣棒等。

(2) 试样制备

适用于骨料最大粒径不大于40mm的混凝土拌合物泌水测定。从试样制备完毕到开始试验不宜超过 5min。

（3）测试方法

①用湿布湿润试样筒内壁后立即称量，记录试样筒的质量。

②将混凝土试样装入试样筒，混凝土的装料及捣实方法有两种。

用振动台振实。将试样一次装入试样筒内，开启振动台，振动应持续到表面出浆为止，且应避免过振；并使混凝土拌合物表面低于试样筒筒口 30 ± 3mm，用抹刀抹平。抹平后立即计时并称量，记录试样筒与试样的总质量。

用捣棒捣实。采用捣棒捣实时，混凝土拌合物应分两层装入，每层的插捣次数应为 25 次；捣棒由边缘向中心均匀地插捣，插捣底层时，捣棒应贯穿整个深度，插捣第二层时，捣棒应插透本层至下一层的表面；每一层捣完后用橡皮锤轻轻沿容器外壁敲打 5 ~ 10 次，进行振实，直至拌合物表面插捣孔消失并不见大气泡为止，并使混凝土拌合物表面低于试样筒筒口 30 ± 3mm，用抹刀抹平。抹平后立即计时并称量，记录试样筒与试样的总质量。

③从计时开始后 60min 内，每隔 10min 吸取 1 次试样表面渗出的水。60min 后，每隔 30min 吸 1 次水，直至认为不再泌水为止。为了便于吸水，每次吸水前 2min，将一片 35min 厚的垫块垫入筒底一侧使其倾斜，吸水后平稳地复原。吸出的水放入量筒中，记录每次吸水的水量并计算累计水量，精确至 1mL。

④在吸取混凝土拌合物表面泌水的整个过程中，应使试样筒保持水平，不受振动；除了吸水操作外，应始终盖好盖子；室温应保持在 20℃ ±2℃。

（4）数据处理

泌水量应按式（6-2）计算，计算应精确至 0.01mL/mm²。泌水量取三个试样测值的平均值。三个测值中的最大值或最小值，如果有一个与中间值之差超过中间值的 15%，则以中间值为试验结果；如果最大值和最小值与中间值之差均超过中间值的 15% 时，则此次试验无效。

$$B_a = \frac{V}{A} \tag{6-2}$$

式中　B_a——泌水量，mL/mm²；

V——最后一次吸水后累计的泌水量，mL；

A——试样外露的表面面积，mm²。

泌水率应按下式计算，计算应精确至 1%。泌水率取三个试样测值的平均值。三个测值中的最大值或最小值，如果有一个与中间值之差超过中间值的 15%，则以中间值为试验结果；如果最大值和最小值与中间值之差均超过中间值的15%时，则此次试验无效。

$$B = \frac{V_W}{\left(\frac{W}{G}\right) G_W} \times 100 \quad (6\text{-}3)$$

$$G_W = G_1 - G_0 \quad (6\text{-}4)$$

式中 B——泌水率，%；

V_W——泌水总量，mL；

G_W——试样质量，g；

W——混凝土拌合物总用水量，mL；

G——混凝土拌合物总质量，g；

G_1——试样筒及试样总质量，g；

G_0——试样筒质量，g。

6.1.6 混凝土拌合物压力泌水率测定

（1）主要测试设备

压力泌水率仪（图6-4），量筒，捣棒等。

（2）试样制备

适用于骨料最大粒径不大于40mm的混凝土拌合物压力泌水测定。从试样制备完毕到开始试验不宜超过5min。

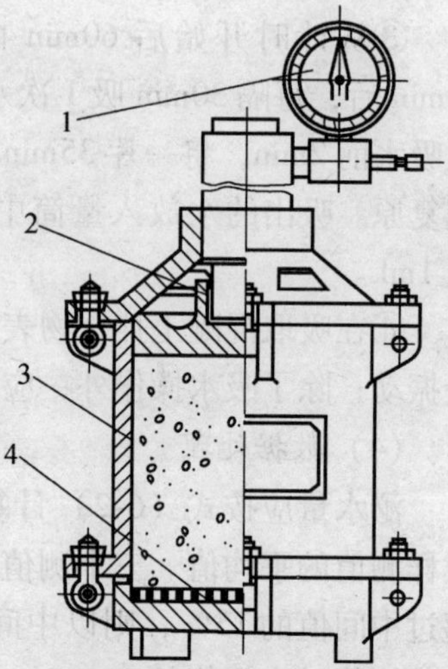

图6-4 压力泌水率仪

1—压力表；2—工作活塞；3—缸体；4—筛网

（3）测试方法

①混凝土拌合物应分两层装入压力泌水仪的缸体容器内，每层的插捣次数为20次。捣棒由边缘向中心均匀地插捣。插捣底层时，捣棒应贯穿整个深度，插捣第二层时，捣棒应插透本层至下一层的表面。每一层捣完后用橡皮锤轻轻沿容器外壁敲打5～10次，进行振实，直至拌合物表面插捣孔消失并不见大气泡为止。并使拌合物表面低于容器口以下约30mm处，用抹刀将表面抹平。

②将容器外表面擦干净，压力泌水率仪按规定安装完毕后应立即给混凝土试样施加压力至3.2MPa，并打开泌水阀门同时开始计时，保持恒压，泌出的水接入200mL量筒里。

③加压至10s时读取泌水量 V_{10}。

④加压至140s时读取泌水量 V_{140}。

(4) 数据处理

压力泌水率应按式（6-5）计算，计算应精确至1%。

$$B_V = \frac{V_{10}}{V_{140}} \times 100 \tag{6-5}$$

式中　B_V——压力泌水率,%；

V_{10}——加压至10s时的泌水量，mL；

V_{140}——加压至140s的泌水量，mL。

6.1.7　混凝土拌合物凝结时间测定

(1) 主要测试设备

贯入阻力仪（图6-5），测针，砂浆试样筒，标准筛（筛孔5mm）等。测针长为100mm，承压面积为$100mm^2$、$50mm^2$和$20mm^2$三种测针；在距贯入端25mm处刻有一圈标记；砂浆试样筒为上口径160mm，下口径150mm，净高150mm刚性不透水的金属圆筒，并配有盖子。

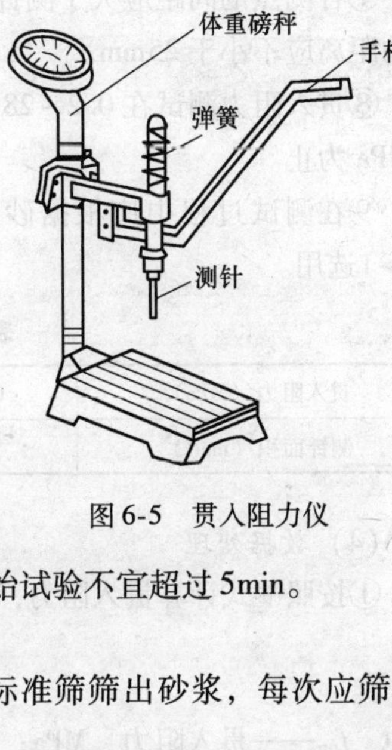

图6-5　贯入阻力仪

(2) 试样制备

适用于从混凝土拌合物中筛出的砂浆用贯入阻力法来确定坍落度值不为零的混凝土拌合物凝结时间的测定。从试样制备完毕到开始试验不宜超过5min。

(3) 测试方法

①从待测混凝土拌合物试样中，用5mm标准筛筛出砂浆，每次应筛净，然后将其拌合均匀。

②将砂浆一次分别装入三个试样筒中，做三个试验。取样混凝土坍落度不大于70mm的宜用振动台振实砂浆；取样混凝土坍落度大于70mm的宜用捣棒人工捣实。用振动台振实砂浆时，振动应持续到表面出浆为止，不得过振；用捣棒人工捣实时，应沿螺旋方向由外向中心均匀插捣25次，然后用橡皮锤轻轻敲打筒壁，直至插捣孔消失为止。振实或插捣后，砂浆表面应低于砂浆试样筒口约10mm，砂浆试样筒应立即加盖。

③砂浆试样制备完毕，编号后置于温度为20℃±2℃的环境中或现场同条件下待试，并在以后的整个测试过程中，环境温度应始终保持20℃±2℃。现场同条件测试时，应与现场条件保持一致。在整个测试过程中，除在吸取泌水

或进行贯入试验外，试样筒应始终加盖。

④凝结时间测定从水泥与水接触瞬间开始计时。根据混凝土拌合物的性能，确定测针试验时间，以后每隔0.5h测试一次，在临近初、终凝时，可增加测定次数。

⑤在每次测试前2min，将一片20mm厚的垫块垫入筒底一侧使其倾斜，用吸管吸去表面的泌水，吸水后平稳地复原。

⑥测试时，将砂浆试样筒置于贯入阻力仪上，测针端部与砂浆表面接触，然后在10±2s内均匀地使测针贯入砂浆25±2mm深度，记录贯入压力，精确至10N；记录测试时间，精确至1min；记录环境温度，精确至0.5℃。

⑦各测点的间距应大于测针直径的两倍，且不小于15mm。测点与试样筒壁的距离应不小于25mm。

⑧贯入阻力测试在0.2~28MPa之间应至少进行6次，直至贯入阻力大于28MPa为止。

⑨在测试过程中应根据砂浆凝结状况，适时更换测针，更换测针宜按表6-1选用。

表6-1　测针选用表

贯入阻力（MPa）	0.2~3.5	3.5~20	20~28
测针面积（mm^2）	100	50	20

（4）数据处理

①按照下式计算贯入阻力，计算应精确至0.1MPa。

$$f_{PR}=\frac{P}{A} \tag{6-6}$$

式中　f_{PR}——贯入阻力，MPa；

P——贯入压力，N；

A——测针面积，mm^2。

②凝结时间通过线性回归方法确定。将贯入阻力f_{PR}和时间t分别取$\ln(f_{PR})$和$\ln(t)$，然后把$\ln(f_{PR})$当做自变量，$\ln(t)$当做因变量作线性回归，得到回归方程式：

$$\ln(t)=A+B\ln(f_{PR}) \tag{6-7}$$

式中　t——时间，min；

f_{PR}——贯入阻力，MPa；

A、B——线性回归系数。

③根据式（6-7），求得当贯入阻力为3.5MPa时，为初凝时间t_s；贯入阻力为28MPa时，为终凝时间t_e：

$$t_s = e^{A+B\ln(3.5)} \tag{6-8}$$

$$t_e = e^{A+B\ln(28)} \tag{6-9}$$

式中 t_s——初凝时间，min；

t_e——终凝时间，min；

A、B——式（6-7）中的线性回归系数。

④凝结时间也可用绘图拟合方法确定，是以贯入阻力为纵坐标，经过的时间为横坐标（精确至1min），绘制出贯入阻力与时间之间的关系曲线，以3.5MPa和28MPa画两条平行于横坐标的直线，分别与曲线相交的两个交点的横坐标即为混凝土拌合物的初凝时间和终凝时间。

⑤用三个试验结果的初凝时间和终凝时间的算术平均值作为此次试验的初凝时间和终凝时间。如果三个测值的最大值或最小值中有一个与中间值之差超过中间值的10%，则以中间值为试验结果；如果最大值和最小值与中间值之差均超过中间值的10%时，则此次试验无效。

⑥凝结时间用h: min表示，并修约至5min。

6.1.8 混凝土拌合物表观密度测定

（1）主要测试设备

容量筒，台秤，振动台，捣棒等。

对骨料最大粒径不大于40mm的拌合物采用容积为5L的容量筒，其内径与内高均为186±2mm，筒壁厚为3mm；骨料最大粒径大于40mm时，容量筒的内径与内高均应大于骨料最大粒径的4倍。容量筒上缘及内壁应光滑平整，顶面与底面应平行并与圆柱体的轴垂直。容量筒容积应予以标定，标定方法可采用一块能覆盖住容量筒顶面的玻璃板，先称出玻璃板和空桶的质量，然后向容量筒中灌入清水，当水接近上口时，一边不断加水，一边把玻璃板沿筒口徐徐推入盖严，应注意使玻璃板下不带入任何气泡；然后擦净玻璃板面及筒壁外的水分，将容量筒连同玻璃板放在台秤上称其质量；两次质量之差即为容量筒的容积。

（2）试样制备

适用于测定混凝土拌合物捣实后的单位体积质量。混凝土拌合物可以从现场取样或在实验室进行拌合，从试样制备完毕到开始试验不宜超过5min。

（3）测试方法

①用湿布把容量筒内外擦干净，称出容量筒质量，精确至50g。

②装料及捣实：坍落度不大于70mm的混凝土，用振动台振实；大于70mm的用捣棒捣实。采用捣棒捣实时，应根据容量筒的大小决定分层与插捣次数：用5L容量筒时，混凝土拌合物应分两层装入，每层的插捣次数应为25次；用大于5L的容量筒时，每层混凝土的高度不应大于100mm，每层插捣次数应按每10000mm²截面不小于12次计算。各次插捣应由边缘向中心均匀地插捣，插捣底层时捣棒应贯穿整个深度，插捣第二层时，捣棒应插透本层至下一层的表面；每一层捣完后用橡皮锤轻轻沿容器外壁敲打5～10次，进行振实，直至拌合物表面插捣孔消失并不见大气泡为止。采用振动台振实时，应一次将混凝土拌合物灌到高出容量筒口。装料时可用捣棒稍加插捣，振动过程中如混凝土低于筒口，应随时添加混凝土，振动直至表面出浆为止。

③用刮尺将筒口多余的混凝土拌合物刮去，表面如有凹陷应填平；将容量筒外壁擦净，称出混凝土试样与容量筒总质量，精确至50g。

(4) 数据处理

混凝土拌合物表观密度应按下式计算，试验结果的计算精确至10kg/m³。

$$\gamma_h = \frac{W_1 - W_2}{V} \times 1000 \tag{6-10}$$

式中 γ_h——表观密度，kg/m³；

W_1——容量筒质量，kg；

W_2——容量筒和试样总质量，kg；

V——容量筒容积，L。

6.2 材料耐久性能的测试

6.2.1 概述

耐久性是指材料在多种自然因素作用下，长久保持原有使用性能的性质。材料在使用过程中，除受到各种外力作用外，还长期受到周围环境和各种自然因素的破坏作用，这些作用包括物理作用、化学作用、机械作用和生物作用。

物理作用包括环境温度、湿度的交替变化，引起材料热胀冷缩、干缩湿胀、冻融循环，导致材料体积不稳定，产生内应力，如此反复，将使材料破坏。

化学作用包括大气、土壤和水中酸、碱、盐以及其他有害物质对材料的侵蚀作用，使材料产生质变而破坏，此外，日光、紫外线对材料也有不利作用。

机械作用包括持续荷载作用、交变荷载作用以及撞击引起材料疲劳、冲击、磨损、磨耗等。

生物作用包括昆虫、菌类等材料所产生的蛀蚀、腐朽等破坏作用。

材料耐久性的好坏说明材料在具体的气候和使用条件下能够保持工作性能的期限，因此，材料的耐久性是材料的一项综合性质。

实际工程中，虽然材料同时受到多种外界破坏因素的作用，但往往起主要作用的只有少数几个因素，故在设计、生产和使用时应重点考虑起主要破坏作用的因素。例如钢材易受氧化和电化学腐蚀，无机非金属材料有抗渗性、抗冻性、耐腐蚀性、抗碳化性、耐热性、耐溶蚀性、耐磨性等要求，有机材料多因腐烂、虫蛀、老化而变质。对材料耐久性最可靠的判断是在使用条件下进行长期观测，但这需要很长的时间。通常是根据使用条件与要求，在实验室进行快速试验，据此对材料的耐久性做出判断。

6.2.2　混凝土抗冻试验——快冻法

（1）主要测试设备

橡胶试件盒，快速冻融装置，台秤，混凝土动弹性模量测定仪，热电偶或电位差计。

（2）试样制备

100mm×100mm×400mm 棱柱体试件，每组3块；另制作同形状、同尺寸，中心埋有热电偶的测温试件，测温试件采用防冻液作为冻融介质，测温试件抗冻性能应高于被测试件。试件成型时不得采用憎水性脱模剂。

（3）测试方法

①制作试件，试件在28d龄期时进行冻融试验。

②试验前4d应把冻融试件取出，进行外观检查后放在20℃±2℃水中浸泡，浸泡时水面至少应高出试件顶面20mm，冻融试件浸泡4d后进行冻融试验。对于水中养护的试件，达到养护龄期时，即可直接进行抗冻试验。

③测定初始值。取出试件，擦去表面水分，称量试件初始质量 W_0，然后按下面“6.2.3 混凝土动弹性模量试验”测定其横向基频的初始值 f_0，并记录表面和边角等完好情况。

④将试件放入试件盒内，试件应位于试件盒中心。然后向试件盒中注入清水，水位高度应始终保持高出试件顶面5mm左右。

⑤将试件盒放入冻融箱内的试件架中。测温试件盒应放在冻融箱的中心位置，开始冻融循环。

⑥冻融循环过程应符合下列要求：

a. 每次冻融循环应在2～4h内完成，其中用于融化的时间不得小于整个冻融时间的1/4。

b. 在冷冻和融化完成时，试件中心温度应分别控制在－18℃±2℃和

5℃ ±2℃，任意时刻试件中心温度不得高于7℃，也不得低于 -20℃。

c. 每块试件从3℃降至 -16℃所用的时间不得少于冷冻时间的1/2。每块试件从 -16℃升至3℃所用时间也不得少于整个融化时间的1/2，试件内外的温差不宜超过28℃。

d. 冷冻和融化之间的转换时间不宜超过10min。

e. 抗冻能力差异较大的不同品种混凝土试件不宜在同一个抗冻设备中同时进行抗冻试验。

⑦每隔25次冻融循环测量一次试件的横向基频 f_n，测量前应将试件表面浮渣清洗干净，擦去表面积水，检查其外部损伤并称量试件的质量 W_n。横向基频的测量应按照下面“混凝土冻弹性模量测试方法”进行。测完后，迅速将试件重新装入试件盒内并加入清水，继续试验。当有一部分试件停止试验被取出时，应另用其他试件填充空位。

⑧试件处在融解状态下的时间不宜超过两个冻融循环的时间。特殊情况下，超过两个冻融循环周期的次数，在整个试验过程中最多只允许2次。

⑨冻融循环到达以下3种情况之一时即可停止试验。

a. 达到规定的冻融循环次数。

b. 试件的相对动弹性模量下降到60%以下。

c. 试件的质量损失率达5%。

(4) 数据处理

①相对动弹性模量计算

相对动弹性模量应按下式计算，以三个试件试验结果的平均值作为测定值。当最大值或最小值之一与中间值之差超过中间值的15%时，剔除此值，取其余两值的平均值作为测定值；当最大值和最小值均超过中间值的15%时，则取中间值作为测定值。

$$P = \frac{f_n^2}{f_0^2} \times 100 \tag{6-11}$$

式中 P——经 N 次冻融循环后混凝土试件的相对动弹性模量,%；

f_n——经 N 次冻融循环后混凝土试件的横向基频，Hz；

f_0——冻融循环试验前混凝土试件横向基频初始值，Hz。

②质量损失率计算

质量损失率应按式（6-12）计算，精确至0.1。以三个试件试验结果的平均值作为测定值。当三个试验结果中出现负值，取负值为0值，仍取试验结果的平均值。当三个值中，最大值或最小值之一与中间值之差超过1%时，剔除此值，取其余两值的平均值作为测定值；当最大值和最小值与中间值之差均超过 1% 时，则取中间值作为测定值。

$$\Delta W = \frac{W_0 - W_n}{W_0} \times 100 \tag{6-12}$$

式中　ΔW——经 N 次冻融循环后试件的质量损失率,%；

W_0——冻融循环试验前混凝土试件的质量，g；

W_n——经 N 次冻融循环后混凝土试件的质量，g。

③抗冻耐久性系数计算

抗冻耐久性系数按下式计算：

$$K_n = \frac{P \times N}{300} \tag{6-13}$$

式中　K_n——经 N 次冻融循环后混凝土试件的抗冻耐久性系数,%；

N——混凝土试件经受的冻融循环次数；

P——经 N 次冻融循环后混凝土试件的相对动弹性模量,%。

④混凝土抗冻等级

当相对动弹性模量 P 下降至初始值的 60% 或者质量损失率达 5% 时的最大冻融循环次数，作为混凝土抗冻等级，用符号 F 表示。

6.2.3　混凝土动弹性模量试验

(1) 主要测试设备

共振法混凝土动弹性模量测定仪，案秤，试件支撑体。

(2) 试样制备

100mm × 100mm × 400mm 的棱柱体试件。

(3) 测试方法

①测定试件的质量和尺寸。每个试件的长度和截面尺寸均取 3 个部位测量的平均值。

②将试件安放在支承体上，并定出换能器接收点的位置，测量试件的横向基频振动频率时，其支承和换能器的安装位置可见图 6-6。将激振器和接收器的测杆轻轻地压在试件表面上，测杆与试件接触面宜涂一薄层黄油或凡士林作为耦合介质，测杆压力的大小以不出现噪声为宜。

③先调整共振仪的激振功率和接收增益旋钮至适当位置，变换激振频率，同时注意观察指示电表的指针偏转，当指针偏转为最大时，即表示试件达到共振状态，这时所显示的激振频率即为试件的基频振动频率。每一测量应重复测读两次以上，如两次连续测值之差不超过 0.5%，取这两个测值的平均值作为该试件的测试结果。

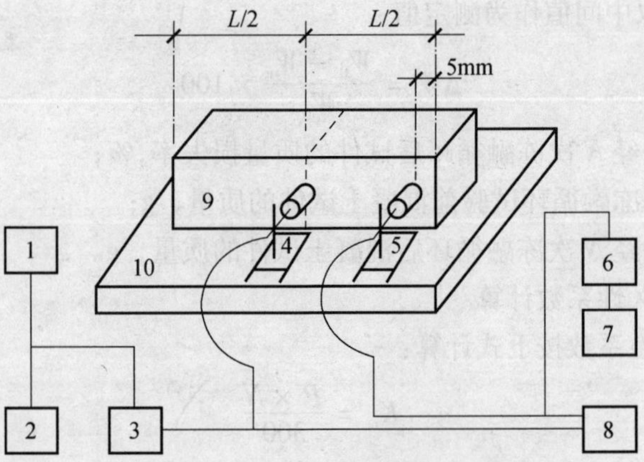

图6-6　共振法混凝土动弹性模量测定基本原理示意图

1—振荡器；2—频率计；3—放大器；4—激振换能器；5—接收换能器；6—放大器；7—电表；8—示波器；9—试件（测量时试件成型面朝上）；10—软泡沫塑料垫

④当示波器作显示的仪器时，示波器的图形调成一个正圆时的频率即为共振频率。在测试过程中，如发现两个以上峰值时，宜采用以下方法测出其真实的共振峰。

a. 将输出功率固定，反复调整仪器输出频率，从指示电表上比较幅值的大小，幅值最大者为真实的共振峰。

b. 把接收换能器移至距端部 0.224 倍试件长处，此时如指示电表示值为零，即为真实的共振峰值。

(4) 数据处理

混凝土动弹性模量应按下式计算，混凝土动弹性模量以三个试件的平均值作为试验结果，计算精确至 100MPa。

$$E_d = 13.244 \times 10^{-4} \times \frac{WL^3 f^2}{a^4} \tag{6-14}$$

式中　E_d——混凝土动弹性模量，MPa；

a——正方形截面试件的边长，mm；

L——试件的长度，mm；

W——试件的质量，kg；

f——试件横向振动时的基频振动频率，Hz。

6.2.4　混凝土抗水渗透试验

(1) 主要测试设备

混凝土抗渗仪，试模，密封材料，钢尺，加压设备等。

(2) 试样制备

上口直径175mm、下口直径185mm、高150mm的圆台体。抗水渗透试验以6个试件为一组。制作抗渗试件时，试模内不宜涂刷憎水脱模剂。

(3) 测试方法

①试件拆模后，用钢丝刷刷去两端面的水泥浆膜，然后送入标准养护室养护。

②在到达试验龄期（一般为28d）前一天，从养护室取出试件，擦拭干净。待表面晾干后，进行试件密封。

用石蜡密封时，在试件侧面滚涂一层熔化的石蜡（内加少量松香）。然后用螺旋加压器将试件压入经过烘箱或电炉预热过的试模中，使试件与试模底平齐，试模变冷后才可解除压力。试模预热温度，以石蜡接触试模，即缓慢熔化，但不流淌为宜。

用水泥加黄油密封时，其质量比为（2.5～3）:1。试件表面晾干后，用三角刀将密封材料均匀地刮涂在试件侧面上，厚约1～2mm。套上试模压入，使试件与试模底齐平，也可以采用其他更可靠的密封方式。

③启动抗渗仪，开通阀门，使水从6个孔中渗出，充满试位坑。然后关闭抗渗仪，将密封好的试件安装在抗渗仪上。

④试验时，水压从0.1MPa开始，以后每隔8h增加0.1MPa水压，并随时注意观察试件端面情况。当6个试件中有3个试件表面出现渗水时，即可停止试验，并记下此时的水压力；或加至规定压力（设计抗渗等级）在8h内6个试件中表面渗水试件少于3个时，即可停止试验。

⑤在试验过程中，如发现水从试件周边渗出，表明密封不好，应重新进行密封。

(4) 数据处理

混凝土的抗渗等级，以每组6个试件中2个出现渗水时的最大水压力表示。抗渗等级应按下式计算：

$$P = 10H - 1 \tag{6-15}$$

式中　P——混凝土抗渗等级；

H——6个试件中有3个试件渗水时的水压力，MPa。

若水压力加至规定数值或者设计指标，在8h内，6个试件中表面渗水的试件少于2个，则试件的抗渗等级大于规定值或者满足设计要求。

6.2.5　混凝土电通量测试

混凝土电通量指标是确定混凝土抗氯离子渗透性能或高密实性混凝土密实

度的常用测试方法。但应注意，电通量法不适用于掺亚硝酸钙外加剂的混凝土。

(1) 主要测试设备

电通量测试装置，如图6-7所示。另外需配备真空泵、真空干燥器和试件切割加工设备。

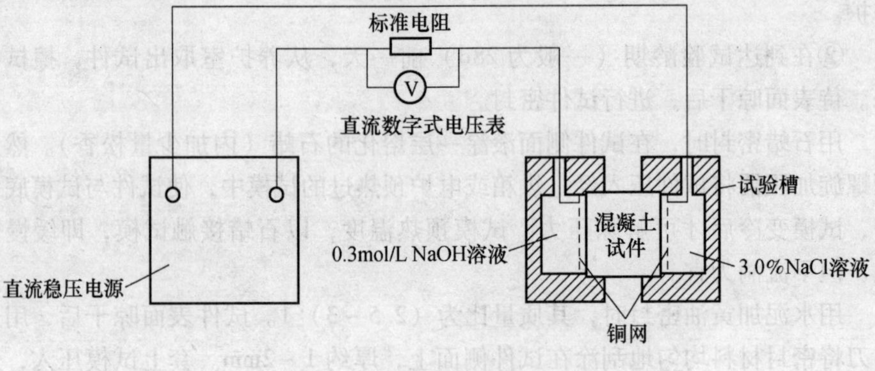

图6-7 电通量测试装置示意图

(2) 试样制备

标准试件尺寸为ϕ100±1mm，高度h=50±2mm的圆柱体。试件制作时，可使用ϕ100mm×100mm或ϕ100mm×200mm试模。试件成型后应立即用塑料薄膜覆盖并移至标准养护室，24h后拆模并浸没于标准养护室的水池中。一般情况下，试件应在成型后28d进行抗电通量试验，也可根据要求，在56d或84d进行试验。

试验前7d，将试件加工成标准尺寸。使用ϕ100mm×100mm试件时，应从试件中部切取50±2mm圆柱体作为试验用试件，并应将靠近浇筑面的试件端面作为暴露于溶液中的试验面。使用ϕ100mm×200mm试件时，先将试件从正中间切成相同尺寸的两部分（ϕ100mm×100mm），然后从两部分中各切取一个50±2mm的试件，并应将第一次的切口面作为暴露于溶液中的试验面。

试件加工后应用水砂纸（200~600号）、细锉刀打磨光滑，然后用游标卡尺测量试件的尺寸，读数精确至0.1mm。加工好的试件继续浸没于水中养护至试验龄期。

现场钻取的试件如有涂料等，应预先处理并清除，试样内不得含有钢筋。

(3) 测试方法

①将养护到规定龄期的试件暴露于空气中至表面干燥。

②将试件放入真空干燥器中，启动真空泵，使真空干燥器中的负压保持在

1～5kPa之间，3h后注入蒸馏水或去离子水，直至淹没试件，试件浸没1h后恢复常压，再继续浸泡18±2h。

③从水中取出试件，擦去多余水分（保持试件所处环境的相对湿度在95%以上），将试件安装于试验槽内，采用螺杆将两试验槽和端面装有硫化橡胶垫的试件夹紧。试验应在20℃～25℃的恒温室内进行。将质量浓度为3.0%的NaCl溶液和物质的量浓度为0.3mol/L的NaOH溶液分别注入试件两侧的试验槽中，注入NaCl溶液的试验槽内的铜网连接电源负极，注入NaOH溶液的试验槽中的铜网连接电源正极。

④接通电源（保持试验槽中充满溶液），对上述两铜网施加60±0.1V直流恒电压，并记录电流初始读数I_0。开始时每隔5min记录一次电流值，当电流值变化不大时，每隔10min记录一次电流值；当电流变化很小时，每隔30min记录一次电流值，直至通电6h。采用自动采集数据的测试装置时，记录电流的时间间隔可设定为5～10min，自动采集电流装置时，应具备自动计算电通量的功能。电流测量值精确至±0.5mA。

⑤试验结束后，应及时排除试验溶液，用饮用水和洗涤剂仔细冲洗试验槽60s，再用蒸馏水洗净并用电吹风（用冷风）吹干。

（4）数据处理

绘制电流与时间的关系图。将各点数据以光滑曲线连接起来，对曲线作面积积分，或按梯形法进行面积积分，即可得试验6h通过的电通量（C）。自动计算装置则可以通过计算机软件直接绘出电通量。

取同组三个试件通过电通量的平均值作为该组试件的电通量值。如果某一个测值与中值的差值超过中值的15%，则取其余两个测值的平均值作为该组的试验结果。如有两个测值与中值的差值都超过中值的15%，则取中值作为该组的试验结果。

6.2.6　混凝土中钢筋锈蚀试验

（1）主要测试设备

碳化试验装置（碳化箱、供气装置及气体分析仪），钢筋定位板，分析天平或电子秤（最大量程1kg，感量0.001g）。

（2）试样制备

采用100mm×100mm×300mm的棱柱体试件，每组3块。适用于骨料最大粒径不超过31.5mm的混凝土。试件中埋置两根299±1mm调直截短的6.5mm普通低碳钢热扎（Q235）钢筋，如图6-8所示。钢筋表面不得有锈坑及其他严重缺陷。将其一端用砂轮磨出长约30mm的平面，用钢字打上标记，然后用12%盐酸溶液酸洗，经清水漂净后，用石灰水中和，并再用清水冲洗干净，擦干后在干燥器中至少存放4h，然后用分析天平（或电子秤）称取每根钢筋的初重（精确至0.001g），存放在干燥器中备用。

试件成型前应将套有定位板的钢筋放入试模，定位板应紧贴试模的两个端板，为防止试模上的隔离剂玷污钢筋，安放完毕后应使用丙酮擦净钢筋表面。

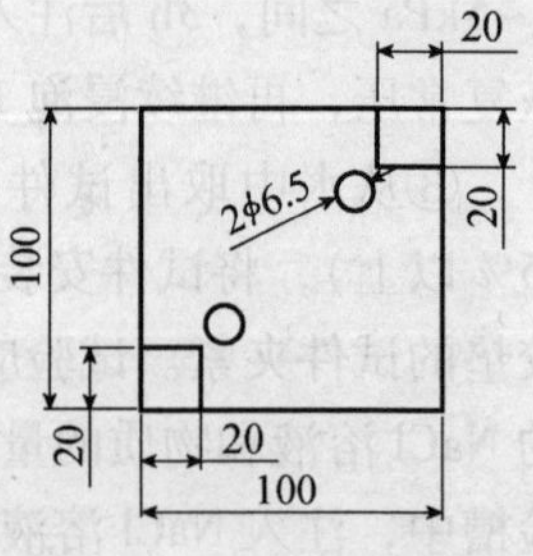

图6-8 钢筋位置示意

试件成型后，在20℃±2℃的温度下盖湿布养护24h后编号拆模，然后用钢丝刷将试件两端部混凝土刷毛，用水灰比小于试件用混凝土水灰比、水泥和砂子比例为1∶2的水泥砂浆抹上20mm厚的保护层，应确保钢筋端部密封质量。就地潮湿养护（或用塑料薄膜盖好）24h后，移入标准养护室养护至28d。

（3）测试方法

①先进行碳化，碳化在28d龄期时开始。碳化应在二氧化碳浓度为20%±3%、相对湿度为70%±5%、温度为20℃±2℃的条件下进行，碳化时间为28d。对有特殊要求的混凝土，碳化时间可以再延长14d或者28d。

②碳化处理后的试件应立即移入标准养护室。试件间隔的距离不应小于50mm，并应避免试件直接淋水。在潮湿条件下存放56d后取出破型，测出碳化深度，然后进行钢筋锈蚀程度的测定。

③取出试件中的钢筋，刮去钢筋上粘附的混凝土，用12%盐酸溶液进行酸洗，经清水漂净后，用石灰水中和，最后再以清水冲洗干净。擦干后在干燥器中至少存放4h，用分析天平（或者电子秤）称重，精确至0.001g，计算锈蚀失重。酸洗钢筋时，洗液中放入两根尺寸相同的同类无锈钢筋作为基准校正。

（4）数据处理

钢筋失重率按下式计算，精确至0.01。

$$L_W = \frac{g_0 - g - \dfrac{(g_{01} - g_1) + (g_{02} - g_2)}{2}}{g_0} \times 100 \tag{6-16}$$

式中 L_W——钢筋锈蚀失重率，%；

g_0——钢筋未锈蚀前质量，g；

g——钢筋经酸洗处理锈蚀后的质量，g；

g_{01}、g_{02}——分别为基准校正用的两根钢筋的初始质量，g；

g_1、g_2——分别为基准校正用的两根钢筋酸洗后的质量，g。

6.2.7　砌墙砖冻融试验

（1）主要测试设备

低温箱，水槽，台秤，电热鼓风干燥箱等。

（2）试样制备

用毛刷清理试样表面，每组取5块。

（3）测试方法

①将试样放入鼓风干燥箱中105℃ ±5℃下干燥至恒重（前后两次相差不超过0.2%，前后两次间隔2h），称其质量 G_0，并检查外观，记录缺棱掉角和裂纹情况。

②将试样浸在10℃～20℃的水中，24h后取出擦去表面水分，以大于20mm的间距大面侧立放于冷冻箱中（预先降温至－15℃）。

③当温度再次降至－15℃时，开始记录时间，在－15℃～－20℃下冻3h，非烧结砖冻5h。

④然后取出放入10℃～20℃的水中融化，烧结砖不少于2h，非烧结砖不少于3h，如此为一次冻融循环。

⑤每5次冻融循环后，检查一次冻融循环中出现的破坏情况，如冻裂、缺棱、掉角、剥落等。

⑥冻融过程中，发现试样的冻坏超过外观规定时，应继续试验至15次冻融循环结束。

⑦15次冻融循环后，检查并记录试样在冻融过程中的裂缝长度，缺棱、掉角、剥落等情况。

⑧经15次冻融循环后的试样，放入鼓风干燥箱中，干燥至恒重，称其质量 G_1，烧结砖若未发现冻坏现象，可不进行干燥称重。

⑨将干燥后的试样（非烧结砖再在10℃～20℃的水中浸泡24h），进行抗压强度试验。

（4）数据处理

试验结果以抗压强度、抗压强度损失率、外观质量或质量损失率进行评定。

①外观结果：15次冻融循环后，检查并记录在冻融过程中的冻裂长度，缺棱、掉角和剥落等破坏情况。

②抗压强度损失率按式（6-17）计算，精确至0.1%。

$$P_m = \frac{P_0 - P_1}{P_0} \times 100 \tag{6-17}$$

式中 P_m——抗压强度损失率,%;

P_0——冻融试验前强度，MPa;

P_1——冻融试验后强度，MPa。

③质量损失率按式（6-18）计算。

$$G_m = \frac{G_0 - G_1}{G_0} \times 100 \tag{6-18}$$

式中 G_m——质量损失率,%;

G_0——冻融试验前质量，kg;

G_1——冻融试验后质量，kg。

6.2.8 建筑防水材料热空气老化试验

建筑防水材料老化试验方法有多种，如热空气老化、臭氧老化、人工气候加速老化（氙气灯、碳弧光灯、紫外荧光灯）等，其中热空气老化采用较多。它们都是将防水材料置于一定的老化条件（热、氧、臭氧、光等）下，比较老化前后防水材料性能（拉伸性能、延伸率、低温性能、质量等）的变化。各种不同的防水材料具体老化试验也有所差异，这里主要根据 GB 18244—2000《建筑防水材料老化试验方法》介绍热空气老化的试验方法。

（1）主要测试设备

热空气老化试验箱（工作温度：40℃~200℃，温度波动度：±1℃，平均风速：0.5~1.0m/s，换气率 10~100 次/h，工作室容积一般为 0.1~0.3m³），温度指示计（分度不大于1℃）。

根据材料的使用要求和试验目的，确定试验温度，沥青基防水材料通常可选 70℃，合成高分子材料可选 80℃，一般温度允许偏差为 ±1℃。

试验周期根据材料特性决定，一般以某规定的暴露时间，或以性能变化至某一规定值的暴露时间为试验终止时间。

换气率根据试样的特性和数量选取，对于互相有影响的试验应分别进行老化试验，对于不能确认试样是否有影响，又必须同时进行试验时，最好选用较大的换气率。

（2）试样制备

根据材料及测试指标制备，可参考具体材料标准。

（3）测试方法

①试样编号，测量尺寸。

②根据试验要求，调节试验箱至规定的温度和换气量。稳定后，试件可用衬有或包有惰性材料的合适的金属夹或金属丝，将其安置在网板或旋转架上。试件与工作室内壁间的距离不小于70mm，试件之间距离不小于10mm，工作室容积与试件总体积之比不小于5∶1。对要求试验准确度较高的小型试件，建议采用双轴旋转架进行试验。互相有影响的试件不允许同时在一个箱内进行试验。

③试件放入恒温的老化箱内，即开始计算老化时间，至规定的老化时间时，立即取出，取样速度要快，尽量减少箱内温度的变化。对于网板或试样架，为减少温度不均匀的影响，可周期地交换网板上或试样架上试样的位置。

④取出的试样在标准温度下停放24h，根据试验所选定的项目测定性能。

(4) 结果评定

应选择对材料应用最适宜及变化较敏感的下列一种或几种性能：

①通过目测试样发生局部粉化、龟裂、斑点、起泡及变形等外观的变化；

②质量（重量）变化；

③拉伸强度、最大拉力时伸长率、低温柔性、撕裂强度等力学性能的变化；

④其他性能的变化。

根据有关产品标准规定处理试验结果。

第7章　土木工程材料的非破损检测

7.1　非破损检测的目的和意义

材料的非破损检测是指在不破坏材料内部结构和使用性能的前提下，测定材料有关性能方面的物理量，推定材料强度、缺陷、组织分布等的测试技术。非破损检测方法又可分为无损检测方法和局部破损检测方法（有时也称为半破损检测方法）两大类。前者是指对材料无任何损伤，不影响使用，如超声波法、射线法、雷达法、红外法等；后者指对材料局部会造成损伤，但不影响正常使用，如金属材料硬度检测、混凝土回弹法测强度等，或者修补后不影响正常使用，如混凝土取芯法测强度、混凝土拔出法测强度等。半破损法与非破损法的综合应用称为综合法，可以取长补短，联合应用，以便提高其检测效率和检测精度，如超声－回弹法、回弹－钻芯法、声发射－超声法等。在不严格区分的情况下，常用无损检测代替非破损检测的概念，即无损检测包含上述的局部破损检测（半破损检测）。

非破损检测技术的理论基础是材料的物理性质，常用的有超声检测（超声脉冲反射、超声透射、超声共振、超声成像、超声频谱等）、射线检测（X射线、γ射线、中子射线等）、电学和电磁检测（电位法、电阻法、涡流法、微波法、磁粉法、核磁共振法等）、力学和光学检测（取芯法、拔出法、目视法、荧光法、激光全息干涉法等）、热力学方法（红外线热图法等）等。无损检测是一门理论上综合性较强、又非常重视实践环节的很有发展前途的学科。

非破损检测在产品的质量管理、在役检测和质量检定等方面都有着广泛应用。

土木工程材料中常用的非破损检测主要是对最重要的结构材料——混凝土和钢材的非破损检测。

混凝土结构的非破损检测按检测目的可分为三类：

（1）以检测强度为目的的主要有回弹法、超声脉冲法、回弹－超声综合法、拔出法、钻芯法。

（2）以检测内部缺陷和尺寸及位置为目的的，如混凝土裂缝、不密实区和孔洞、混凝土结合面质量、混凝土损伤层及钢筋位置、钢筋保护层厚度、板面、路面、墙面厚度等，主要有超声脉冲法、电磁法、射线法、雷达波反射法、声发射法等。

(3) 以检测混凝土其他性能（匀质性、弹性模量、抗渗性、抗冻性、密实度等）为目的的主要有振动法（共振法、敲击法、振动内耗法）、超声法与射线法以及钻芯法等，见表7-1。

表7-1　混凝土无损检测的分类

按检测目的分类	按检测原理及方法名称分类	测试量
混凝土强度检测	压痕法	压力及压痕直径或深度
	射钉法	探针射入深度
	嵌试件法	嵌注试件的抗压强度
	回弹法	回弹值
	钻芯法	芯样抗压强度
	拔出法	拔出力
	超声脉冲法	超声脉冲传播速度
	回弹-超声综合法	声速值和回弹值
	声速衰减综合法	声速值和衰减系数
	射线法	射线吸收和散射强度
	成熟度法	度、时积
混凝土内部缺陷、几何尺寸检测（如混凝土结构厚度、钢筋位置、钢筋保护层厚度检测）	超声脉冲法	声时、波高、波形、频谱、反射回波
	声发射法	声发射信号、事件记数、幅值分布能谱等
	脉冲回波法	应力波的时域、频域图
	射线法	穿透缺陷区后射线强度的变化
	雷达波反射法	雷达反射波
	红外热谱法	热辐射
	冲击波反射法	应力波的时域
	电测法	混凝土的电阻率及钢筋的半电池电位
	磁测法	磁场强度
混凝土质量匀质性检测、热工、隔声等物理特性检测	回弹法	回弹值
	敲击法	固有频率、对数衰减率
	声发射法	声发射信号、幅值分布能谱等
	超声脉冲法	超声脉冲传播速度
	红外热谱法	热辐射
	电测法	混凝土的电阻率

续表

按检测目的分类	按检测原理及方法名称分类	测试量
混凝土质量匀质性检测、热工、隔声等物理特性检测	磁测法	磁场强度
	射线法	射线穿过被测体的强度变化
	透气法	气流变化
	中子散射法	中子散射强度
	中子活化法	β 射线与 γ 射线的强度、半衰期等

钢结构的非破损检测可分为原材料检测和焊接质量检测两大类，硬度测试是金属材料原材无损检测的常用方法，应按第 5 章 5.3 节所述的内容进行检测，而焊接质量检测则是钢结构现场施工检测的重点内容，常用的有超声波法、射线法、磁粉法、渗透法等。

7.2 混凝土强度非破损检测

混凝土作为一种最重要、用量最大的工程材料，早在 20 世纪 30 年代初，人们就已开始探索和研究混凝土无损检测方法。1930 年首先出现了表面压痕法。1935 年格里姆（G. Grimet）、艾德（J. M. Ide）把共振法用于测量混凝土的弹性模量。1948 年施米特（E. Schmid）研制成功回弹仪。1949 年加拿大的莱斯利（Leslie）和奇斯曼（Cheesman）、英国的琼斯（R. Jones）等运用超声脉冲进行混凝土检测获得成功。接着，琼斯又使用放射性同位素进行混凝土密实度和强度检测，这些研究为混凝土无损检测技术奠定了基础。随后，许多国家也相继开展了这方面的研究。如前苏联、罗马尼亚、日本等国家在 20 世纪 50 年代都曾取得许多成果。60 年代，罗马尼亚的弗格瓦洛（I. Facaoam）提出用声速、回弹法综合估算混凝土强度的方法，为混凝土无损检测技术开辟了多因素综合分析的新途径。60 年代，声发射技术被引入混凝土检测体系，吕施（H. Ruseh）、格林（A. T. Green）等人先后研究了混凝土的声发射特性，为声发射技术在混凝土结构中的应用打下了基础。80 年代中期，美国的 MarySansalone 和 NicholasJ. Carino 实现了在水泥混凝土等集结型非金属、复合材料中采用机械波反射法进行无损检测的目标。此外，无损检测的另一个分支——钻芯法、拔出法、射钉法等半破损法也得到了发展。近年来，无损检测技术也突破了原有的范畴，涌现出一批新的测试方法，包括微波吸收、雷达扫描、红外热谱、脉冲回波等新技术。而且，测试内容由强度推定、内部缺陷探测等扩展到更广泛的范畴，其功能由事后质量检测，发展到了事前的质量反馈控制，从而形成了一个较为完整的混凝土无损检测方法体系。

我国在这一领域的研究工作始于20世纪50年代中期，开始引进瑞士、英国、波兰等国的回弹仪和超声仪，并结合工程应用开展了许多研究工作。60年代初即开始批量生产回弹仪，并研制成功了多种型号的超声检测仪；在检测方法方面也取得了许多进展。70年代以后，我国曾多次组织合作攻关，80年代着手制定了一系列技术规程，并引进了许多新的检测技术，大大推进了结构混凝土无损检测技术的研究和应用。随着电子技术的发展，仪器的研制工作也取得了新的成就，并逐步形成了自己的生产体系。90年代以来，无损检测技术继续向更深的层次发展，许多新技术得到应用，检测人员队伍不断壮大，素质迅速提高。

我国在20世纪80年代开始制定了一系列有关混凝土无损检测的技术规程并进行了多次修订，其中包括《回弹法检测混凝土抗压强度技术规程》（JGJ/T 23—2001），《超声回弹综合法检测混凝土强度技术规程》（CECS02：2005），《超声法检测混凝土缺陷技术规程》（CECS21：2000），《钻芯法检测混凝土强度技术规程》（CECS03：2007），《后装拔出法检测混凝土强度技术规程》（CECS69：94），《基桩低应变动力检测规程》（JGJ/T93—95），《水运工程混凝土试验规程》（JTJ 270—98）及《水工混凝土试验规程》（SL352—2006）等行业标准和协会标准。

7.2.1　钻芯法检测混凝土强度

(1) 概述

利用钻芯机、钻头、切割机等配套机具，在结构构件上钻取芯样，通过芯样抗压强度直接推定结构构件强度或缺陷，无须通过立方体试块或其他参数等环节。它的优点是直观、准确、代表性强；缺点是对结构构件有局部破损，芯样数量不可太多，而且价格也比较昂贵。钻芯法在国外的应用已有几十年历史。

我国从20世纪80年代开始，对钻芯法钻取芯样检测混凝土强度开展了广泛研究，目前我国已广泛应用并能配套生产供应钻芯机、人造金刚石薄壁钻头、切割机及其他配套机具，钻机和钻头规格达十几种。中国工程建设标准化协会发布了《钻芯法检测混凝土强度技术规程》（CECS03：2007）。

钻芯法除用以检测混凝土强度外，还可通过钻取芯样方法检测结构混凝土受冻、火灾损伤深度、裂缝深度以及混凝土接缝、分层、离析、孔洞等缺陷。

钻芯法在原位上检测混凝土强度与缺陷是其他无损检测方法不可取代的一种有效方法。因此，国内外都主张把钻芯法与其他无损检测方法结合使用，一方面利用无损检测方法检测混凝土匀质性，以减少钻芯数量，另一方面又利用钻芯法来校正其他方法的检测结果，以提高检测的可靠性。

钻芯法属于局部破损的检测方法，因此要合理选择钻芯位置，避免出现意外事故，钻芯后留下的孔洞应及时进行修补。

（2）仪器设备

混凝土钻芯取样机：钻芯机应具有足够的刚度、操作灵活、固定和移动方便，并应有水冷却系统。钻芯机采用金刚石或人造金刚石薄壁钻头。

磁感仪：探测钢筋位置，以便钻芯时避开钢筋。

锯切机：用于锯切芯样，应具有冷却系统和牢固夹紧芯样的装置，圆锯片采用人造金刚石锯片。

芯样补平装置（或研磨机）：用于进行芯样端面加工。补平装置除应保证芯样的端面平整外，尚应保证芯样端面与芯样轴线垂直。

（3）抽样

芯样试件的数量应根据检验批的容量确定。标准芯样试件的最小样本量不宜少于15个，小直径芯样试件的最小样本量应适当增加。芯样应从检验批的结构构件中随机抽取，每个芯样应取自一个构件或结构的局部部位。

芯样钻取时应注意选择下列部位：结构或构件受力较小的部位；混凝土强度质量具有代表性的部位；便于钻芯机安放与操作的部位；避开主筋、预埋件和管线的位置。

（4）测试方法

①从结构或构件中钻取混凝土芯样

钻芯机安放平稳后固定牢固，钻芯机在未安装钻头之前，应先通电检查主轴旋转方向（三相电动机）。打开冷却水，控制冷却水的流量为3～5L/min。平稳缓慢钻取芯样。钻出的芯样应进行标记。当所取芯样高度和质量不能满足要求时，则应重新钻取芯样。芯样应采取保护措施，避免在运输和贮存中损坏。钻芯后留下的孔洞应及时进行修补。

②将芯样加工成符合规定的试件

抗压芯样试件的高度与直径之比（H/d）宜为1.00，芯样试件内不宜含有钢筋。如无法避开钢筋，则对于标准芯样试件，每个试件内最多只允许有两根直径小于10mm的钢筋；公称直径小于100mm的芯样试件，每个试件内最多只允许有一根直径小于10mm的钢筋；芯样内的钢筋应与芯样试件的轴线基本垂直并离开端面10mm以上。锯切后的芯样应进行端面处理，可采取在磨平机上磨平端面的处理方法，或用环氧胶泥或聚合物水泥砂浆补平；对抗压强度低于40MPa的芯样试件，可采用水泥砂浆、水泥净浆或聚合物水泥砂浆补平，补平层厚度不宜大于5mm；也可采用硫黄胶泥补平，补平层厚度不宜大于1.5mm。

芯样试件尺寸偏差及外观质量超过下列数值时，相应的测试数据无效：

a. 芯样试件的实际高径比（H/d）小于要求高径比的0.95或大于1.05时；

b. 沿芯样试件高度的任意直径与平均直径相差大于2mm；

c. 抗压芯样试件端面的不平整度在100mm长度内大于0.1mm；

d. 芯样试件端面与轴线的不垂直度大于1°；

e. 芯样有裂缝或有其他较大缺陷。

③对芯样进行抗压强度测定

测量芯样试件尺寸，平均直径用游标卡尺在芯样试件中部相互垂直的两个位置上测量，取平均值作为芯样试件的直径，芯样试件高度用钢卷尺或钢板尺进行测量；芯样试件应在自然干燥状态下进行抗压试验。当结构工作条件比较潮湿，需要确定潮湿状态下混凝土的强度时，芯样试件宜在20℃±5℃的清水中浸泡40~48h，从水中取出后立即进行试验。按照混凝土立方体抗压强度试验方法测定混凝土芯样抗压强度。

(5) 结果评定

①芯样试件的混凝土抗压强度可按下式计算：

$$f_{cu,cor} = F_c/A \tag{7-1}$$

式中 $f_{cu,cor}$——芯样试件的混凝土抗压强度值，MPa；

F_c——芯样试件的抗压试验测得的最大压力，N；

A——芯样试件抗压截面面积，mm²。

②计算所测检验批芯样的平均值和标准差，然后计算混凝土强度推定值推定区间，推定区间的上限值和下限值按下列公式计算：

上限值：
$$f_{cu,e1} = f_{cu,cor,m} - k_1 S_{cor} \tag{7-2}$$

下限值：
$$f_{cu,e2} = f_{cu,cor,m} - k_2 S_{cor} \tag{7-3}$$

式中 $f_{cu,cor,m}$——芯样试件的混凝土抗压强度平均值，MPa，精确0.1MPa；

$f_{cu,e1}$——混凝土抗压强度上限值，MPa，精确0.1MPa；

$f_{cu,e2}$——混凝土抗压强度下限值，MPa，精确0.1MPa；

k_1、k_2——推定区间上限值系数和下限值系数，按表7-2查得；

S_{cor}——芯样试件抗压强度样本的标准差，MPa，精确0.1MPa。

表7-2　推定区间系数表

试件数（n）	$k_1(0.10)$	$k_2(0.05)$	试件数（n）	$k_1(0.10)$	$k_2(0.05)$
15	1.222	2.566	20	1.271	2.396
16	1.234	2.524	21	1.279	2.371
17	1.244	2.486	22	1.286	2.349
18	1.254	2.453	23	1.293	2.328
19	1.263	2.423	24	1.300	2.309

续表

试件数（n）	$k_1(0.10)$	$k_2(0.05)$	试件数（n）	$k_1(0.10)$	$k_2(0.05)$
25	1.306	2.292	42	1.375	2.111
26	1.311	2.275	43	1.378	2.105
27	1.317	2.260	44	1.381	2.098
28	1.322	2.246	45	1.383	2.092
29	1.327	2.232	46	1.386	2.086
30	1.332	2.220	47	1.389	2.081
31	1.336	2.208	48	1.391	2.075
32	1.341	2.197	49	1.393	2.070
33	1.345	2.186	50	1.396	2.065
34	1.349	2.176	60	1.415	2.022
35	1.352	2.167	70	1.431	1.990
36	1.356	2.158	80	1.444	1.964
37	1.360	2.149	90	1.454	1.944
38	1.363	2.141	100	1.463	1.927
39	1.366	2.133	110	1.471	1.912
40	1.369	2.125	120	1.478	1.899
41	1.372	2.118	—	—	—

$f_{cu,e1}$和$f_{cu,e2}$所构成推定区间的置信度宜为0.85，$f_{cu,e1}$和$f_{cu,e2}$之间的差值不宜大于5.0MPa和$0.10f_{cu,cor,m}$两者的较大值。以$f_{cu,e1}$作为检验批混凝土强度的推定值。

钻芯确定检测批混凝土强度推定值时，可剔除芯样试件抗压强度样本中的异常值。剔除规则应按现行国家标准《数据的统计处理和解释　正态样本异常值的判断和处理》（GB/T 4883）的规定执行。当确有试验依据时，可对芯样试件抗压强度样本的标准差S_{cor}进行符合实际情况的修正或调整。

钻芯确定单个构件的混凝土抗压强度推定值时，有效芯样试件的数量不应少于3个；对于较小构件，有效芯样试件的数量不得少于2个。单个构件的混凝土抗压强度推定值不再进行数据的舍弃，而应按有效芯样试件混凝土抗压强度值中的最小值确定。

（6）影响因素

①芯样尺寸

与立方体试件一样，圆柱体芯样在抗压强度试验时也有尺寸效应。试验证明，芯样直径越大，强度就越低，这与立方体试件的试验结果一致。但当芯样直径为150mm或100mm时，强度相差甚小。芯样直径一般不宜小于骨料最大粒径的3倍，在任何情况下不得小于骨料最大粒径的2倍。鉴于普通混凝土骨料的最大粒径一般均在40mm以下，芯样直径取100~150mm便足以满足要求，所以我国与大多数国家一样，规定以直径100mm及150mm芯样作为抗压强度试验的标准芯样试件。必须指出，当芯样直径小到一定程度时，芯样抗压强度并不随直径的减小而增大，反而随直径的减小而下降。这一现象与立方体试块所表现的现象不同。其原因可能是由于试件越小，钻切面的损伤对混凝土的影响越明显的缘故；由于芯样尺寸效应造成芯样抗压强度随芯样直径减小而增加，芯样钻切损伤效应造成芯样抗压强度随芯样直径减小而下降，两者往往相互抵消，致使大尺寸芯样与小尺寸芯样抗压强度相差很小。所以有人认为，采用小直径芯样既可保证试验结果的可靠性，又可使钻芯费用降低，并可减轻结构受损程度。

进行芯样抗压强度试验时，由于端面与试验机上、下压板之间的摩擦力所造成的"环箍效应"，使芯样的高径比对试验结果产生明显影响，高径比越大，则测定的抗压强度值越低，因此，必须对不同高径比的芯样试验强度值进行修正。我国允许使用高径比为1.0~2.0的芯样进行抗压强度试验，并以高径比为1.0的芯样作为标准芯样，即高径比为1.0时抗压强度值的尺寸修正系数α为1.0，当高径比为其他值时，应采用表7-3中所列的尺寸修正系数。芯样端面与轴线之间的垂直度偏差过大，会降低芯样抗压强度。试验证明，当不垂直度不超过1°时，影响不明显。因此，芯样的不垂直度应控制在1°以内。为了满足上述要求，芯样取回后，应在试验室进行切割加工。切割在专用锯切机上进行。切割后的试样高度应在（0.95~1.05）d范围内（d为芯样直径），不垂直度小于1°。

表7-3　芯样抗压强度高径比修正系数

高径比 h/d	修正系数 α	高径比 h/d	修正系数 α
1.0	1.00	1.6	1.17
1.1	1.04	1.7	1.19
1.2	1.07	1.8	1.21
1.3	1.10	1.9	1.22
1.4	1.13	2.0	1.24
1.5	1.15		

注：（1）直径100mm和150mm的标准芯样试件，当高径比相同时，可采用相同修正系数。

（2）对于$1<h/d<2$的芯样试件，修正系数可采用内插法确定。

②芯样的端面状态及补平方法

芯样端面的不平整会造成试件与压力机压板之间的局部接触，因而导致应力集中，使实测强度偏低。为此，要求对不平整的端面进行适当加工，通常用磨平法或端面补平法，可用硫黄胶泥补平或用水泥净浆补平。当用硫黄胶泥补平时，可使用图 7-1（a）所示的补平器。首先将芯样端面洗净，垂直地夹持在补平器夹具中，置于一定高度。同时在补平器的圆盘上涂一层脱模剂，以防硫黄与盘模粘结。将硫黄预先熔化（约 150℃），倒入补平器底盘中，然后转动手轮使芯样下移，坐入硫黄中，待硫黄冷却凝固后提起芯样，一个端面即已补平，另一端面采用同样方法补平。当用水泥净浆或砂浆补平时，使用图 7-1（b）所示的补平器。首先将水泥净浆或砂浆倒在已涂有脱模剂的平整钢板上，然后将芯样装入套模，使其垂直坐入水泥浆中，待 2h 后按同样方法补平另一面，清理侧面多余的砂浆，静置 24h 后送入养护室养护，直至补平层强度不低于芯样强度，方能进行抗压强度试验。补平层厚度对强度有一定影响，因此，用硫黄补平时，厚度不超过 1.5mm。用水泥净浆或砂浆补平时，厚度不超过 5mm。修补后以端面不平度在 100mm 长度内不超过 0.1mm。补平层应与芯样结合牢固，进行抗压强度试验时，补平层与芯样的结合面不能提前开裂。

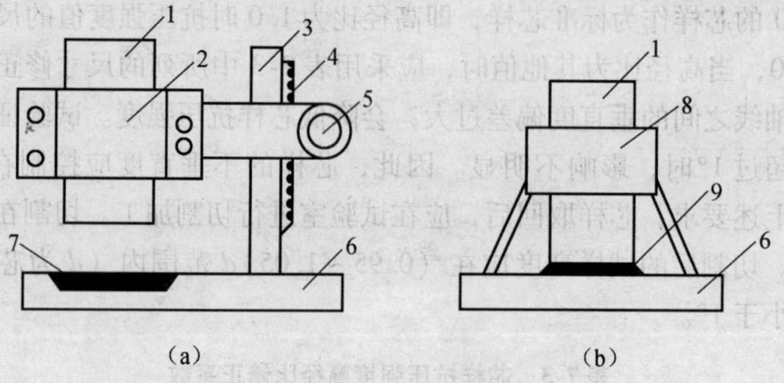

图 7-1　芯样端面补平器

（a）硫黄补平器；（b）水泥浆补平器

1—芯样；2—夹具；3—立柱；4—齿条；5—手轮；6—底板；7—硫黄；8—套模；9—水泥浆

③芯样中钢筋对抗压强度的影响

钻取芯样时，应事先探明钢筋位置，并尽量避免钻到钢筋。若有钢筋存在于芯样中，将对抗压强度产生影响，其影响程度视钢筋直径及其在芯样中的位置不同而不同。与芯样轴线平行的纵向钢筋，将严重影响芯样抗压强度。因此，芯样中不允许存在与芯样轴线平行的纵向钢筋。对与芯样轴线垂直的钢筋，其影响较复杂。若钢筋较细，则影响较小，但其影响可能是正的也可能是负的。一般认为，若钢筋较长或通过轴心，在抗压试验时，钢筋抑制了芯样的横向膨胀，因而起增强作用；若钢筋处于芯样周边附近的位置，则由于钢筋与砂浆的粘结力低于砂浆与骨料的粘结力，会降低芯样抗压强度。所以，为了避免钢筋对芯样抗压强度的影响，原则上芯样中不应含有钢筋，万一无法避免时，也不允许有纵向钢筋，最多只允许有 2 根直径在 10mm 以内，并与芯样轴线垂直的钢筋，而且这些钢筋不得露出端面。

④芯样的干湿状态

一般来说，混凝土含水状态的抗压强度总低于干燥状态的抗压强度。这里所说的是试验时的干湿状态，而不是养护条件。为了使芯样强度更能表示结构混凝土的实际强度，在进行芯样抗压强度试验时，可采用与结构混凝土工作条件一致的干湿状态。干压时，芯样在试验前应在室内自然干燥 3d。湿压时，芯样在试验前应在 20℃ ±5℃ 清水中浸泡 40 ~ 48h，从水中取出后立即进行抗压强度试验。

7.2.2　回弹法检测混凝土强度

(1) 概述

利用回弹仪检测普通混凝土结构构件抗压强度的方法简称回弹法。回弹仪是一种直射锤击式仪器。回弹值大小反映了与冲击能量有关的回弹能量，而回弹能量反映了混凝土表层硬度与混凝土抗压强度之间的函数关系，反过来说，混凝土强度是以回弹值 R 为变量的函数。

回弹值使用的仪器为回弹仪，回弹仪的质量及其稳定性是保证回弹法检测精度的重要技术关键。这个技术关键的核心是科学的规定并保证回弹仪工作时所应具有的标准状态。国内回弹仪的构造及零部件和装配质量必须符合国家计量检定规程《混凝土回弹仪》（JJG 817—93）的要求。回弹仪按回弹冲击能量大小分为重型、中型、轻型。普通混凝土抗压强度≤60MPa 时通常采用中型回弹仪；混凝土抗压强度 >60MPa 时，宜采用重型回弹仪。轻型回弹仪主要用于非混凝土材料的回弹法。由于影响回弹法测强的因素较多，通过实践与专门试验研究发现，回弹仪的质量和是否符合标准状态要求是保证稳定的检测结果的前提。在此前提下，混凝土抗压强度与回弹法、混凝土表面碳化深度有关，即不可忽视混凝土表面碳化深度对混凝土抗压强度的影响。此外，对长龄期混凝土，即对旧建筑的混凝土还应考虑龄期影响因素。

为规范回弹检测混凝土抗压强度，保证必要的检测质量，我国颁布了《回弹法评定混凝土抗压强度技术规程》，第一版于 1985 年 8 月实施，编号为（JGJ 23—85），第二版更名为《回弹法检测混凝土抗压强度技术规程》（JGJ/

T 23—92），第三版是于2001年修订完成的，2001年10月实施，规程编号为（JGJ/T 23—2001），原规程同时废止。

（2）仪器设备

回弹仪，酚酞酒精溶液，深度测量工具等。

回弹仪的质量及其稳定性的差异是影响测试精度的一个关键问题。

（3）抽样方法

结构或构件混凝土强度检测可按照单个构件或结构检测，也可按照批量检测。按照批量检测时，适用于在相同的生产工艺条件下，混凝土强度等级相同，原材料、配合比、成型工艺、养护条件基本一致，且龄期相近的同类结构或构件，按批进行检测的构件抽检数量不得少于同批构件总数的30%，且构件数量不得少于10件。抽检构件时应随机抽取并使所选构件具有代表性。

（4）测试步骤

①测区选取

每一结构或构件的测区数不应少于10个，对某一方向尺寸小于4.5m，且另一方向尺寸小于0.3m的构件，其测区数量可适当减少，但不应少于5个；相邻两测区的间距应控制在2m以内，测区离构件端部或施工缝边缘的距离不宜大于0.5m，且不宜小于0.2m。

测区应选在使回弹仪处于水平方向检测混凝土浇筑侧面，当不能满足这一要求时，可使回弹仪处于非水平方向检测混凝土浇筑侧面表面或底面。测区宜选在构件的两个对称可测面上，也可选在一个可测面上，且应均匀分布。在构件的重要部位及薄弱部位必须布置测区，并应避开预埋件。

测区的面积不宜大于0.04m^2；检测面应为混凝土表面，并应清洁平整，不应有疏松层、浮浆、油垢、涂层以及蜂窝、麻面，必要时可用砂轮清除疏松层和杂物，且不应有残留的粉末或碎屑；对弹击时产生颤动的薄壁小型构件应进行固定。结构或构件的测区应标有清晰的编号，必要时应在记录纸上描述测区布置示意图和外观质量情况。

当检测条件与测强曲线的适用条件有较大差异时，可采用同条件试件或钻取混凝土芯样进行修正，试件或钻取芯样数量不应少于6个，钻取芯样时每个部位应钻取1个芯样，计算时测区混凝土强度换算值应乘以修正系数。

②回弹值测定

检测时，回弹仪的轴线应始终垂直于结构或构件的混凝土检测面，缓慢施压，准确读数，快速复位。测点宜在测区范围内均匀分布，相邻两测点的净距不宜小于20mm，测点距外露钢筋预埋件的距离不宜小于30mm，测点不应在气孔或外露石子上；同一测点只应弹击一次；每一测区应记取16个回弹值，每一测点的回弹值读数估读至1。

③碳化深度测量

回弹值测量完毕后，应在有代表性的位置上测量碳化深度值，测点数不应少于构件测区数的30%，取其平均值为该构件每测区的碳化深度值。当碳化深度值极差大于2.0mm时，应在每一测区测量碳化深度值。碳化深度值测量，可采用适当的工具在测区表面形成直径约15mm的孔洞，其深度应大于混凝土的碳化深度，孔洞中的粉末和碎屑应除净，并不得用水擦洗，同时应采用浓度为1%的酚酞酒精溶液滴在孔洞内壁的边缘处，当已碳化与未碳化界线清楚时，再用深度测量工具测量已碳化与未碳化混凝土交界面到混凝土表面的垂直距离，测量不应少于3次，取其平均值，每次读数精确至0.5mm。

(5) 数据处理

①单个测区回弹值修正

a. 测区平均回弹值计算

计算测区平均回弹值，应从该测区的16个回弹值中剔除3个最大值和3个最小值，余下的10个回弹值应按下式计算：

$$R_m = \frac{\sum_{i=1}^{10} R_i}{10} \tag{7-4}$$

式中　R_m——测区平均回弹值，精确至0.1；

R_i——第 i 个测点的回弹值。

b. 测试角度修正

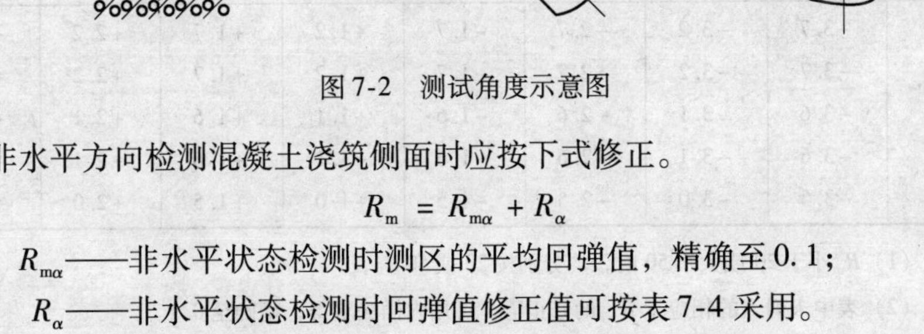

图7-2　测试角度示意图

非水平方向检测混凝土浇筑侧面时应按下式修正。

$$R_m = R_{m\alpha} + R_\alpha \tag{7-5}$$

式中　$R_{m\alpha}$——非水平状态检测时测区的平均回弹值，精确至0.1；

R_α——非水平状态检测时回弹值修正值可按表7-4采用。

表 7-4　非水平状态检测时的回弹值修正值

$R_{m\alpha}$	检测角度（度）							
	向上				向下			
	90	60	45	30	30	45	60	90
20	-6.0	-5.0	-4.0	-3.0	+2.5	+3.0	+3.5	+4.0
21	-5.9	-4.9	-4.0	-3.0	+2.5	+3.0	+3.5	+4.0
22	-5.8	-4.8	-3.9	-2.9	+2.4	+2.9	+3.4	+3.9
23	-5.7	-4.7	-3.9	-2.9	+2.4	+2.9	+3.4	+3.9
24	-5.6	-4.6	-3.8	-2.8	+2.3	+2.8	+3.3	+3.8
25	-5.5	-4.5	-3.8	-2.8	+2.3	+2.8	+3.3	+3.8
26	-5.4	-4.4	-3.7	-2.7	+2.2	+2.7	+3.2	+3.7
27	-5.3	-4.3	-3.7	-2.7	+2.2	+2.7	+3.2	+3.7
28	-5.2	-4.2	-3.6	-2.6	+2.1	+2.6	+3.1	+3.6
29	-5.1	-4.1	-3.6	-2.6	+2.1	+2.6	+3.1	+3.6
30	-5.0	-4.0	-3.5	-2.5	+2.0	+2.5	+3.0	+3.5
31	-4.9	-4.0	-3.5	-2.5	+2.0	+2.5	+3.0	+3.5
32	-4.8	-3.9	-3.4	-2.4	+1.9	+2.4	+2.9	+3.4
33	-4.7	-3.9	-3.4	-2.4	+1.9	+2.4	+2.9	+3.4
34	-4.6	-3.8	-3.3	-2.3	+1.8	+2.3	+2.8	+3.3
35	-4.5	-3.8	-3.3	-2.3	+1.8	+2.3	+2.8	+3.3
36	-4.4	-3.7	-3.2	-2.2	+1.7	+2.2	+2.7	+3.2
37	-4.3	+3.7	-3.2	-2.2	+1.7	+2.2	+2.7	+3.2
38	-4.2	-3.6	-3.1	-2.1	+1.6	+2.1	+2.6	+3.1
39	-4.1	-3.6	-3.1	-2.1	+1.6	+2.1	+2.6	+3.1
40	-4.0	-3.5	-3.0	-2.0	+1.5	+2.0	+2.5	+3.0
41	-4.0	-3.5	-3.0	-2.0	+1.5	+2.0	+2.5	+3.0
42	-3.9	-3.4	-2.9	-1.9	+1.4	+1.9	+2.4	+2.9
43	-3.9	-3.4	-2.9	-1.9	+1.4	+1.9	+2.4	+2.9
44	-3.8	-3.3	-2.8	-1.8	+1.3	+1.8	+2.3	+2.8
45	-3.8	-3.3	-2.8	-1.8	+1.3	+1.8	+2.3	+2.8
46	-3.7	-3.2	-2.7	-1.7	+1.2	+1.7	+2.2	+2.7
47	-3.7	-3.2	-2.7	-1.7	+1.2	+1.7	+2.2	+2.7
48	-3.6	-3.1	-2.6	-1.6	+1.1	+1.6	+2.1	+2.6
49	-3.6	-3.1	-2.6	-1.6	+1.1	+1.6	+2.1	+2.6
50	-3.5	-3.0	-2.5	-1.5	+1.0	+1.5	+2.0	+2.5

注：（1）R_m 小于 20 或大于 50 时，均分别按 20 或 50 查表。

（2）表中未列入的相应于 $R_{m\alpha}$ 的修正值，可用内插法求得，精确至 0.1。

c. 浇筑面修正

水平方向检测混凝土浇筑顶面或底面时，应按下列公式修正：

$$R_m = R_m^t + R_a^t \tag{7-6}$$

$$R_m = R_m^b + R_a^b \tag{7-7}$$

式中 R_m^t、R_m^b——水平方向检测混凝土浇筑表面、底面时测区的平均回弹值，精确至 0.1；

R_a^t、R_a^b——混凝土浇筑表面、底面回弹值的修正值，应按表 7-5 采用。

表 7-5　不同浇筑面的回弹值修正值

R_m^t 或 R_m^b	表面修正值（R_a^t）	底面修正值（R_a^b）	R_m^t 或 R_m^b	表面修正值（R_a^t）	底面修正值（R_a^b）
20	+2.5	−3.0	36	+0.9	−1.4
21	+2.4	−2.9	37	+0.8	−1.3
22	+2.3	−2.8	38	+0.7	−1.2
23	+2.2	−2.7	39	+0.6	−1.1
24	+2.1	−2.6	40	+0.5	−1.0
25	+2.0	−2.5	41	+0.4	−0.9
26	+1.9	−2.4	42	+0.3	−0.8
27	+1.8	−2.3	43	+0.2	−0.7
28	+1.7	−2.2	44	+0.1	−0.6
29	+1.6	−2.1	45	0	−0.5
30	+1.5	−2.0	46	0	−0.4
31	+1.4	−1.9	47	0	−0.3
32	+1.3	−1.8	48	0	−0.2
33	+1.2	−1.7	49	0	−0.1
34	+1.1	−1.6	50	0	0
35	+1.0	−1.5			

注：(1) R_m^t 或 R_m^b 小于 20 或大于 50 时，均分别按 20 或 50 查表。

(2) 表中未列入的值，可用内插法求得，精确至 0.1。

d. 碳化修正

根据碳化深度及测区回弹值，查《回弹法检测混凝土抗压强度技术规程》(JGJ/T 23—2001) 中附录 A 的表得到该测区混凝土抗压强度换算值。该表实际是按照回弹测强曲线回归得到的方程建立的。

用混凝土试块的抗压强度与无损检测的参数（超声声速值、回弹值、拔出力等）之间建立起来的关系曲线，称为测强曲线。回弹测强曲线是采用有代表性的材料及成型养护工艺配制的混凝土试件，通过试验建立抗压强度与回弹值、碳化深度的参数之间的关系曲线。根据适用范围不同分为统一测强曲线、地区测强曲线和专用测强曲线。我国地域辽阔，气候多样，混凝土材料品种繁多，工程分散，施工条件和水平不一，因此采用全国统一测强曲线应统一仪器标准、测试技术、数据处理及强度推定方法。各地区可使用统一测强曲线，也可以因地制宜，结合具体条件和工程对象制定和采用专用测强曲线和地区测强曲线。地区测强曲线或专用测强曲线须经有关主管部门组织审查和批准。三种测强曲线按专用测强曲线、地区测强曲线、统一测强曲线的次序选用。

通过大量实践表明，回弹值与混凝土抗压强度的关系一般可归纳为直线型、幂函数型和抛物线型三种形式：

$$f_{cu} = A + B \cdot R \tag{7-8}$$

$$f_{cu} = AR^{B} \tag{7-9}$$

$$f_{cu} = A + B \cdot R + C \cdot R^2 \tag{7-10}$$

式中 f_{cu}——混凝土抗压强度，MPa；

R——平均回弹值；

A、B、C——回归系数。

原 JGJ 23—90 标准的回弹测强回归方程为：

$$f_{cu,i} = 0.02497R_m^{2.0108} \times 10^{0.0358H} \tag{7-11}$$

式中 $f_{cu,i}$——测区混凝土抗压强度换算值，MPa；

R_m——平均回弹值；

H——碳化深度，mm。

e. 泵送修正

当碳化深度小于 2.0mm 时，泵送混凝土的测区混凝土抗压强度换算值应按表 7-6 进行修正。当碳化深度大于 2.0mm 时，可采用同条件试件或钻取混凝土芯样进行修正，试件或钻取芯样数量不应少于 6 个，钻取芯样时，每个部位应钻取一个芯样，计算时，测区混凝土抗压强度换算值应乘以修正系数。

表 7-6　泵送混凝土抗压强度修正值

碳化层深度不大于 1.0mm	抗压强度换算值 F'（MPa）	≤40.0	45.0	50.0	55.0～60.0
	抗压强度修正值 ΔF（MPa）	+4.5	+3.0	+1.5	0.0
碳化层深度大于 1.0mm，小于 2.0mm	抗压强度换算值 F'（MPa）	≤30.0	35.0		40.0～60.0
	抗压强度修正值 ΔF（MPa）	+3.0	+1.5		0.0

②结果评定

结构或构件的测区混凝土抗压强度平均值，可根据各测区的混凝土抗压强度换算值计算，当测区数为10个及以上时，应计算抗压强度标准差。

结构或构件的混凝土抗压强度推定值（$f_{cu,e}$）应按下列公式确定：

a. 当该结构或构件测区数少于10个时：

$$f_{cu,e} = f^{c}_{cu,min} \tag{7-12}$$

式中　$f^{c}_{cu,min}$——构件中最小的测区混凝土抗压强度换算值。

b. 当该结构或构件的测区抗压强度值中出现小于10.0MPa时：

$$f_{cu,e} < 10.0\text{MPa} \tag{7-13}$$

c. 当该结构或构件测区数不少于10个或按批量检测时应按下列公式计算：

$$f_{cu,e} = m_{f^c_{cu}} - 1.645 S_{f^c_{cu}} \tag{7-14}$$

结构或构件的混凝土抗压强度推定值是指相应于抗压强度换算值总体分布中保证率不低于95%的结构或构件中的混凝土抗压强度值。

对按批量检测的构件，当该批构件混凝土抗压强度标准差大于4.5MPa（混凝土抗压强度平均值小于25MPa）或标准差大于5.5MPa（混凝土抗压强度平均值大于等于25MPa）时，则该批构件应全部按单个构件检测。

(6) 影响因素

①混凝土原材料

普通混凝土的抗压强度主要取决于其中的水泥砂浆的强度、粗骨料的强度以及二者的粘结力。而混凝土表面硬度除主要与水泥砂浆强度有关外，一般与粗骨料和砂浆间的粘结力及混凝土结构内部性能关系并不明显。

a. 水泥

普通混凝土所使用的水泥对回弹法测强的影响，国内看法并不一致，有些认为影响很大，有些认为只要考虑了碳化深度的影响就可以不考虑水泥品种的影响。科研单位对普通硅酸盐水泥、矿渣硅酸盐水泥及粉煤灰硅酸盐水泥这一影响因素进行了专项试验研究，试验结果表明：

当碳化深度为零或同一碳化深度下，尽管三种水泥矿物组成不同，但是它们的混凝土抗压强度与回弹值间的规律基本相同，对“f_{cu}-R”相关曲线没有明显的影响。

自然养护条件下的长龄期试块，由于混凝土表面产生了碳化现象即表面生成了硬度较高的碳酸钙层，使得在相同强度下，已碳化的试件回弹值高，未碳化的试件回弹值低，这就对抗压强度及相应的回弹值之间的相关关系产了显著的影响，龄期越长，此种现象越明显。不同水泥品种因其矿物组成不同，在相同的条件下其碳化速度不同。普通水泥水化后生成大量的氢氧化钙使得混凝土硬化后与二氧化碳作用生成碳酸钙需要较长的时间，亦即碳化速度慢。而矿渣水泥及粉煤灰水泥中的掺合料含有活性氧化硅和活性氧化铝，它们和氢氧化钙结合形成具有胶凝性的活性物质，降低了碱度，因而加速了混凝土表面形成碳酸钙的过程，亦即碳化速度较快，从而表现了不同的“f_{cu}-R”相关曲线。由此可知，适用于普通混凝土的水泥其本身对回弹法测强没有明显的影响，其平均相对误差均满足不大于±15%的要求。

至于同一水泥品种不同强度等级及不同用量的影响，试验结果表明：它们实质上反映了为获得不同强度等级的混凝土的水灰比的影响，它对混凝土强度及回弹值产生的影响基本一致，因此它对“f_{cu}-R”的相关关系没有显著的影响。

综上所述，用于普通混凝土的五大水泥品种及同一水泥品种不同强度等级、不同用量对回弹法的影响，在考虑了碳化深度的影响条件下，可以不予考虑。

b. 细骨料

普通混凝土使用的细骨料的品种和粒径，只要符合《普通混凝土用砂、石质量及检测方法标准》（JGJ52—2006）的规定，对回弹法测强没有显著影响。国内的试验研究资料及看法与国外一致。

c. 粗骨料

粗骨料的影响，至今看法没有统一。国外一般认为粗骨料品种、粒径及产地均有影响。罗马尼亚方法规定，以石英质河卵石骨料作为标准，取影响系数为1.0，其余骨料则通过试验确定影响系数。英国标准协会则认为“不同种类的骨料得出不同的相关关系，正常的骨料如卵石和多数碎石具有相似的相关关系”。另有一些国外资料介绍，即使粗骨料的种类相同，也必须根据不同产地得出不同的相关曲线。

我国的一些研究资料反映了不同的意见和看法，有的认为不同石子品种（主要指卵石、碎石）对回弹法测强有一定的影响，主张按不同品种分别建立相关曲线或以某种石子为标准对其他品种石子进行修正；有的通过大量同条件对比试验及计算分析认为，不同石子品种的影响并不明显，分别建立曲线未必能提高测试精度，况且同一品种石子的表面粗糙程度及质量差别甚大，现场测试尤其是龄期较长的工程，石子品种不易调查清楚，采用上述方法反会引起误差，主张不必按石子品种分别建立相关曲线。

科研单位对此进行了专题研究，通过对相同条件下分别用卵石、碎石、表面粗糙质量较差的毛卵石、机制卵碎石、砂岩碎石制作的混凝土试块的检验和分析比较，认为石子品种的不同对回弹法测强的影响均不甚显著，可不采用任何修正系数。

国内一些单位还曾对石子粒径影响进行了试验，他们分别采用粒径为5～10mm和5～40mm的碎石；5～20mm、10～30mm、20～40mm的卵石；5～20mm及10～30mm为三分之一用量，30～50mm为三分之二用量的混合级配分别进行了对比试验。结果认为，符合筛分曲线的石子粒径，在上述条件下对回弹法测强的影响可不予考虑。

综上所述，石子品种的影响，在我国迄今看法尚不统一，做法也不一致。各地区在制作自己的曲线时，可结合具体情况酌定。

d. 外加剂

外加剂在正常的掺量下，木钙减水剂或三乙醇胺复合早强剂对回弹法测强没有影响。由于外加剂品种日益增多，使用范围越来越广，为此对掺入普通型木钙减水剂，高效减水剂以及亚硝酸钠防冻剂等的混凝土作了系统试验。试验表明，普通混凝土中掺与不掺上述外加剂对回弹法测强影响并不显著。研究结果认为：掺外加剂的混凝土在低强度时误差稍大，这是由低强度混凝土自身性质所决定的。由于上述外加剂均属非引气型系列，掺入混凝土中有利于改善拌合物和易性及混凝土内部密实性，从而使混凝土抗压强度有不同程度的提高，但对混凝土表面硬度的提高并非呈正比关系。所以，在同一回弹值下，用掺外加剂混凝土测强曲线计算比未掺外加剂混凝土测强曲线的抗压强度偏高1.5～5MPa，而回弹法检测时应用的统一曲线抗压强度是偏低的，因而对结构混凝土抗压强度是安全的。所以可以不考虑非引气型外加剂对混凝土回弹测强的影响。

②成型方法

不同强度等级、不同用途的混凝上混合物，应有各自相应的最佳成型工艺。对水灰比变化幅度为0.37～0.78，强度等级C10～C40，分别进行了手工插捣、适振（振动至混凝土表面出浆即停）、欠振（混凝土表面将要出浆停振）、过振（混凝土表面出浆后续振约5s后停止）的混凝土混合物进行了试验，试验表明：只要成型后的混凝土基本密实，上述成型方法对回弹法测强无显著影响。目前大多数工地、构件厂都采用振动成型，手工插捣极少，即使采用也只是用于低强度等级流动性大的混凝土，因此认为一般成型工艺对回弹法测强无显著影响。但对一些采用离心法、真空法、压浆法、喷射法和混凝土表层经各种物理、化学方法处理成型的混凝土，应慎重使用回弹法的统一测强曲线，必须经试验验证后，若无影响方可直接使用，否则会有较大的误差。

③养护方法及湿度

我国常用的养护方法，主要有养护室内的标准养护、空气中自然养护及蒸汽养护等多种方法。混凝土在潮湿环境或水中养护时，由于水化作用较好，早期及后期强度皆比在干燥条件下养护的要高，但表面硬度由于被水软化反而降低。因此，不同的养护方法产生不同的湿度对混凝土的强度及回弹值都有很大的影响。

a. 养护方法的影响

标准养护与自然养护的混凝土含水率不同，强度发展不同，表面硬度也不同，尤其在早期，这种差异更明显。所以，国内外许多资料都主张，标准养护与自然养护的混凝土，应有各自不同的相关曲线。

蒸汽养护与自然养护对回弹法测强的影响，国内看法不一。一种看法是，两种养护方法对回弹法测强有明显影响，它们各自应有不同的相关曲线。另一种看法则认为，蒸养构件在空气中自然养护一段时间后，若表面呈干燥状态，那么它与自然养护试件相比，其28d、90d龄期的强度、回弹值均无明显差异，可以看作没有影响。对蒸养出池、蒸养后自然养护和自然养护三种情况下的相同条件的混凝土试块分别进行的对比试验表明：蒸养出池的混凝土由于表面湿度较大，与自然养护混凝土相比有较明显的差异；而蒸养后经自然养护7d以上的混凝土无显著差异。因为尽管蒸养使混凝土早期强度增长较快，若排除了混凝土表面湿度、碳化等因素的影响，则蒸养混凝土的“f_{cu}-R”相关关系与自然养护混凝土基本一致，没有显著的差异。因此，主张蒸养出池后7d以内的混凝土应另行建立专用测强曲线，而蒸养出池后再经自然养护7d以上的混凝土可按自然养护混凝土看待。

b. 湿度的影响

湿度对回弹法测强有较大的影响，这是国内外一致的看法。对不同强度等级的混凝土试件模拟现场构件的几种湿度情况的试验表明：湿度对于低强度的混凝土影响较大，随着强度的增长，湿度的影响逐渐减小；对于短龄期的较高强度的混凝土的影响不明显。

如何克服湿度的影响，国外有的采用较粗略的影响系数进行修正，以标准养护下湿度的影响系数为1.0，在水中养护及在干燥空气中养护的湿度影响系数分别为大于1.0和小于1.0。有的资料介绍，最好在混凝土表面为风干状态时试验，或事先取混凝土试样测定含水率，计算强度时予以修正。作为全国统一测强曲线回归分析的试件是由全国各地环境湿度有一定差异的试件组成，所以，为了扩大应用范围，新规程规定对于潮湿混凝土可制定专用测强曲线或通过试验进行修正的方法予以解决。

④碳化及龄期

水泥一经水化就游离出大约35%的氢氧化钙，它对于混凝土的硬化起了重大作用。已硬化的混凝土表面受到了空气中二氧化碳的作用，使氢氧化钙逐渐生成硬度较高的碳酸钙，它对回弹法测强有显著的影响。因为碳化使混凝土表面硬度增加，回弹值增大，但对混凝土强度影响不大，从而影响了“f_{cu}-R”相关关系。

影响混凝土表面碳化速度的主要因素是混凝土的密实度和碱度以及构件所处的环境条件。一般讲，密实度差的混凝土，孔隙率大，透气性好，易于碳化；碱度高的混凝土氢氧化钙含量多，硬化后与空气中的二氧化碳作用生成碳酸钙的时间就长，亦即碳化速度慢。此外，混凝土所处环境的大气二氧化碳浓度及周围介质的相对湿度也会影响混凝土表面碳化的速度，一般在大气中存在水分的条件下，混凝土碳化速度随着二氧化碳浓度的增加而加快，当大气的相对湿度为50%左右时，碳化速度较快。过高的湿度（如100%），将会使混凝土孔隙充满水，二氧化碳不易扩散到水泥石中，或者水泥石中的钙离子通过水扩散到表面，碳化生成的碳酸钙把表面孔隙堵塞，所以碳化作用不易进行。过低的湿度（如25%），孔隙中没有足够的水使二氧化碳生成碳酸钙，碳化作用也不易进行。随着硬化龄期的增长，混凝土表面一旦产生碳化现象后，其表面硬度逐渐增高，使回弹值与强度的增加速率不等，显著地影响了“f_{cu}-R”相关关系，国内外的研究资料都得出了共同的结论。

消除碳化影响的方法，国内外并不相同。国外通常采用磨去碳化层或不允许对龄期较长的混凝土进行测试。我国曾有过以龄期的影响代替碳化影响的方法。另有一些研究单位则提出以碳化深度作为测强公式的一个参数来考虑。对于自然养护的混凝土，碳化作用与龄期的影响是相伴产生的，随着龄期的增长，混凝土强度增长，碳化深度也增大，但只用龄期来反映碳化的因素是不全面的。试验表明：自然养护条件下一年以内的龄期影响实质上是碳化的影响所致。所以，与其用龄期来反映碳化对回弹测强的影响，还不如用碳化深度作为另一个测强参数来反映更为全面。它不仅包括了龄期的影响，也包括了因不同水泥品种、不同水泥用量引起的混凝土不同碱度的影响，从而使同条件、同龄期试块具有不同的碳化深度，而且也反映了构件所处环境条件例如温度、湿度、二氧化碳含量及日光照射等对碳化及强度的影响。对于三年内不同强度的混凝土，虽然回弹值随着碳化深度的增长而增大，但当碳化深度达到某一数值时，如大于等于6mm，这种影响基本不再增大。当把碳化深度作为回弹测强公式的另一个参数时，对此应予考虑和处理。规程中所列的统一测强曲线规定大于6mm的碳化深度值均按6mm处理。

⑤其他

混凝土的分层泌水现象使一般构件底部石子较多，回弹值读数偏高；表层因泌水，水灰比略大，面层疏松，回弹值偏低。国外资料介绍，试件表面通常较两侧的回弹值低5% ~10%，而底部则较两侧高10% ~20%。因此，测试时要尽量选择构件浇筑的侧面，如不能满足，可根据不同的测试面的回弹值制成的表格进行修正。

钢筋对回弹值的影响视混凝土的保护层厚度、钢筋的直径及其密集程度而定。研究资料表明，当保护层厚度大于20mm时，可以认为没有影响；当钢筋直径为4~6mm时，可以不考虑它的影响。在目前尚无确切的影响系数情况下，可根据图样或采用钢筋保护层测定仪确定保护层内直径较大的钢筋位置，以便测试时避开。

现场测试时，构件或结构混凝土往往处于不同的受压状态，例如多层结构的底层柱与高层柱、预应力构件的锚固区与非锚固区、普通混凝土构件承受的最大应力区与一般应力区等，由于应力状态的不同，回弹值有一些差异。研究结果表明：在建立测强曲线时，回弹值应该在施加试件的15%极限荷载的标准立方体试件上进行，这样可以避免回弹值由于实体结构的压应力状态的增加而增加的影响。

此外，测试时的大气温度、构件的曲率半径、厚度和刚度以及测试方法对测强均有不同程度的影响，在实际检测工作中应予注意和考虑。

7.3 超声法检测混凝土缺陷

7.3.1 概述

超声法检测混凝土缺陷的基本原理是利用带波形显示功能的超声波检测仪和频率为20~25kHz的声波换能器，测量与分析超声脉冲波在混凝土中的传播速度（声速）、首波幅度（波幅）、接收信号主频率（主频）等声参数，并根据这些参数及其相对变化，以判定混凝土中的缺陷情况。

混凝土结构，因施工过程中管理不善或者因自然灾害影响，致使在混凝土结构内部产生不同种类的缺陷。按其对结构构件受力性能、耐久性能、安装使用性能的影响程度，混凝土内部缺陷可区分为有决定性影响的严重缺陷和无决定性影响的一般缺陷。鉴于混凝土材料是一种非匀质的粘弹性各向异性材料，要求绝对一点缺陷都没有的情况是比较少见的，用户所关心的是不能存在严重缺陷，如有严重缺陷应及时处理。超声法检测混凝土缺陷的目的不是在于发现有无缺陷，而是在于检测出有无严重缺陷，要求通过检测判别出各种缺陷种类和判别出缺陷程度，这就要求对缺陷进行量化分析。属于严重缺陷的包括混凝土内有明显不密实区或空洞，有大于0.05mm宽度的裂缝；表面或内部有损伤层或明显的蜂窝麻面区等。以上缺陷是易发生的质量通病，常常引起甲、乙双方争执，故超声法检测混凝土缺陷受到了广大检测人员的关注。50年前，加拿大的莱斯利（leslied）、奇斯曼（Cheesman）和英国的琼斯（Jones）、加特弗尔德（Garfield）率先把超声脉冲检测技术用于混凝土检测，开创了混凝土超声检测这一新领域。由于技术进步，超声仪已由20世纪50~60年代笨重的电子管单示波显示型发展到目前半导体集成化、数字化、智能化的轻巧仪器，而且测量参数从单一的声速发展到声速、波幅和频率等多参数，从定性检测发展到半定量或定量检测的水平。我国于1990年发布了《超声法检测混凝土缺陷技术规程》（CECS21：90），1998~1999年对该规程进行修订和补充，2000年又发布了新修订的《超声法检测混凝土缺陷技术规程》（CECS21：2000），这是当前超声法检测混凝土缺陷的技术依据。

7.3.2 裂缝深度≤500mm的裂缝的检测

需检测的裂缝中，要求不得充水或泥浆，否则超声波将通过水耦合层穿过裂缝直接到达接收换能器，不能反映裂缝的真实深度；如果裂缝中有水而又需要及时检测时，可采用横波换能器，因为横波在水中传播速度极慢，从而排除水的干扰。不过使用横波检测时，如何正确识别纵波和横波信号的起始点，是一项难度相当大的工作，所以目前很少应用。如有主筋穿过裂缝且与两换能器的位置大致平行，布置测点时，应注意使两探头所在位置的连线至少与该主筋轴线相距1.5倍的裂缝预计深度。测试方法，可采用平测法或斜测法等。

(1) 平测法

当结构的裂缝所处部位只有一个可测面，可采用平测法检测，如图7-3所示。

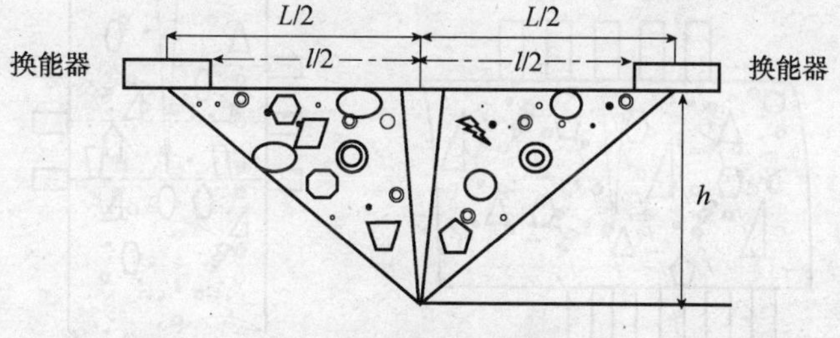

图7-3 平测法示意图

平测法应在裂缝的被测部位以不同的测距同时横跨裂缝和不跨裂缝布置测点进行声时测量。平测法测试混凝土裂缝的步骤为：

①不跨缝声时测量

将两换能器置于裂缝的同一侧，其测距 L（换能器内边缘间距），一般采用100mm、150mm、200mm、250mm 等，分别读取声时值 t_m，绘制声时 t_m 和测距 L 坐标图，求出斜率 b 和截距 a，或通过回归分析方法求出直线 $L_i = a + bt_i$ 的斜率 b，即为不跨缝时的速度 v；

②跨缝声时测量

将两换能器置于裂缝两侧，对称放置，两换能器的中心连线应垂直于裂缝方向，间距分别为100mm、150mm、200mm、250mm 等，读取声时值 t_f。

③计算裂缝深度 h_f

声波的实际传播距离为：$L_i = l_i + |a|$，因为声波传播速度一致，

则：$h_f^2 = \left(v \cdot \frac{t_f}{2}\right)^2 - \left(v \cdot \frac{t_m}{2}\right)^2$，且 $v = \frac{L}{t_m}$，所以：$h_f^2 = \left(\frac{L \cdot t_f}{2t_m}\right)^2 - \left(\frac{L}{2}\right)^2$，即 $h_f = \frac{L}{2}\sqrt{\left(\frac{t_f}{t_m}\right)^2 - 1}$。

跨缝测量中，当在某测距发现首波反相时，可取该测距及两个相邻测距的测量值计算，取三点的深度 h 平均值作为该裂缝的深度值 h_c。如难以发现首波反相，则计算不同测距测得的深度 h_i，并计算出深度平均值 m_h，将各测距与平均值 m_h 的测距相比较，凡测距小于平均值 m_h 和大于 $3m_h$ 的数据组剔除，然后取余下的 h_i 的平均值作为该裂缝的深度，这是因为测距过小或过大，声时的测读误差较大，对裂缝深度计算产生较大的影响。

（2）斜测法和对测法

当结构的裂缝具有相互平行的测试表面时，可采用斜测法或对测法检测。

斜测法的基本点是保持换能器的连线通过缝与不通过缝的测试距离相等、倾斜角一致，读取相应各点的声时值 t_i、波幅 A_i 及频率 f_i，如图 7-4 所示。

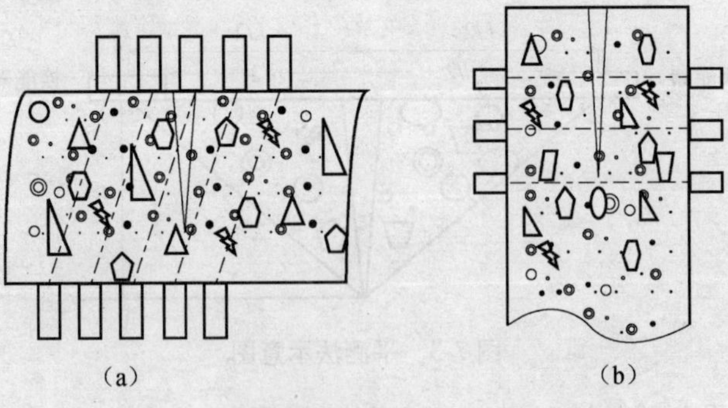

图 7-4　斜测法和对测法测试混凝土裂缝

（a）斜测法；（b）对测法

对测法是两个换能器平行放置于同一水平面，对测法相对来说受钢筋干扰较小。如发射与接收探头的连线通过裂缝时，由于混凝土失去了连续性能在裂缝界面产生很大的衰减，接收信号的波幅及频率与不跨缝相比较，存在显著差异（一般波幅的差异最明显），据此可判断裂缝深度以及裂缝是否在水平方向贯通。此方法比较直观，测试结果比较可靠，适用于工业和民用建筑中的混凝土构件等。

7.3.3　深裂缝检测——钻孔对测法

通常用于大体积混凝土结构中预计深度在500mm以上的裂缝检测。当然在实际检测中，深度裂缝与浅裂缝并没有严格的界限，尤其是对大体积混凝土结构，即使是深度略小于500mm的裂缝，也可用以下方法检测。

一般在大体积结构中如果施工管理不善，则容易出现深度裂缝，这主要是因为在大体积混凝土结构中，由于水化热的散失相对较慢，内部温差较大，因而产生拉应力，从而在混凝土表面产生裂缝。温差越大，产生的拉应力越大，裂缝越深。

检测深度裂缝的要求：允许在裂缝两旁钻孔测试，且裂缝中不得充水或水泥浆。同时，要求所钻测试孔的孔径比换能器直径大5～10mm；对应的两个测试孔必须始终位于裂缝两侧，其轴线应保持平行；孔深应至少比裂缝预计深度深700mm。经测试如浅于裂缝深度，则应加深钻孔；而对应测试孔的间距宜为2000mm，同一结构的各对应测孔间距应相同；孔中粉末碎屑，应清理干净；宜在裂缝一侧多钻一孔距相等但较浅的孔，用来测试无缝混凝土的声学参数，供对比判别。

测试步骤为：选用频率为20～40kHz的径向振动式换能器，并在测试孔轴线上作等距离标志（一般间距100～500mm）。测试前应先向测试孔中注满清水，以检查是否有漏水现象，如果发现漏水较快，则说明测孔与裂缝相交，应重新钻孔。然后分别将两径向换能器置于裂缝两侧的对应孔中，以相同高程、等间距从上至下同步移动，逐步读取声时、波幅和换能器所处的深度。混凝土结构产生裂缝，总是表面较宽，越向里深入越窄，直至完全闭合，而且裂缝两侧的混凝土不可能被空气完全隔开，部分地方被砂、石子等固体介质所连通，裂缝越宽，连通的地方越少。随着测量深度的增加，裂缝宽度的变化，接收到的声波能量发生显著变化，因此跨缝与不跨缝的测点，其声时差异不明显，而波幅差异却很大，且随着裂缝宽度减小，波幅值增大，直至裂缝末端，波幅才达最大值，并基本保持稳定。

裂缝深度的判定，以换能器所处的深度（h）与对应的波幅值（A）绘制

$h-A$坐标图，随着换能器位置的下移，波幅逐渐增大，当换能器下移至某一位置后振幅达最大并基本稳定，该位置所对应的深度便是裂缝深度h_c，如图7-5所示。

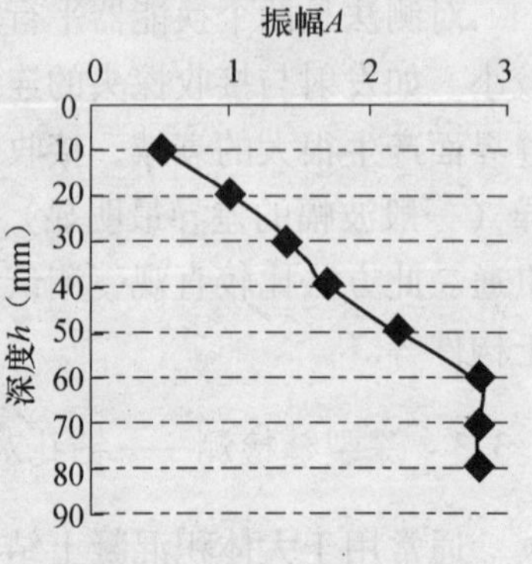

图7-5　$h-A$坐标图

实践证明，钻孔测裂缝深度的方法可靠性相当高，与传统的压水法和渗透法相比，超声法检测结果的准确性更高，并能反映极细微的裂缝。在钻孔检测时，如果混凝土质量不均匀，将会使$h-A$曲线偏离原有的方向，此时应注意识别和判断，当裂缝中存在水分时，绝大部分超声波经水穿过裂缝传播到接收换能器，使得无裂缝的波幅值无明显差异，难以判断裂缝的深度。故检测时被测裂缝中不应填充水或泥浆。同时，还要注意排除钢筋、温度和外力的影响。

7.3.4　超声法探测混凝土内部缺陷

混凝土的内部缺陷无法凭直觉判断，一般根据施工记录和外观质量情况，或在使用过程中出现质量问题而怀疑混凝土内部可能存在缺陷，其位置是大致的。检测时，测试范围一般要大于所怀疑的区域，或者首先进行大范围的粗测，根据粗测的情况再着重对可疑区域进行细测，并根据被测结构的实际情况选用适宜的测试方法。

超声波在混凝土中传播，如遇缺陷（如空洞、缝隙等），使超声波的正常传播发生变化，低频超声波将全部绕过缺陷传播，传播时间变长、声时计算值变小，同时声波能量衰减，首波振幅变小。由于这些原因，到达接收换能器反映出来的波形就会发生畸变，因此可以根据声时、首波幅值及接收信号频率的变化进行综合分析，判断混凝土内部有无缺陷。混凝土不像金属等匀质材料，可以用高频超声反射法，直接在工件上测出缺陷的位置和大小。由于混凝土本身是非匀质的，内部密实性、强度存在一定的波动和离散，但只要是在符合质量保证的条件下，这种波动和离散是允许的，不应作缺陷处理。

如何判定声学参数的变化是正常的还是因为混凝土内部的缺陷而引起的，用一种概率分析的方法，一般认为混凝土的质量是服从正态分布的，则其测得的声速、波幅和频率也基本属于正态分布。在一系列测试中，凡属于混凝土本身不均匀性或测试中的随机误差带来的数据波动，都应服从统计规律。

在实际工作中，判断不密实区的大小用对测法测试，首先按计划将各测点布置好，测出声速v、波幅A或主频值f，按由大至小的顺序排列，$X_1 \geqslant X_2 \geqslant$

$X_3 \geqslant X_4 \geqslant \cdots \geqslant X_i \cdots \geqslant X_n$。估测某 X_i 为可疑数据，将可疑数据中最大的连同前面的计算平均值 m_x、标准差 S_x，以 $X_0 = m_x - \lambda_{1i} S_x$ 为临界值，其中 λ_{1i} 按表 7-7 取值。若可疑数据 $X_i = X_0$，则 X_i 及排在其后的数据均为异常值，应将 X_i 及其后面的数据剔除。反之若 $X_i = X_0$，说明 X_i 为正常值，则再将 X_{n+1} 放进去，重新进行统计判别，直至判别不出异常值为止。

当一个测试部位中判别出异常测点时，在某些异常测点附近，可能存在缺陷边缘的测点，为了提高缺陷范围判断的准确性，可对异常数据相邻点进行判别。根据异常测点的分布情况，按下列公式进一步判别其相邻测点是否异常：

$$X_0 = m_x - \lambda_{2i} S_x \text{ 或 } X_0 = m_x - \lambda_{3i} S_x$$

当测点布置为网格状时（如在构件两个相互平行的表面使用平面换能器检测）取 λ_{2i}，当单排布置测点时（如在声测孔中用径向换能器进行检测）取 λ_{3i}。

也可用声时直接判断，此时按从小到大排列，$t_1 = t_2 = t_3 \cdots = t_n$，将排在 t_i 后面明显大的视为可疑，再将这些可疑数据中最小的一个连同前面的数据计算出平均值 m_i 及标准差 S_t，计算 $t_{io} = m_i + \lambda S_t$，若 $t_i = t_{io}$，则最小值及排在其后的均为异常值，当 $t_i = t_{io}$ 时，则应将最小值后的次小值代进去重新计算。

表 7-7　统计个数 n 与对应的 λ 值

n	10	12	14	16	18	20	22	24	26	28	30	32	34	36	38
λ_{1i}	1.45	1.50	1.54	1.58	1.62	1.65	1.69	1.73	1.77	1.80	1.83	1.86	1.89	1.92	1.94
λ_{2i}	1.12	1.15	1.18	1.20	1.23	1.25	1.27	1.29	1.31	1.33	1.34	1.36	1.37	1.38	1.39
λ_{3i}	0.91	0.94	0.98	1.00	1.03	1.05	1.07	1.09	1.11	1.12	1.14	1.16	1.17	1.18	1.19

n	40	42	44	46	48	50	52	54	56	58	60	62	64	66	68
λ_{1i}	1.96	1.98	2.00	2.02	2.04	2.05	2.07	2.09	2.10	2.12	2.13	2.14	2.16	2.17	2.18
λ_{2i}	1.41	1.42	1.43	1.44	1.45	1.46	1.47	1.48	1.49	1.49	1.50	1.51	1.52	1.53	1.53
λ_{3i}	1.20	1.22	1.23	1.25	1.26	1.27	1.28	1.29	1.30	1.31	1.31	1.32	1.33	1.34	1.35

n	70	72	74	76	78	80	82	84	86	88	90	92	94	96	98
λ_{1i}	2.19	2.20	2.21	2.22	2.23	2.23	2.25	2.26	2.27	2.28	2.29	2.30	2.30	2.31	2.32
λ_{2i}	1.54	1.55	1.56	1.56	1.57	1.58	1.58	1.59	1.60	1.61	1.61	1.62	1.62	1.63	1.63
λ_{3i}	1.36	1.36	1.37	1.38	1.39	1.39	1.40	1.41	1.42	1.42	1.43	1.44	1.45	1.45	1.45

n	100	105	110	115	120	125	130	140	150	160	170	180	190	200	210
λ_{1i}	2.32	2.35	2.36	2.38	2.40	2.41	2.43	2.45	2.45	2.50	2.53	2.56	2.59	2.62	2.65
λ_{2i}	1.64	1.65	1.66	1.67	1.68	1.69	1.71	1.73	1.75	1.77	1.76	1.80	1.82	1.84	1.85
λ_{3i}	1.46	1.47	1.48	1.49	1.51	1.53	1.54	1.56	1.58	1.59	1.61	1.63	1.65	1.67	1.70

第8章 正交设计

在科学研究和生产中，为了研制新产品或提高生产率等，往往要做多因素试验。用什么方法安排多因素试验是一个很值得研究的问题。试验方案安排得好，既可减少试验次数、缩短试验时间、节省人力、物力及避免盲目性，又能迅速得到有效的结果。试验方案若安排不好，不但费时、费工、费料，有时甚至是不可能实现的。尤其在作用因素比较多、试验情况比较复杂、各种因素有交互作用的情况下，有可能得不出明显的规律性数据，或得不出正确的结论。

试验设计是基于数理统计学原理，研究有关试验的设计理论和方法的一门科学，已广泛应用于各个领域。试验设计的方法一般有完全性搭配试验设计、正交设计、均匀设计等方法。完全性试验是一种广泛应用的试验设计方法，其优点是受因素的影响小，缺点是试验组数多，要进行大量的试验，劳动工作量相当大。如何有效地组织试验，在有限的试验次数内找到最佳配合，是科学的试验设计方法的任务所在。

正交设计（Orthogonal Experimental Design）是在大量实践的基础上总结出来的一种科学的试验设计方法，它是用一套规格化的正交表格，采用均衡分散性、整齐可比性的设计原则，合理安排试验，并以其试验次数少、分析方法简单、重复性好、可靠性高、使用面广而得到广泛的应用，并成为质量控制的重要工具。

8.1 正交设计的基本方法

8.1.1 正交设计的基本原则

在试验中，用来衡量试验效果的质量指标，称为试验指标，它可以是单一的指标，也可以是多个指标。试验指标要有一定的可比性，且尽量定量化。确定试验指标，实质就是明确试验目的，就是明确我们的试验究竟应该达到一个什么样的目的，如产品的某个指标达到一个什么范围才满足要求等。

影响试验指标的要素或原因称之为因素或因子，因素所处的状态，称为水平。如考虑外加剂掺量对试验指标的影响，外加剂掺量即为因素，具体的外加剂掺量值如0.7%、1.0%等即为因素的水平。如果所考虑的因素之间相互影响，在同时改变水平时，其效果会超过单独改变某一因素水平时的效果，则称因素之间存在交互作用。

因素及其水平的选取要求掌握足够技术经验和理论知识，不能信手拈来，所选因素和水平的变化应该能引起试验指标的变化，否则试验的因素和水平的选择就是不合理的。一般来说，为保证结论的可靠性，在选取因素时应把所有影响较大的因素选入试验，不能遗漏有显著影响的因素，特别是主要因素，考虑到试验条件的限制，没有显著性影响的因素可以不予考虑，但要注意某些因素之间可能还有交互作用，影响较大的因素还应包括那些单独变化水平时效果可能不大，而与其他因素同时变化时交互作用较大的因素，这样才能保证试验的代表性。按选取因素的多少可把试验分为单因素试验、双因素试验和多因素试验。在可能的条件下，因素变化越多越好，取值一般不少于3个，这样才能画出曲线，看出其变化的趋势。

某一因素取值变化的次数即水平数，随着水平数的增加，试验次数会急剧增加。为了减少试验次数，水平的范围选择应适宜，变化的范围不宜太大。水平选择的范围太小则指标的变化较小，可能无法看出水平的影响，水平太大则无法准确地反映水平的转折点。所以，水平的选择与相关技术知识的掌握程度具有很大的关系，如果首先积累了丰富的相关技术知识，了解了水平的大致范围，选取的水平就可能在最佳值附近，可能比较容易得到最佳的水平值。如果是探索性的试验，水平选取时心中无数，在开始时，水平的幅度可适当取大点，然后再逐渐靠近。

8.1.2　正交表

正交表的定义：设 A 是一个 $n\times k$ 的矩阵，其中第 j 列元素由1，2，…，$m(j=1,2,\cdots,k)$构成，若矩阵 A 的任意两列搭配均衡，则称 A 为正交表。这种表具有正交性，即：任意两列之间可以相互交换（即进行列间置换），任意两行之间也可以相互交换（即进行行间置换），任意一列的水平数字也可以相互交换（即进行水平置换）。进行列间置换、行间置换和水平置换后的正交表与原正交表等价。

正交表是一种设计好的固定格式，其表示形式一般记为 $L_n(m^k)$，其中 L (Latin Square)表示正交表的代号，n 表示行数，也是试验要安排的次数，k 为表中的列数，表示最多可安排的因素个数，m 是各因素的水平数。如 $L_8(2^7)$、$L_{16}(2^{15})$、$L_9(3^4)$、$L_{27}(3^{13})$、$L_{16}(4^5)$、$L_{16}(4^2\times2^9)$ 等都是常用正交表，L 下角标的数字如8、16、9、27、16等均表示试验次数，括号内的上角标的数字如7、15、4、13、5等表示试验影响因素的个数，括号内的数字如2、3、4 等表示最多安排的各个因素的水平数（即取值变化数）。如 $L_9(3^4)$ 表示需做9 个试验，最多安排4 个因素，每个因素取3 个水平。$L_8(4^1\times2^4)$ 表示需做8 次试验，最多安排5 个因素，其中1 个4 个水平的因素和4 个2 水平的因素。

正交表的选用先看水平数，一般遵从水平数与试验水平相同，因素数大于等于实际因素，确定因素水平后再选用合适的正交表。若各因素水平是一样的，例如全为2 水平的，则可选用 $L_8(2^7)$、$L_{16}(2^{15})$ 等正交表；水平数不等的可选用 $L_8(4^1\times2^4)$、$L_{16}(4^2\times2^9)$、$L_{16}(4^3\times3^6)$ 等正交表，部分正交表见附录一。例如，研制粉煤灰混凝土，影响因素有：

①水灰比；

②粉煤灰掺量；

③砂率；

④养护方式。

若每种方法变化三次，在正常情况下用全面试验方法要做 $3^4=81$ 次试验，如果我们利用正交设计，将各因素适当地组合，则仅需做9 次试验即可。

又如某研究单位利用工业废料——煤渣来制备砖，通过试验找到合理的生产工艺，以提高煤渣砖的抗折强度。首先确定因素，从实践中得知，煤渣砖成型水分的多少、材料碾压时间长短、每次碾压料重这三种因素都会影响其抗折强度。这些因素中，哪个因素的影响最大，各个因素取值多少最好，如何搭配最好，这些问题可通过正交设计来解决；其次根据因素水平选用正交表即试验计划表，此处选择了3 个因素，每个因素取3 水平，因此选用正交表 $L_9(3^4)$，其中第4 列不做安排。正交表选好后，把各个因素排在正交表表头的适当列上，称为表头设计或排表头。本例中，第一列取为因素 A(成型水分)，第二列取为因素 B(碾压时间)，第三列取为因素 C(一次碾压料重)。表头设计后开始填表，将因素水平填到选取的正交表中，形成试验方案如表8-1 所示，并根据正交表进行试验，试验方案及结果列于表8-2 中。

表8-1　煤渣制砖因素水平表

因素 / 水平	A 成型水分（%）	B 碾压时间（min）	C 一次碾压料重（kg）
1	9	8	330
2	10	10	360
3	11	12	400

表 8-2　煤渣制砖正交设计试验方案 $L_9(3^4)$ 及试验结果

试验号	1 成型水分（%）	2 碾压时间（min）	3 一次碾压料重（kg）	4 不安排	抗折强度（MPa）
1	1　9	1　8	1　330	1	1.69
2	1　9	2　10	2　360	2	1.91
3	1　9	3　12	3　400	3	1.67
4	2　10	1　8	2　360	3	1.98
5	2　10	2　10	3　400	1	2.37
6	2　10	3　12	1　330	2	1.90
7	3　11	1　8	3　400	2	2.53
8	3　11	2　10	1　330	3	2.04
9	3　11	3　12	2　360	1	2.31
K_1	5.27	6.20	5.63	6.37	
K_2	6.25	6.32	6.20	6.34	
K_3	6.88	5.88	6.51	5.69	
$\overline{K}_1$	1.76	2.07	1.88	2.12	
$\overline{K}_2$	2.08	2.11	2.07	2.11	
$\overline{K}_3$	2.29	1.96	2.19	1.90	
R	0.53	0.15	0.31	0.22	

如表 8-2 所示，用 K 表示同一水平各因素的试验指标抗折强度的总和，下标表示相应的水平；$\overline{K}$ 表示相应试验结果平均值，由于试验为 3 因素 3 水平（第 4 不安排），所以 $\overline{K}=K/3$。极差为 R，其值为同一水平各因素中平均值的最大值与最小值之差即 $\overline{K}_{max}-\overline{K}_{min}$。如第一列的极差为 $\overline{K}_3-\overline{K}_1=2.29-1.76=0.53$。比较各列的极差，极差大表示在这个水平变化范围内造成的差别大，对试验指标产生的影响较大，是主要影响因素；极差小的对试验结果产生的影响较小，是次要影响因素。绘出同一因素不同水平对抗折强度的影响，绘图时水平按从小到大排列，如图 8-1 所示。

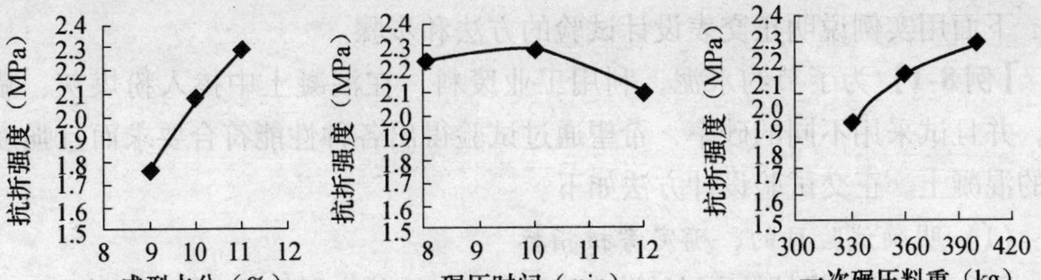

图 8-1　正交设计极差分析结果

(a) 成型水分（%）；(b) 碾压时间（min）；(c) 一次碾压料重（kg）

从表 8-2 和图 8-1 可知，极差值大的，其因素影响最大。本例中成型水分的极差 0.53 最大，图 8-1（a）中点的分布也最大，故这个因素对试验指标的影响最大。且成型水分随所取水平的增大而增大，没有转折点，说明这个因素的水平选取得不合适，还应扩大试验范围，取更高值。

空列的极差代表试验误差，当空列占有两列和两列以上时，对于等水平无交互作用的正交试验，可以将所有空列的极差合并求其平均值，作为试验误差更精确的估计。为了提高试验误差估计的精度，如果某列的极差小于空列，则可认为该列的影响极小，且该列微小误差的存在不是由于该因素的水平不同所引起的，而属于试验误差的范畴。在本例中，说明碾压时间对抗折强度的影响不大，在实际中甚至可以不予考虑。

以每个因素中的抗折强度最高值来确定最佳值组合，如本例中成型水分为 11%，碾压时间为 10min，一次碾压料重 400kg 的抗折强度最高。该组合在设计表中并未出现，但它是全部 27 种组合之一，由此可见用 $L_9(3^4)$ 正交表安排的试验确实具有代表性。为了使试验结果更准确，在试验环境条件完全相同的情况下，可按此方案再试验一次。

从上面的分析结果，还可以判断出试验发展的趋势。本例中碾压时间是中值 10min 时的抗折强度最高，而成型水分和一次碾压料重，其中值都不是抗折强度的最高点，按趋势讲，增加成型水分和碾压料重，其抗折强度还有可能提高，因此还应继续往上取值，扩大试验范围，试探其继续发展趋势，直至出现转折点。

8.1.3 正交设计试验的主要步骤

利用正交设计安排试验的步骤主要包括：明确试验目的，确定试验指标；挑因素，选水平，制定各因素水平；制定正交试验表头；选择正交表；根据试验方案，进行试验；利用正交表分析试验结果。

下面用实例说明正交表设计试验的方法和步骤。

【例 8-1】为了节约水泥，利用工业废料，在混凝土中掺入粉煤灰、减水剂，并且试采用不同的砂率，希望通过试验得出各种性能符合要求而且强度较高的混凝土。正交试验设计方法如下。

（1）明确试验目的，确定考核指标

例 8-1 的试验目的是通过试验，摸清粉煤灰取代水泥数量、减水剂掺量及砂率各为多少时混凝土的质量最好，从而找到最优配方（其他的试验条件应不变）。质量用什么来表示呢？或者说混凝土的考核指标是什么？根据实践证明混凝土抗压强度越高质量越好，因此本例中的考核指标确定为 28d 抗压强度（MPa）。

(2) 挑因素，选水平，制定因素水平表

本例中挑了粉煤灰掺量（取代水泥量)%、木钙掺量（为水泥及粉煤灰总量)%、砂率%3个因素，每个因素又各选3个水平。

因素A定为粉煤灰掺量，3个水平$A_1=10\%$、$A_2=15\%$、$A_3=20\%$

因素B定为木钙掺量，3个水平$B_1=0.20\%$、$B_2=0.25\%$、$B_3=0.30\%$

因素C定为砂率，3个水平$C_1=28\%$、$C_2=30\%$、$C_3=32\%$。将它们列成因素水平表如表8-3所示。

表8-3　因素水平表

水 平	因		素
	A粉煤灰掺量（%）	B木钙掺量（%）	C砂率（%）
1	10	0.20	28
2	15	0.25	30
3	20	0.30	32

(3) 选择正交表

选择正交表时，因素的个数可以小于或等于所选正交表中的纵列数，但因素的水平数必须等于该正交表中的水平数。本例是3因素3水平试验，因此选择正交表L_9 (3^4) 较合适（表8-4)，用该表安排试验方案，需做9次试验。

表8-4　正交表L_9 (3^4)

试验号＼列号	1	2	3	4
1	1	1	1	1
2	1	2	2	2
3	1	3	3	3
4	2	1	2	3
5	2	2	3	1
6	2	3	1	2
7	3	1	3	2
8	3	2	1	3
9	3	3	2	1

(4) 安排试验

首先按因素水平表中确定的因素顺序，将因素A、B、C依次地放入正交表的第1、2、3列中，第4列空着，可以用来估计试验误差，如不需要估计试验误差时，也可将此空列去掉。

然后将水平对号入座。各因素在各列上定下来以后，在因素 *A*、*B*、*C* 所在的 3 个列的字码“1”、“2”、“3”的后面分别对应换成该因素的几个水平。如本例中，在第 1 列中“1”的后面填上 10%，“2”的后面填上 15%，“3”的后面填上 20%。第 2 列、第 3 列的填法与此相似，于是得到表 8-5。

表 8-5 的 9 个横行便组成了 9 个试验方案。如第 1 号试验方案的条件是：粉煤灰掺量为 10%、木钙掺量为 0.20%、砂率为 28%；第 8 号的试验条件是：粉煤灰掺量为 20%、木钙掺量为 0.25%、砂率为 28%。其余的 7 个试验号的试验条件均可按上述方法定出。

试验方案确定后，下面就要严格按各方案的试验条件进行试验。必须指出，除了选定的因素外，其他条件应该固定不变，以便进行比较。

表 8-5 L_9（3^4）试验方案与计算结果

试验号 \ 因素 / 列号	*A* 粉煤灰掺量（%） 1	*B* 木钙掺量（%） 2	*C* 砂率(%) 3	*D* 4	R_{28}（MPa）
1	1（10）	1（0.20）	1（28）	1	30.6
2	1（10）	2（0.25）	2（30）	2	37.5
3	1（10）	3（0.30）	3（32）	3	34.2
4	2（15）	1（0.20）	2（30）	3	32.0
5	2（15）	2（0.25）	3（32）	1	38.2
6	2（15）	3（0.30）	1（28）	2	30.8
7	3（20）	1（0.20）	3（32）	2	32.0
8	3（20）	2（0.25）	1（28）	3	36.0
9	3（20）	3（0.30）	2（30）	1	32.5
K_1	102.3	94.6	97.4	101.3	
K_2	101.0	111.3	102.0	100.3	
K_3	100.5	975	104.4	102.2	
$\overline{K}_1$	34.1	31.5	32.5	33.8	$\sum_{i=1}^{9}303.8$
$\overline{K}_2$	33.7	37.2	34.0	33.4	
$\overline{K}_3$	33.5	32.5	34.8	34.1	
R	0.6	5.7	2.3	0.7	

（5）试验结果的计算分析

将 9 次试验结果的 28d 抗压强度记录在表 8-5 的右边，对右边的结果进行分析，分析方法有三种：

①观察

观察就是直接比较9次试验中考核指标 R_{28} 值的大小。从表8-5的右边看出经5号试验的 R_{28} 最高为38.2MPa，其相应的试验条件是 $A_2B_2C_3$，即粉煤灰掺量为15%、木钙掺量为0.25%、砂率为32%。

②计算

通过计算进一步弄清各因素对考核指标影响的主、次顺序；确定各因素哪个水平时组成的试验方案最佳；空列可用做估计试验误差大小。计算方法如下：

a. 计算每个因素在各个水平上的考核指标之和 K_i

例如，对于因素 A：

在水平 A_1 上三次试验结果的 R_{28} 之和为：

$$K_1^A = 30.6 + 37.5 + 34.2 = 102.3$$

平均值为： $\overline{K_1^A} = 102.3/3 = 34.1$

水平 A_2 的三次试验中 R_{28} 之和为：

$$K_2^A = 32.0 + 38.2 + 30.8 = 101.0$$

平均值为： $\overline{K_2^A} = 101.0/3 = 33.7$

水平 A_3 的三次试验中 R_{28} 之和为：

$$K_3^A = 32.0 + 36.0 + 32.5 = 100.5$$

平均值为： $\overline{K_3^A} = 100.5/3 = 33.5$

其他各因素（包括空列）的 K_i 及 $\overline{K_i^A}$ 值的计算方法与因素 A 相同。

每个因素在各个水平上 K 值之和应等于各次试验结果之总和，即：

$$K_1^A + K_2^A + K_3^A = \sum_{i=1}^{R} R_{28}$$

利用这一性质，可以检验每个因素的 K 值计算结果是否正确。

本例中 $K_1^A + K_2^A + K_3^A = 102.3 + 101.0 + 100.5 = 303.8$，证明计算无误。

比较同一列中 K 值或 $\overline{K}$ 值的大小，能够对该列上所安排因素的各水平对考核指标的影响大小做出判断，判断的原则是：

如果要考核的指标越大越好，则同一列中对应的 K 值最大的那个水平最好；反之，如果要考核的指标越小越好，则对应的 K 值最小的那个水平最好。本例中要求 R_{28} 越大越好，因此因素 A 对应的3个水平中的 K_1 值最大，K_1 即粉煤灰掺量10%最好。同理，因素 B 对应的3个水平中的 B_2 最好，因素 C 的3个水平中的 C_3 最好。因此得到最好的试验条件是 $A_1B_2C_3$，即粉煤灰掺量10%、木钙掺量0.25%、砂率为32%。

b. 计算各因素的极差 R

极差 R 由因素所在列中的 $K_1K_2\cdots K_i$ 或 $\overline{K}_1\overline{K}_2\cdots\overline{K}_i$ 中的最大值与最小值之差求得，即：

$$R = K_{\max} - K_{\min} \quad 或 \quad R = \overline{K}_{\max} - \overline{K}_{\min}$$

本例中对于因素 A 的极差 $R = 34.1 - 33.5 = 0.60$；

因素 B 的极差 $R = 37.2 - 31.5 = 5.7$；

因素 C 的极差 $R = 34.8 - 32.5 = 2.3$。

各列极差 R 的大小，用来衡量试验中相应因素作用的大小。极差大的因素，说明它的各水平对考核指标的影响较大，通常是最重要的因素，而极差值小的因素则往往是次要因素，所以按照极差值的大小，可以排列出因素的主、次顺序。如本例中各因素的主、次顺序为：$B > C > A$，即木钙掺量对混凝土质量影响较大，砂率次之，粉煤灰掺量对混凝土质量影响较小。

c. 画趋势图

趋势图是以考核指标的平均值为纵坐标，以因素水平的实际用量为横坐标，画出考核指标随各因素水平用量变化的曲线。曲线的变化趋势可以直观地反映出因素对考核指标的影响程度。若曲线波动比较大，说明该因素为主要因素；若曲线波动较小，则该因素为次要因素。本例的因素趋势如图 8-2 所示。

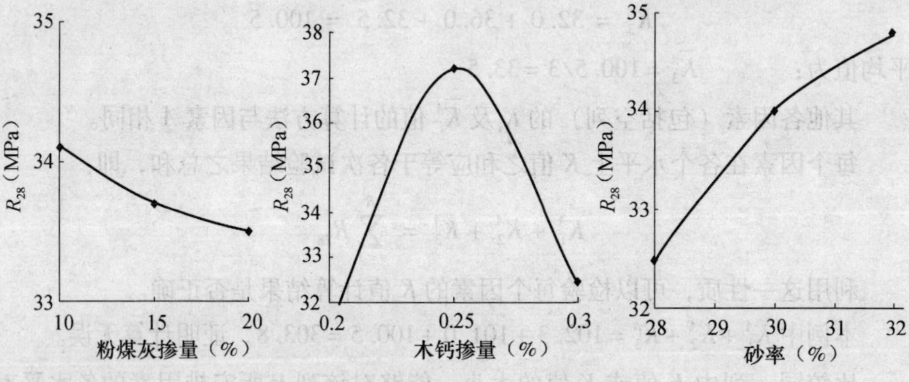

图 8-2　混凝土抗压强度与 3 因素趋势图

从图 8-2 中看出，因素 B 曲线波动最大，所以它是主要因素。其次，因素 C 曲线波动较大，因素 A 的曲线波动最小。

d. 最佳试验的确定

根据观察、计算及绘图等各方面分析比较与综合平衡，最后确定出最佳的试验条件。本例中从观察中得出的较好方案为 5 号试验，即 $A_2B_2C_3$；从计算及绘图趋势中得出的较好方案为 $A_1B_2C_3$；对因素 B 和因素 C 三个方面的结论是一致的，因素 A 三方面的结论虽然不一致，但由于因素 A 为次要因素，所以

取 A_2或 A_1均可。粉煤灰掺量增加，抗压强度下降较小，这大概是因为粗骨料的级配很差，随砂率增加，混凝土密实度提高，抗压强度增长，加大粉煤灰掺量对抗压强度本应有所降低，但它能补偿砂子的填实作用，故降低不明显，可以忽略不计。粉煤灰的掺量还可根据实际情况而定，如果当地粉煤灰多，则多用为宜。如果当地无粉煤灰，需要花很大代价到外地购买，则以少用为宜。于是得到最佳的试验条件是 $A_1B_2C_3$或 $A_2B_2C_3$。

8.2 正交设计的基本原理

以例 8-1 为例，如果不是利用正交表进行试验设计，要考察 3 个因素，每个因素有 3 个水平的情况，就必须将 3 个因素的每个水平都相碰一次，就需要做 $3^3=27$ 次试验而不是 9 次试验。将 27 次试验全部做完，称为“全面试验法”。27 次试验的全部组合条件见表 8-6。

表 8-6 3 因素 3 水平全面试验组合条件

B	C	A		
		A_1	A_2	A_3
B_1	C_1	$A_1B_1C_1$	$A_2B_1C_1$	$A_3B_1C_1$
	C_2	$A_1B_1C_2$	$A_2B_1C_2$	$A_3B_1C_2$
	C_3	$A_1B_1C_3$	$A_2B_1C_3$	$A_3B_1C_3$
B_2	C_1	$A_1B_1C_1$	$A_2B_2C_1$	$A_3B_2C_1$
	C_2	$A_1B_2C_2$	$A_2B_2C_2$	$A_3B_2C_2$
	C_3	$A_1B_2C_3$	$A_2B_2C_3$	$A_3B_2C_3$
B_3	C_1	$A_1B_3C_1$	$A_2B_3C_1$	$A_3B_3C_1$
	C_2	$A_1B_3C_2$	$A_2B_3C_2$	$A_3B_3C_2$
	C_3	$A_1B_3C_3$	$A_2B_3C_3$	$A_3B_3C_3$

如果是 4 因素 3 水平的试验，用全面试验法做试验方案，就需要做 $3^4=81$ 次试验，利用正交表 $L_9(3^4)$ 安排试验，仅需做 9 次试验。可见“全面试验法”中每增加一个因素，其试验次数就要增加到原来的两倍，即当因素增加时，试验次数则按等比级数增加。因此，遇到多因素，多水平的试验时，用全面试验法进行试验，工作量将非常大，实际上常常是做不到的。这里自然要产生一个问题：正交表的 9 次试验结果能否反映 27 次（3 因素 3 水平）或 81 次（4 因素 3 水平）试验的结果，回答是肯定的，因为正交表是在众多的全面试

验条件中，挑选出具有代表性的组合条件进行试验的。具体地说，正交设计具有均衡分散性和整齐可比性。下面以正交表 $L_4(2^3)$ 和 $L_9(3^4)$ 为例，用几何图形来直观地说明正交设计的基本原理。

8.2.1 均衡分散性

正交表 $L_4(2^3)$ 安排3因素2水平的试验。设考察的3个因素是 A、B、C，每个因素都有2个水平，如果采用"全面试验法"3个因素的每个水平都要相碰一次，则组成8个不同的试验条件，见表8-7。

表8-7 3因素2水平的全面试验组合条件

试验号 \ 因素	A	B	C	组合条件
1	A_1	B_1	C_1	$A_1B_1C_1$
2	A_1	B_1	C_2	$A_1B_1C_2$
3	A_1	B_2	C_1	$A_1B_2C_1$
4	A_1	B_2	C_2	$A_1B_2C_2$
5	A_2	B_1	C_1	$A_2B_1C_1$
6	A_2	B_1	C_2	$A_2B_1C_2$
7	A_2	B_2	C_1	$A_2B_2C_1$
8	A_2	B_2	C_2	$A_2B_2C_2$

将表8-7中的8个试验组合条件，用一个立方体的8个顶点对应地表示出来，如图8-3所示。

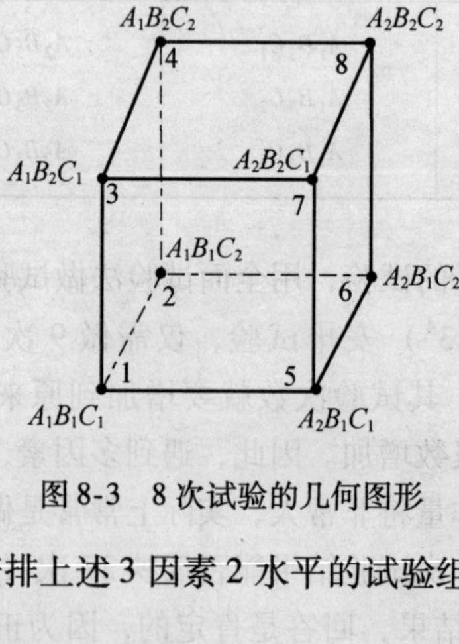

图8-3 8次试验的几何图形

用正交表 $L_4(2^3)$ 安排上述3因素2水平的试验组合条件见表8-8。

表 8-8　正交表 $L_4(2^3)$

试验号	因素			组合条件
	A	B	C	
1	1	1	1	$A_1B_1C_1$
2	2	1	2	$A_2B_1C_2$
3	1	2	2	$A_1B_2C_2$
4	2	2	1	$A_2B_2C_1$

表 8-8 的 4 个组合条件即为图 8-3 中的 1、6、4、7 四个点。这 4 个点的位置均衡地分散在正方体的各部分，我们从该图的 6 个平面看，每个面上的 4 个点挑到了 2 个点；从 12 条边看，每条边上的 2 个点中，挑到了 1 个点，因此这四个点具有很强的代表性。按照同样的道理，也可以挑选 2、5、3、8 这 4 个点，它们与 1、6、4、7 的 4 个点具有相同的代表性。所以，用正交表 $L_4(2^3)$ 安排的 4 次试验反映了全面试验方法安排的 8 次试验的情况。

又如 3 因素 3 水平的试验，按全面试验法安排如表 8-6 的 27 个组合条件，这 27 个试验条件若用几何图形表示，则构成如图 8-4 的立方体网格，网格上的每一个交点即为表 8-6 的每一个试验组合条件。如果用正交表 $L_9(3^4)$ 安排这一试验，得到如表 8-5 的 9 次试验组合条件，这 9 次试验组合条件在图 8-4 上已用"●"标出，它们均衡地分散在立方体的前、中、后 3 个层面上的 3 个点；左、中、右及上、中、下 3 个层面上，也各有 3 个点。因此所选的 9 次试验反映了 27 次试验的基本情况。

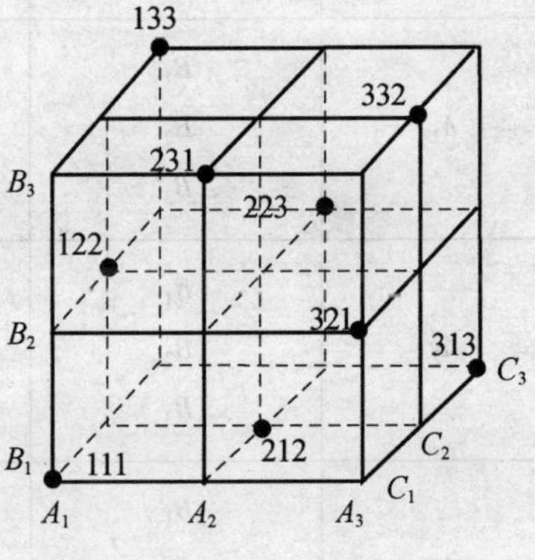

图 8-4　27 次试验的几何图形

8.2.2　整齐可比性

用正交表安排的试验组合条件不仅具有均衡分散性，而且对数据进行计算分析时，还存在比较的基础，能够分清每个因素单独起作用。仍然以 3 个因素 2 水平的正交表 $L_4(2^3)$ 为例加以说明，将表 8-8 重新安排如表 8-9。

表 8-9　3 个因素 2 水平的正交表 $L_4(2^3)$

A	B	C	试验条件	试验号
A_1	B_1	C_1	$A_1B_1C_1$	1
	B_2	C_2	$A_1B_2C_2$	3
A_2	B_1	C_2	$A_2B_1C_2$	2
	B_2	C_1	$A_2B_2C_1$	4

从表 8-9 中看出，当因素 A 取 A_1 时，因素 B 和 C 的两个水平都变到了；当 A 取 A_2 时，B 和 C 的两个水平也变到了。这说明因素 A 从 A_1 变到 A_2 时，因素 B 和 C 的影响被互相抵消了。因而对应于 A_1 变到 A_2 的两个水平的数据差异即 K 值的大小，主要是由 A 的不同水平而引起的。同理，对因素 B 和 C 也有类似的性质。

又如在用正交表 $L_9(3^4)$ 安排 3 因素 3 水平的试验时，将表 8-5 的 9 次试验，重新排列成表 8-10 的形式。

表 8-10　3 因素 3 水平正交表 $L_9(3^4)$

A	B	C	试验条件	试验号
A_1	B_1	C_1	$A_1B_1C_1$	1
	B_2	C_2	$A_1B_2C_2$	2
	B_3	C_3	$A_1B_3C_3$	3
A_2	B_1	C_2	$A_2B_1C_2$	4
	B_2	C_3	$A_2B_2C_3$	5
	B_3	C_1	$A_2B_3C_1$	6
A_3	B_1	C_3	$A_3B_1C_3$	7
	B_2	C_1	$A_3B_2C_1$	8
	B_3	C_2	$A_3B_3C_2$	9

从表 8-10 中看出，因素 A 的三个水平的作用是让 B 和 C 在同等变化条件下来比较。例如因素 A 取水平 A_1 时，因素 B 和 C 的 3 个水平也都变到了。也即因素 A 从水平 A_1 变到水平 A_3 时，B 和 C 的影响被抵消了，因而对应于水平 A_1、A_2 和 A_3 的数据差 K 值的大小，主要是由因素 A 的不同水平引起的。同理，对于因素 B 和 C 也有类似的性质。因此，用正交表安排的试验条件虽然

各不相同，但因试验安排得巧妙，能使每个因素的作用清楚地分开，并且对它们中每一个因素的作用都能估计出来。

正交表的均衡分散性和整齐可比性就是正交设计的正交性原理。正交设计有如下的两个优点：

（1）有规律地减少试验次数，做有代表性的部分试验，并且能在错综复杂的试验中对结果做出科学的分析。

（2）利用空列极差给出试验误差的估计。正交设计还能考察因素间的交互作用和便于回归分析。后一个问题将在下面的章节里讨论。

8.3　多指标等水平的正交设计

在前面所列举的实例中，考核指标只有一个，这类问题称为单指标的正交设计。在生产及科学试验中，衡量试验效果的考核指标往往不止一个，考核指标为两个或两个以上的称多指标的正交设计。实际工作中，有时试验结果考核的某一项指标较好，而另一项考核指标却不一定能满足要求，如何兼顾各考核指标，找出各项指标都比较好的组合条件是多指标正交设计中主要研究的问题。下面仍然通过实例来介绍两种多指标的正交设计方法。

8.3.1　综合平衡法

综合平衡法是分别把各个考核指标按上两节所讨论的单指标正交设计的方法进行分析，然后再对各个指标的计算分析结果进行综合平衡，最后得出结论。

【例 8-2】某纤维增强材料的研究汇总，根据经验选取了 4 个因素，每个因素选择了 3 个水平，试验指标有抗折强度、抗冲击强度和吸水率，前两个指标越大越好，后一个指标越小越好。同样选择正交表 $L_9(3^4)$，其因素水平和试验方案及试验结果见表 8-11 和表 8-12。

表 8-11　纤维材料的因素水平表

因素 / 水平	*A* 搅拌时间（min）	*B* 矿棉含量（%）	*C* 水灰比	*D* 脱水时间（min）
1	3	6	1.1	3
2	4	4	1.3	4
3	5	8	1.5	5

表 8-12　纤维材料的正交试验安排 $L_9(3^4)$ 及试验结果

试验号	1 搅拌时间（min）	2 矿棉含量（%）	3 水灰比	4 脱水时间（min）	抗折强度（MPa）	冲击强度（kJ/m²）	吸水率（%）
1	1 (3)	1 (6)	1 (1.1)	1 (3)	14.2	1.26	14.6
2	1 (3)	2 (4)	2 (1.3)	2 (4)	11.9	1.69	15.4
3	1 (3)	3 (8)	3 (1.5)	3 (5)	14.8	2.00	15.7
4	2 (4)	1 (6)	2 (1.3)	3 (5)	13.5	1.56	14.9
5	2 (4)	2 (4)	3 (1.5)	1 (3)	11.4	1.27	16.8
6	2 (4)	3 (8)	1 (1.1)	2 (4)	15.0	1.54	17.8
7	3 (5)	1 (6)	3 (1.5)	2 (4)	11.5	1.21	18.0
8	3 (5)	2 (4)	1 (1.1)	3 (5)	11.4	1.05	18.2
9	3 (5)	3 (8)	2 (1.3)	1 (3)	14.1	1.32	16.5

对上述结果分别计算 K 和 R，并进行极差分析，计算时可首先忽略另外两个指标，按单指标的分析方法分别确定单个指标的影响大小，选出对 3 个指标影响都很大的因素，确定水平，从而确定最佳组合。所得计算结果列于表 8-13，因素、水平与指标关系如图 8-5 所示。

表 8-13　纤维材料的极差分析表

因素 \ 试验号	抗折强度（MPa）				冲击强度（kJ/m²）				吸水率（%）			
	A	B	C	D	A	B	C	D	A	B	C	D
K_l	40.9	39.2	40.6	39.7	4.95	4.03	3.85	3.85	45.7	47.5	50.6	47.9
K_2	39.9	34.7	39.5	38.4	4.37	4.01	4.57	4.44	49.5	50.4	46.8	51.2
K_3	37.0	43.9	37.7	39.7	3.58	4.86	4.48	4.61	52.7	50.0	50.5	48.8
$\bar{K}_1$	13.6	13.1	13.5	13.2	1.65	1.34	1.28	1.28	15.2	15.8	16.9	16.0
$\bar{K}_2$	13.3	11.6	13.2	12.8	1.46	1.34	1.52	1.48	16.5	16.8	15.6	17.1
$\bar{K}_3$	12.3	14.6	12.6	13.2	1.19	1.62	1.49	1.54	17.6	16.7	16.8	16.3
R	1.3	3.0	0.9	0.4	0.46	0.28	0.24	0.26	2.4	1.0	1.3	1.1
较优值	A_1	B_3	C_1	D_1 或 D_3	A_1	B_3	C_2	D_3	A_1	B_1	C_2	D_1

从表 8-13 和图 8-5 的分析可以看出：

（1）各因素对指标的影响次序为：对抗折强度，影响次序为 B、A、C、D，即矿棉含量 B 对抗折强度指标影响最大，其次为搅拌时间 A，脱水时间 D 影响最小；对抗冲击值，影响次序为 A、B、D、C，即搅拌时间 A 对抗冲击值影响最大，B 次之，C 影响最小；对吸水率，影响次序为 A、C、D、B，即搅

拌时间 A 对吸水率影响最大，C 次之，B 影响最小；总体而言，因素 A 和 B 对试验的指标影响较大，而因素 C、D 取哪种水平对试验指标的影响都不大，当然如果能取得较优水平则更佳。

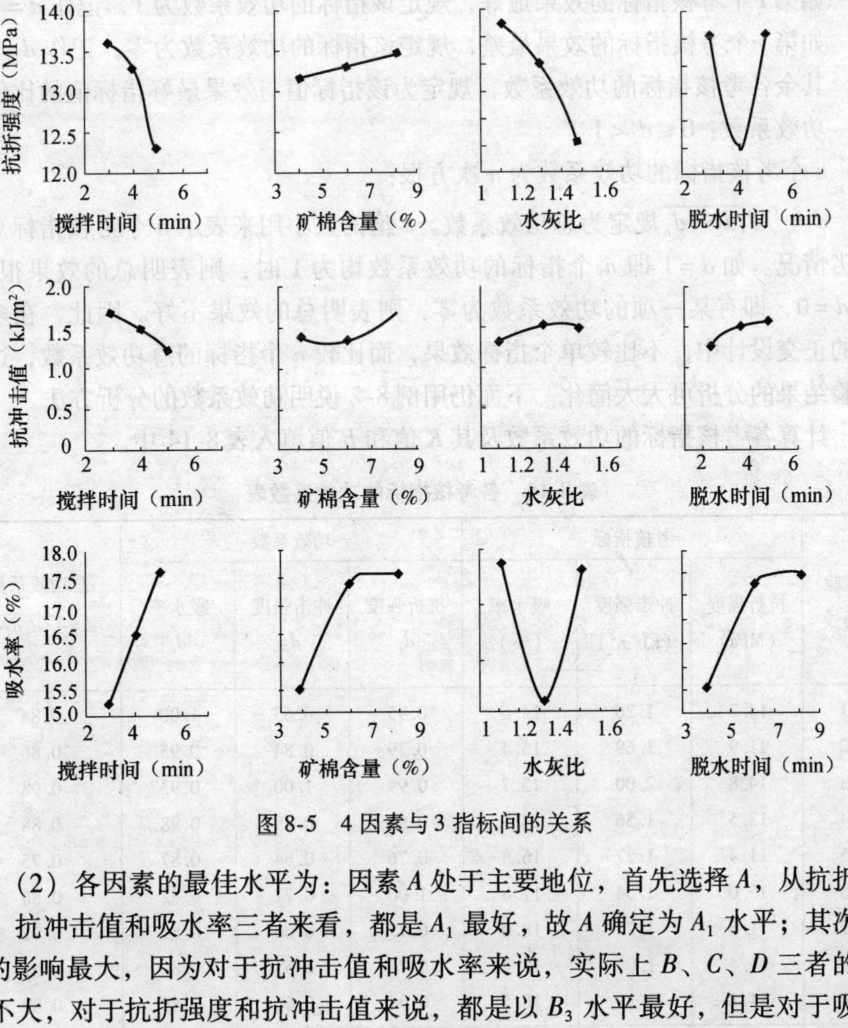

图 8-5　4 因素与 3 指标间的关系

（2）各因素的最佳水平为：因素 A 处于主要地位，首先选择 A，从抗折强度、抗冲击值和吸水率三者来看，都是 A_1 最好，故 A 确定为 A_1 水平；其次是 B 的影响最大，因为对于抗冲击值和吸水率来说，实际上 B、C、D 三者的差别不大，对于抗折强度和抗冲击值来说，都是以 B_3 水平最好，但是对于吸水率，是以 B_1 为好，考虑到 B_2 和 B_3 的影响大小基本一致，还是取 B_3；因素 C 和 D 处于次要地位，影响不大，对于因素 C，吸水率处于第 2 次序，抗折强度处于第 3 次序，抗冲击值处于第 4 次序，故 C 取 C_2 为好；对于因素 D，由于吸水率以 D_1 为好，且与 D_3 差值不大，抗冲击值都是以 D_3 为好，而抗折强度 D_1 和 D_3 一样，故 D 取 D_3 较好。

（3）最佳组合为 $A_1B_3C_2D_3$，即搅拌时间为 3min，矿棉含量为 8%，水灰比 1.3，脱水时间 5min 这种组合最好。

8.3.2 功效系数法

设正交设计考核 n 个指标，每个考核指标均有一个功效系数；

如第 i 个考核指标的效果最好，规定该指标的功效系数为1，记作 $d=1$；

如第 i 个考核指标的效果最差，规定该指标的功效系数为零，记作 $d=0$；

其余各考核指标的功效系数，规定为该指标值与效果最好指标值的比值。

功效系数：$0 \leqslant d_i < 1$

n 个考核指标的功效系数为 n 次方根：

$d=\sqrt[n]{d_1 d_2 \cdots d_n}$ 规定为总功效系数。d 值的大小用来表示 n 个考核指标总的优劣情况。如 $d=1$ 即 n 个指标的功效系数均为1时，则表明总的效果很好；如 $d=0$，即有某一项的功效系数为零，则表明总的效果不好。因此，在多指标的正交设计中，不比较单个指标效果，而比较 n 个指标的总功效系数，这样试验结果的分析可大大简化。下面仍用例8-2说明功效系数的分析方法。

计算各考核指标的功效系数及其 K 值和 R 值填入表8-14中。

表8-14　各考核指标的功效系数表

试验编号	考核指标			功效系数			总功效系数
	抗折强度（MPa）	冲击强度（kJ/m^2）	吸水率（%）	抗折强度 d_i	冲击强度 d_i	吸水率 d_i	$d=\sqrt[3]{d_1 d_2 d_3}$
1	14.2	1.26	14.6	0.95	0.63	1.00	0.84
2	11.9	1.69	15.4	0.79	0.84	0.95	0.86
3	14.8	2.00	15.7	0.99	1.00	0.93	0.98
4	13.5	1.56	14.9	0.90	0.78	0.98	0.88
5	11.4	1.27	16.8	0.76	0.64	0.87	0.75
6	15.0	1.54	17.8	1.00	0.77	0.82	0.86
7	11.5	1.21	18.0	0.77	0.60	0.81	0.72
8	11.4	1.05	18.2	0.76	0.53	0.80	0.69
9	14.1	1.32	16.5	0.94	0.66	0.88	0.82
K_1	2.70	2.46	2.41				
K_2	2.49	2.30	2.56				
K_3	2.23	2.66	2.45				
R	0.47	0.36	0.15				

从表8-14中看出，3号试验的总功效系数 $d=0.98$，其值最大，相应的试验条件是 $A_1B_3C_3D_3$。对比综合平衡法的最佳试验条件 $A_1B_3C_2D_3$，两种分析方

法对因素 C 的水平数不一致，但由于 C 因素对整个考核指标为非显著性因素，所以二者的结论仍具有一致性。

8.4　不等水平的正交设计

以上讨论的试验设计各因素水平数完全相等，即等水平的正交设计，但在实际工作中某些因素的水平数受条件限制不能多取水平，而另外一些因素需要重点考察则要多取一些水平，这种各因素水平数不完全相等的试验设计为不等水平的正交设计。不等水平的正交设计有混合水平正交表法及拟水平法两种。

8.4.1　混合水平正交表法

混合水平正交表是安排不等水平试验的一种正交表，该正交表符号的意义与一般等水平正交表相同，如 $L_8(4^1\times2^4)$ 表示按此表设计试验需做 8 次试验，可以安排一个 4 水平的因素和最多可安排 4 个 2 水平的因素。其他还有 $L_{12}(6^1\times2^4)$、$L_{12}(3^1\times2^4)$、$L_{16}(4^4\times2^3)$、$L_{16}(4^3\times2^6)$ 等都是混合水平正交表。

8.4.2　拟水平法

拟水平法是将水平数少的因素纳入水平数多的正交表内的一种安排试验的方法。在实际工作中，各因素的水平数并不都有正好合适的正交表。对于连续变化性的因素，水平数目可以根据需要而适当的增减，如外加剂的掺量、粉煤灰掺量、水灰比大小等，都可以使其达到以所选用正交表的水平数。但对于离散型因素，如外加剂品种、水泥品种等，水平数自然形成，不便任意增减，以致找不到合适的正交表，这时就可采用拟水平法试验。

8.5　有交互作用的正交设计

在以上各节的正交设计中，我们仅考虑了每个因素的单独作用，没有考虑各因素之间可能联系起来相互促进或部分抵消的交互作用。在多因素试验中，如一个因素 A 对指标的影响与另一因素 B 取什么水平有关，则这两个因素 A 与 B 有交互作用，可用 $A\times B$ 表示 A 与 B 的交互作用列。有交互作用的多因素试验可利用交互作用的正交表头进行设计试验。

8.5.1　确定两因素之间的交互作用

通过做图可大致判断出 2 因素之间是否有交互作用。取 2 水平做 4 次试验，并做水平与因素关系图，如果因素间有交互作用，则两条直线相交；反之，如果两条直线基本平行，则说明无交互作用。当然，由于试验误差的存在，两条直线不可能完全平行，只要大体平行，我们就可以判定交互作用很小或基本上没有。

例如，在某合成橡胶的生产中，催化剂的用量是一个重要因素，聚合温度也是很重要的因素，现以转化率（%）作为指标来检验这两个因素是否有交互作用。

假设进行了4次试验，所得试验结果如表8-15和图8-6所示。从中，我们不能肯定哪种催化剂用量和聚合温度最好，因为催化剂用量为4mL时，50℃比30℃好，其转化率高出11.4%，而催化剂用量为2mL时，30℃比50℃好，其转化率高出12.1%。从图8-6中我们可以看出，两条直线是相交的，这也说明催化剂用量和聚合温度具有交互作用。

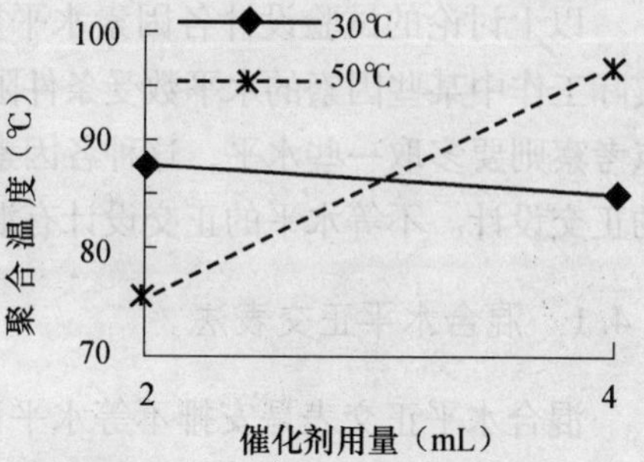

图8-6 因素与水平的交互作用

表8-15 转化率试验结果

催化剂用量（mL）	聚合温度（℃）	
	30	50
4	84.8	96.2
2	87.6	75.5

8.5.2 有交互作用的试验设计

有交互作用的试验要使用交互作用列表进行表头设计。交互作用表是正交表的一种附表，用它来确定正交表中任何两列间的交互作用表，一般把这种正交表称为完备正交表。下面举例说明有交互作用的试验如何使用交互作用进行设计分析。

【例8-3】 用两种不同蒸养时间和振捣方式进行混凝土增强效果的比较试验，目的是选择较优的工艺条件。考核指标为7d抗压强度。因素及水平见表8-16。

表8-16 因素及水平表

因素 / 水平	*A* 水灰比	*B* 振捣方法	*C* 蒸养时间（h）
1	0.40	插捣	3
2	0.45	振捣	4

（1）表头设计

表头设计是有交互作用正交设计中极为重要的步骤。本例是 3 因素 2 水平的正交设计，同时考虑到不同的振捣方式与不同的蒸养时间及水灰比大小之间有交互作用，也就是除考察 A、B、C 三因素外，还要考察 $A\times B$、$A\times C$ 及 $B\times C$ 的效应。因此选用 $L_8(2^7)$ 有交互作用表的正交表进行设计。表 8-17 为 $L_8(2^7)$ 正交表的交互作用表。表中括号内的数字表示表的行号。

表 8-17　$L_8(2^7)$ 交互作用表

1	2	3	4	5	6	7	列号
(1)	3	2	5	4	7	6	1
	(2)	1	6	7	4	5	2
		(3)	7	6	5	4	3
			(4)	1	2	3	4
				(5)	3	2	5
					(6)	1	6
						(7)	7

表头的第 1 列放因素 A，第 2 列放因素 B，$A\times B$ 的位置查表 8-17 中 A 所占的第 1 列与 B 所占的第 2 列相交处得到数字“3”，数字“3”即为正交表 $L_8(2^7)$ 中第 1 列和第 2 列的交互列在该表中应占列数，即第 3 列。因此第 3 列应填入 $A\times B$。此时 C 不能放在该表的第 3 列了，而将其放在第 4 列中。$A\times C$ 应放在哪一列上，要查该表中 A 所占的第 1 列与 C 所占的第 4 列相交处的数字，得到数字“5”，也就是说 $A\times C$ 应放在第 5 列中。$B\times C$ 查表 8-17 中 B 所占的第 2 列与 C 所占的第 4 列相交处的数字，得到数字“6”，则 $B\times C$ 放在第 6 列中，第 7 列空着，最后得到的表头为表 8-18。

表 8-18　设计表头

列号	1	2	3	4	5	6	7
因素	A	B	$A\times B$	C	$A\times C$	$B\times C$	

（2）试验方案

表头设计出来后将因素及水平填入 $L_8(2^7)$ 正交表中即得出试验方案见表 8-19。

表 8-19 试验方案

试验号 \ 列号 \ 因素	A	B	$A\times B$	C	$A\times C$	$B\times C$		考核指标 R_7(MPa)
	1	2	3	4	5	6	7	
1	1(0.40)	1(插捣)	1	1(3)	1	1	1	16.9
2	1	1	1	2(4)	2	2	2	17.8
3	1	2(插捣)	2	1	1	2	2	27.3
4	2	2	2	2	2	1	1	27.2
5	2(0.45)	1	2	2	2	1	2	14.6
6	2	1	2	2	1	2	1	16.9
7	2	2	1	1	2	2	1	19.4
8	2	2	1	1	1	1	2	21.5
K_1	89.2	66.2	75.6	78.2	82.6	80.2	80.4	
K_2	72.4	95.4	86.0	83.4	79.0	81.4	81.2	
R	16.8	29.2	10.4	5.2	3.6	1.2	0.8	

(3) 试验结果分析

试验结果及计算列于表 8-19 的右边及下面。从极差 R 值看出各因素的主、次顺序是：$B>A>A\times B>C>A\times C>B\times C$。

A、B、C 三个因素各取什么水平，不能仅仅考虑它们单独作用时考核指标的大小，还要看它们搭配后对考核指标的影响。A 和 B 的交互作用直观地分析是将 A、B 相同水平所对应的考核值相加，除以相加次数，即为 $A\times B$ 的某水平交互作用 K 值。本例中 A、B 交互作用水平值列于表 8-20。

表 8-20 交互作用水平值

B	A	
	A_1	A_2
B_1	$\frac{16.9+17.8}{2}=17.4$	$\frac{14.6+16.9}{2}=15.8$
B_2	$\frac{27.3+27.2}{2}=27.2$	$\frac{19.4+21.5}{2}=20.4$

从表 8-20 看 A_1B_2 所得 7d 抗压强度最高，因此因素 A 取 A_1，因素 B 取 B_2。因素 C 由前面的分析说明它单独作用时以考核指标影响它与因素 A 及因素 B 交互作用大，因此可以由因素 C 的 K 值选取水平，从表 8-19 看水平 2 较好，因此 C 取 C_2。综上所述，较优的组合条件为 $A_1B_2C_2$，即水灰比 0.40、振捣、蒸养 4h。

第9章　方差分析和回归分析

利用正交设计试验很好地解决了建筑材料试验设计方案的问题，通过最少的试验，全面、客观反映了实际情况，提供了充分可靠的信息。本章要解决试验中另一个基本问题，即对试验数据的分析、处理，并对试验结果做出正确、合理的判断。

在上一章正交设计试验中，虽然也涉及到了所得试验数据的分析，但所采用方法多为直观分析中的极差法，即用各因素列的极差大小表示各因素对指标影响的大小顺序，用诸因素的最好水平（最大的 K 值）作为最优的工艺条件或最佳选择，用空列极差表示试验误差。极差法分析试验数据比较简单直观，且工作量小，但是极差法没有把因素的水平变化与试验误差所引起的数据波动严格地区分开来。

方差分析和回归分析都是对试验结果进行处理的重要工具。利用方差分析可以较好地区分因素水平变化与试验误差所引起的数据波动，判断在诸多的试验因素中，哪些是主要因素，对试验结果有显著影响，哪些是次要因素，对试验结果没有显著影响。回归分析则可建立诸因素与考核指标之间的经验公式，从而达到预测和控制试验结果的目的。

9.1　方差分析

9.1.1　方差分析的基本原理

对某一指标经多次试验所得不同结果的差异叫变差。从误差的性质考虑，变差可能是由于随机因素所引起的，也有可能是由于试验条件的改变而引起的。如果是由于试验过程中某种偶然因素的干扰与测量误差而引起的，则属于试验误差，表示在同一条件下测量值的差异，反映了测量结果的精密度，是衡量测定条件稳定性的一个重要标志；如果是由于试验条件的改变而引起的，称为条件变差，反映了测定条件对测定结果的影响，可以用来评价与衡量因素效应。

变差的大小，可用极差表示，即 $K = x_{max} - x_{min}$，其中 x_{max}、x_{min} 分别表示测量的最大值和最小值。如前所述，用极差表示变差，简单直观，便于计算，但是对数据所提供的信息利用不够。表示变差的另外一个方法是用测量值 x_i 与平均值离差的平方和即变差平方和表示。变差平方和又称离差平方和，或简称平方和，用 S 表示，是每个测定值 x_i 与平均值 $\bar{x}$ 偏离程度的一个总的量度，它的数值越大，表示测定值之间的差异越大。

9.1.2 单因素方差分析

下面通过一个实例来说明单因素方差分析的方法。

【例 9-1】 某工程为了考察一种减水剂不同掺量对混凝土抗压强的影响，试验中选择了四种掺量，即考察因素为减水剂 A，四种不同掺量为 4 个水平 $A_1=0$，$A_2=0.3$，$A_3=0.5$，$A_4=0.7$，在其他试验条件相同情况下，每个水平上重复 4 次试验，所得 28d 抗压强度值列于表 9-1 中。

表 9-1 28d 抗压强度值 MPa

试验号＼水平	A_1	A_2	A_3	A_4
1	18.5	17.3	15.4	14.5
2	16.4	14.8	14.0	14.0
3	19.2	18.0	16.9	15.8
4	20.0	17.4	17.0	16.8

观察表 9-1 中的 16 个数据，出现了波动，从表的横向看，每一行中试验数据出现的差异，表明因素 A 水平的变化，对混凝土抗压强度产生了影响，而且总的趋势从左至右，抗压强度由高逐渐降低，说明减水剂掺量由少到多，抗压强度则由高到低变化，所以每一行数据的波动是由于因素 A 的不同水平引起的。这种由试验条件不同而引起的差异称为条件变差。

从表 9-1 的纵向看，每一列中的试验数据也出现了差异。这种差异并非是由试验条件不同引起，而是试验过程中无法控制的偶然因素引起的数据波动，称为试验误差。

表 9-1 中 16 个数据的差异为总变差。根据以上分析，总变差是由条件变差和试验误差两方面的原因引起的。利用方差分析不仅可以定量地表示 16 个数据波动的大小，还可以将总变差分解为条件变差和试验误差两部分，从而对试验结果做出合理的判断。

(1) *总变差分解*

将例 9-1 用一般的符号表示。设因素 A 有 P 个水平：A_1，A_2，…，A_P，在其他条件不变的情况下，每个水平上重复 n 次试验，试验结果列于表 9-2中。

表 9-2　试验结果

试验号＼水平	A_1	A_2	…	A_j	…	A_P
1	x_{11}	x_{12}		x_{1j}		x_{1P}
2	x_{21}	x_{22}		x_{2j}		x_{2P}
						…
…	…	…		…		
…	…	…	…	…	…	…
i	x_{i1}	x_{i2}		x_{ij}		x_{iP}
…	…	…		…		…
…	…	…		…		…
n	x_{n1}	x_{n2}		x_{nj}		$\bar{x}_{nP}$
	$\bar{x}_{\cdot 1}$	$\bar{x}_{\cdot 2}$		$\bar{x}_{\cdot j}$		$\bar{x}_{\cdot P}$

表中 x_{ij} 表示在第 j 个水平上的第 i 次试验结果值。

用 $\bar{x}_{ij}$ 表示列平均值。它表示在第 j 个水平上的 n 次试验结果的平均值，即表中 A_j 所在列中 x_{1j}，x_{2j}，…，x_{nj} 的 n 个试验结果的平均值，记作：

$$\bar{x}_{\cdot j} = \frac{1}{n}\sum_{i=1}^{n} x_{ij}(j = 1,2,\cdots,P) \tag{9-1}$$

用 $\bar{x}$ 表示总平均值。它表示全部试验结果的平均值，记作：

$$\bar{x} = \frac{1}{N}\sum_{i=1}^{n}\sum_{j=1}^{P} x_{ij}(N = nP) \tag{9-2}$$

用 S 表示变差平方和，简称总平方和。它表示每个试验数据 x_{ij} 与总平均值 $\bar{x}$ 之差的平方和，记作：

$$S = \sum_{i=1}^{n}\sum_{j=1}^{P}(x_{ij} - \bar{x})^2 = \sum_{i=1}^{n}\sum_{j=1}^{P} x_{ij}^2 - \frac{1}{N}\left(\sum_{i=1}^{n}\sum_{j=1}^{P} x_{ij}\right)^2 \tag{9-3}$$

平方和 S 是表示数据波动的一个数量指标，S 值越大，表示数据波动也越大，反之，表示数据波动越小，当所有数据都相等无波动时，S 值等于零。

下面将总平方和分解为条件变差和试验误差两项：

将式（9-3）中的离差 $x_{ij} - \bar{x}$ 表示成为

$$x_{ij} - \bar{x} = (x_{ij} - x_{\cdot j}) + (x_{\cdot j} - \bar{x})$$

代入式（9-3）中得

$$S = \sum_{i=1}^{n}\sum_{j=1}^{P}(x_{ij} - \bar{x})^2 = \sum_{i=1}^{n}\sum_{j=1}^{P}\left[(x_{ij} - \bar{x}_{\cdot j}) + (x_{\cdot j} - \bar{x})\right]^2$$

$$= \sum_{i=1}^{n}\sum_{j=1}^{P}(x_{ij}-\bar{x}_{\cdot j})^2+\sum_{i=1}^{n}\sum_{j=1}^{P}(x_{\cdot j}-\bar{x})^2+2\sum_{i=1}^{n}\sum_{j=1}^{P}(x_{ij}-\bar{x})(x_{\cdot j}-\bar{x})$$

由于 $2\sum_{i=1}^{n}\sum_{j=1}^{P}(x_{ij}-\bar{x})(\bar{x}_{\cdot j}-\bar{x}) = 2\sum_{j=1}^{P}(\bar{x}_{\cdot j}-\bar{x})\sum_{i=1}^{n}(x_{ij}-\bar{x}_{\cdot j})$

而 $\sum_{i=1}^{n}(x_{ij}-\bar{x}_{\cdot j}) = \sum_{i=1}^{n}(x_{ij}-n\bar{x}_{\cdot j}) = nx_{\cdot j}-n\bar{x}_{\cdot j} = 0$

故总平方和分解成：

$$S = \sum_{i=1}^{n}\sum_{j=1}^{P}(\bar{x}_{\cdot j}-\bar{x})^2+\sum_{i=1}^{n}\sum_{j=1}^{P}(\bar{x}_{ij}-\bar{x}_{\cdot j})^2$$

$$= n\sum_{j=1}^{P}(\bar{x}_{\cdot j}-\bar{x})^2+\sum_{i=1}^{n}\sum_{j=1}^{P}(x_{ij}-\bar{x}_{\cdot j})^2$$

令

$$S_a = n\sum_{j=1}^{P}(\bar{x}_{\cdot j}-\bar{x})^2$$

$$S_e = \sum_{i=1}^{n}\sum_{j=1}^{P}(x_{ij}-\bar{x}_{\cdot j})^2 \tag{9-4}$$

于是式（9-4）为

$$S = S_a + S_e \tag{9-5}$$

S_a是列平均与总平均值离差的平方和，它反映了因素 A 各水平引起的试验数据波动程度，称为因素 A 的平方和，即因素 A 的条件变差。S_e是每个试验数据与列平均值离差的平方和，它反映了试验误差引起的数据波动程度，称为误差平方和，即试验误差。

S 总变差的平方和为条件变差平方和与试验误差平方和的和。

至此，总变差、条件变差、试验误差均已给出了定量的计算方法。

【例 9-2】计算例 9-1 的总变量、条件变差和试验误差。

为了简化计算，将每个数据同时减去 15，表 9-1 变成表 9-3 的值：

表 9-3　简化计算表

水平 / 试验号	A_1	A_2	A_3	A_4	
1	3.5	2.3	0.4	−0.5	
2	1.4	−0.2	−1.0	−1.0	
3	4.2	3.0	1.9	0.8	
4	5.0	2.4	2.0	1.8	
Σ/n	3.525	1.875	0.825	0.275	$\bar{x}=1.625$

$$S_a = n\sum_{j=1}^{P}(\bar{x}_{\cdot j} - \bar{x})^2$$

$$=4[(3.525-1.625)^2+(1.875-1.625)^2+(0.825-1.625)^2+(0.275-1.625)^2]$$

$$=4(3.61+0.0625+0.64+1.823) = 24.54$$

$$S_e = \sum_{i=1}^{n}\sum_{j=1}^{P}(x_{ij} - \bar{x}_{\cdot j})^2$$

$$=[(3.5-3.525)^2+(1.4-3.525)^2+(4.2-3.525)^2+(5-3.525)^2]+[(2.3-1.875)^2+(-0.2-1.875)^2+(3-1.875)^2+(2.4-1.875)^2]+[(0.4-0.825)^2+(-1.0-0.825)^2+(1.9-0.825)^2+(2.0-0.825)^2]+[(-0.5-0.275)^2+(-1.0-0.275)^2+(0.8-0.275)^2+(1.8-0.275)^2]$$

$$=7.147+6.021+6.047+4.825 = 24.04$$

$$S = S_a + S_e = 24.54+24.04 = 48.58$$

（2）平方和的修正

由例9-1用条件变差的平方和S_a与试验误差的平方和S_e的值直接进行比较，还看不出因素A的水平变化对试验结果有显著影响，即便是S_a显著地大于S_e，由此而判断因素A的水平变化对试验结果有显著影响，也不合理，因为各平方和的值与试验数据的个数多少有关。在同样试验精度下，试验数据个数多的平方和大于试验数据个数少的平方和，因此应消除试验数据个数多少给各平方和带来的影响，即应对各平方和进行修正。修正的方法如下：

①确定各平方和的自由度

总平方和S表示式中N个离差$x_{ij}-\bar{x}$之间存在着一个约束条件：

$$\sum_{i=1}^{n}\sum_{j=1}^{P}(\bar{x}_{ij} - \bar{x}) = \sum_{i=1}^{n}\sum_{j=1}^{P}(\bar{x}_{ij} - N\bar{x}) = N\bar{x} - N\bar{x} = 0$$

所以S的自由度（或称总自由度）$f_T = N-1 = np-1$。

同理可得S_a、S_e的自由度分别为：

$$f_A = p-1$$

$$f_e = N - n_a' - 1 = np-1-(p-1) = np-p = p(n-1)$$

各自由度之间的关系：

$$f_T = f_A + f_e \tag{9-6}$$

式（9-6）说明，将总平方和S分解成S_a和S_e两部分时，总自由度n'也分解成n'_a和n'_e两部分。

②求各平方和的均方

各平方和分别除以它们的自由度所得的值称为均方。

$$\overline{S}_a = \frac{S_a}{f_A} = \frac{S_a}{p-1} \tag{9-7}$$

$$\overline{S}_e = \frac{S_e}{f_e} = \frac{S_e}{p(n-1)} \tag{9-8}$$

$\overline{S}_a$和$\overline{S}_e$为S_a和S_e修正后的平方和。

(3) 显著性检验

显著性检验就是判断因素水平变化时对所考察指标的影响是否显著。用修正后的平方和$\overline{S}_a$和$\overline{S}_e$的大小，对因素A的作用做出判断，方法如下：

①由试验数据计算S、S_a、S_e以及它们的自由度f_T、f_A、f_e。

令
$$R = \sum_{i=1}^{n}\sum_{j=1}^{P} x_{ij}^2 \tag{9-9}$$

$$P = \frac{1}{N}\left(\sum_{i=1}^{n}\sum_{j=1}^{P} x_{ij}\right)^2 \tag{9-10}$$

$$Q = \frac{1}{n}\sum_{j=1}^{P}\left(\sum_{i=1}^{n} x_{ij}\right)^2 \tag{9-11}$$

则有
$$S = R - P \tag{9-12}$$

$$S_a = Q - P \tag{9-13}$$

$$S_e = R - Q \tag{9-14}$$

如果各水平上的重复试验次数不相等时，则需将R、P、Q值的计算公式作如下改变：

$$R = \sum_{j=1}^{P}\sum_{i=1}^{n} x_{ij}^2 \tag{9-15}$$

$$P = \frac{1}{n}\left(\sum_{j=1}^{P}\sum_{i=1}^{n} x_{ij}\right)^2 \tag{9-16}$$

$$Q = \frac{1}{n}\sum_{j=1}^{P}\left(\sum_{i=1}^{n} x_{ij}\right)^2 \tag{9-17}$$

式中n_j为水平A_j上的重复试验次数。将式（9-15）~式（9-17）中计算

所得 R、P、Q 代入式（9-12）~式（9-14）计算 S、S_a、S_e 值。

②计算 $\overline{S}_a$、$\overline{S}_e$ 及 F 值

按式（9-13）及式（9-14）计算 S_a、S_e。F 值为：

$$F = \frac{\overline{S}_a}{\overline{S}_e} \tag{9-18}$$

上式中分母反映了试验误差的大小，分子则反映了因素水平变化时对试验结果的影响。F 值为多大时，可以认为试验结果的差异主要是由因素水平变化所引起的；F 值为多小时，可以认为试验差异主要是由试验误差所引起的。统计学上将 F 值与某一临界 F_α 进行比较，作为检验因素显著性的标准，这种检验称为 F 检验。

③给定检验水平 α，由附录中附录二的 F 分布表中查出临界值 F_α。F 分布表上有两个参数 f_A、f_e 分别为式（9-18）中分子和分母的自由度。检验水平（或显著性水平）α 是指对所做出的判断大概有 $1-\alpha$ 的把握。若 $\alpha=5\%$，指当 $F_\alpha > F_{0.05}(f_A, f_e)$ 时，大概有 95% 的把握因子 A 的水平改变对试验结果有显著影响。不同的检验水平，有不同的 F 分布表，常用有 $\alpha=1\%$、$\alpha=5\%$、$\alpha=10\%$，分别记作 $F_{0.01}(f_A, f_e)$、$F_{0.05}(f_A, f_e)$、$F_{0.10}(f_A, f_e)$ 等。

④判断规则

F 值与临界值 F_α 比较时，根据检验水平 α 值的不同，可分为以下四种情况：

a. 当 $F > F_{0.01}$ 时，认为该因素水平变化对试验结果有高度显著的影响，记作“**”；

b. 当 $F_{0.01} = F > F_{0.05}$ 时，认为该因素水平变化对试验结果有显著影响，记作“*”；

c. 当 $F_{0.05} = F > F_{0.10}$ 时，认为该因素水平变化对试验结果有一定的影响，记作“　”；

d. 当 $F_{0.10} = F$ 时，认为该因素水平变化对试验结果影响不显著。

上述显著性检验过程见表 9-4：

表 9-4　单因素试验方差分析表

方差来源	平方和	自由度	均　方	F 值
因素	S_a	$n'a = p-1$	$\overline{S}_a = \frac{S_a}{f_A}$	$F = \frac{\overline{S}_a}{\overline{S}_e}$
误差	S_e	$n'e = N-P$	$\overline{S}_e = \frac{S_e}{f_e}$	
总和	S	$n' = N-1$		

【例 9-3】 对例 9-1 进行显著性检验，判断掺外加剂后，对混凝土强度影

响如何？

解：由例9-2计算已知 $S_a=24.54$，$S_e=24.04$，$S=48.58$

（1）计算自由度

$$f_A=p-1=4-1=3$$

$$f_e=p(n-1)=4(4-1)=12$$

（2）计算平方和的均方及 F 值

$$\overline{S}_a=\frac{S_a}{f_A}=\frac{24.54}{3}=8.18$$

$$\overline{S}_e=\frac{S_e}{f_e}=\frac{24.04}{12}=2.00$$

$$F=\frac{\overline{S}_a}{\overline{S}_e}=\frac{8.18}{2.00}=4.09$$

将以上结果列成方差分析见表9-5。

表9-5 方差分析表

方差来源	平方和	自由度	均方	F 值	临界值
因素 A	24.54	3	8.18	4.09	$F_{0.05}(3, 12)=3.40$
误差	24.04	12	2.00		$F_{0.01}(3, 12)=5.95$
总和	48.58	15			

F 值与临界比较，$F_{0.01}\geqslant 4.09>F_{0.05}$，故因素对混凝土抗压强度有显著影响。

9.1.3 正交试验的方差分析

如果一个测定结果同时受到多个因素的影响，由于方差的加和性，通过方差的分解可以了解每个因素对测定结果的影响及各因素影响的相对大小，从而为优选及有针对性地控制试验条件提供了科学的依据。如何进行分解呢？

设因素 A 有 b 个水平，在每个水平 A_i 下进行 a 次试验，即 $i=1, 2, \cdots, b$；$j=1, 2, \cdots, a$，设水平 A_i 的样本平均值为 $\bar{x}_i=\frac{1}{a}\sum_{j=1}^{a}x_i$，样本数据的总平均值为 $\bar{x}=\frac{1}{n}\sum_{i=1}^{b}\sum_{j=1}^{a}x_{ij}$，则 $n=a\cdot b$，对变差的平方和 S 进行分解，得

$$S=\sum_{i=1}^{b}\sum_{j=1}^{a}(x_{ij}-\bar{x})^2$$

$$= \sum_{i=1}^{b}\sum_{j=1}^{a}[(x_{ij}-\bar{x}_i)+(x_i-\bar{x})]^2$$

$$= \sum_{i=1}^{b}\sum_{j=1}^{a}(x_i-\bar{x}_i)^2+2\sum_{i=1}^{b}\sum_{j=1}^{a}(x_{ij}-\bar{x})(\bar{x}_i-\bar{x})+\sum_{i=1}^{b}\sum_{j=1}^{a}(\bar{x}_i-\bar{x})^2 \quad (9\text{-}19)$$

由于

$$\sum_{i=1}^{b}\sum_{j=1}^{a}(x_{ij}-\bar{x})(\bar{x}_i-\bar{x}) = \sum_{i=1}^{b}\left[(\bar{x}_i-\bar{x})\sum_{j=1}^{a}(x_{ij}-\bar{x})\right] = \sum_{i=1}^{b}(\bar{x}_l-\bar{x})\times 0 = 0$$

所以
$$S = \sum_{i=1}^{b}\sum_{j=1}^{a}(x_{ij}-\bar{x}_i)^2+\sum_{i=1}^{b}\sum_{j=1}^{a}(\bar{x}_i-\bar{x})^2 \quad (9\text{-}20)$$

若 S 用 $\bar{S}$ 表示总变差平方和，即总变差，总变差自由度用 f_T 表示，f_T = 总的试验次数 -1。

若记 $S_A = \sum_{i=1}^{b}\sum_{j=1}^{a}(\bar{x}_i-\bar{x})^2$，称为条件变差，它表示在 A_i 水平下的样本均值与总均值之间的差异，称之为因素 A 的效应平方和。条件变差的自由度 f_A = 各因素的水平数 -1，其中因素的水平数等于同一试验条件下试验的重复次数。

若记 $S_e = \sum_{i=1}^{b}\sum_{j=1}^{a}(x_{ij}-\bar{x}_i)^2$，称为试验误差，表示同一条件下样本均值与样本单个值之间的差异，等于不同条件下试验误差平方和的总和，称之为误差平方和。试验误差的自由度 f_e = 总试验次数 − 各因素的水平数。

所以总变差平方和即被分解为条件变差与试验误差之和，它们之间的关系为：

总变差 = 条件变差 + 试验误差，即 $\bar{S} = S_A + S_e$，$f_T = f_A + f_e$

(1) 多因素的方差分析

前面讨论了单因素的方差分析，但是在实际工作中，多因素多指标是很常见的，如在正交设计中，所讨论的常常就为多因素多指标试验。如何进行多因素的方差分析呢？首先分析一下两因素的总变差的分解。

设两因素 A 和 B，A 有 a 个水平，B 有 b 个水平，在每一组合水平 (A_i, B_j) 下，做一次试验（即无重复），得到试验指标 x_{ij} 的观察值，其中 $i=1, 2, \cdots, a$；$j=1, 2, \cdots, b$，各 x_{ij} 相互独立，在水平 A_i 下的样本平均值为 $\bar{x}_{i\cdot} = \frac{1}{b}\sum_{j=1}^{b}x_{ij}$，在 B_i 下的样本平均值为 $\bar{x}_{\cdot j} = \frac{1}{a}\sum_{i=1}^{a}x_{ij}$，样本数据的总平均值为 $\bar{x} = \frac{1}{ab}\sum_{i=1}^{a}\sum_{j=1}^{b}x_{ij}$，则总变差的平方和为：

$$S = \sum_{i=1}^{a}\sum_{j=1}^{b}(x_{ij}-\bar{x})^2$$

$$= \sum_{i=1}^{a}\sum_{j=1}^{b}[(x_{ij}-\bar{x}_{i\cdot}-\bar{x}_{\cdot j}+\bar{x})+(\bar{x}_{i\cdot}-\bar{x})+(\bar{x}_{\cdot j}-\bar{x})]^2$$

$$= \sum_{i=1}^{a}\sum_{j=1}^{b}(x_{ij}-\bar{x}_{i\cdot}-\bar{x}_{\cdot j}+\bar{x})^2+\sum_{i=1}^{a}\sum_{j=1}^{b}(\bar{x}_{i\cdot}-\bar{x})^2+\sum_{i=1}^{a}\sum_{j=1}^{b}(\bar{x}_{\cdot j}-\bar{x})^2 \tag{9-21}$$

由于三个交叉项乘积的和项为零

所以

$$S=\sum_{i=1}^{a}\sum_{j=1}^{b}(x_{ij}-\bar{x}_{i\cdot}-\bar{x}_{\cdot j}+\bar{x})^2+a\sum_{j=1}^{b}(\bar{x}_{\cdot j}-\bar{x})^2+b\sum_{i=1}^{a}(\bar{x}_{i\cdot}-\bar{x})^2 \tag{9-22}$$

记为

$$S=S_A+S_B+S_e \tag{9-23}$$

式中

$$S_A=b\sum_{i=1}^{a}(\bar{x}_{i\cdot}-\bar{x})^2,S_B=a\sum_{j=1}^{b}(\bar{x}_{\cdot j}-\bar{x})^2,S_e=\sum_{i=1}^{a}\sum_{j=1}^{b}(x_{ij}-\bar{x}_{i\cdot}-\bar{x}_{\cdot j}+\bar{x})^2$$

S_A和S_B分别表示因素A和因素B在同一条件下样本均值与样本单个值之间的差异，即因素A和因素B的效应平方和。如果在正交设计中包含空列，则S_e也还包含空列误差。

和单因素相似，S的自由度f_T为（$ab-1$），S_A的自由度f_A为（$a-1$），S_B的自由度f_B为（$b-1$），S_e的自由度f_e为$(ab-1)-(a-1)-(b-1)=(a-1)(b-1)$。

则

$$\bar{S}_A=\frac{S_A}{f_A},\bar{S}_B=\frac{S_B}{f_B},\bar{S}_e=\frac{S_e}{f_e}$$

即

$$\bar{S}_A=\frac{S_A}{a-1},\bar{S}_B=\frac{S_B}{b-1},\bar{S}_e=\frac{S_e}{(a-1)(b-1)}$$

然后根据均方差求出相应的F值：

$$F_A=\frac{\bar{S}_A}{\bar{S}_e},F_B=\frac{\bar{S}_B}{\bar{S}_e},F_{AB}=\frac{\bar{S}_{AB}}{\bar{S}_e}$$

由样本值f_A、f_B、f_{AB}和f_e，分别查出相应的临界值$F_\alpha(f_A、f_e)$、$F_\alpha(f_B,f_e)$和$F_\alpha(f_{AB},f_e)$后，比较F_A和$F_\alpha(f_A,f_e)$、F_B和$F_\alpha(f_B,f_e)$、F_{AB}和$F_\alpha(f_{AB},f_e)$，并判断A、B和$A\times B$是否有显著性的影响。双因素方差分析见表9-6。

多因素的方差分析也类似于双因素的方差分析，以正交表$L_9(3^4)$为例（表9-7）来说明怎样进行多因素的方差分析。设多因素A、B、C，…，A有a个水平，B有b个水平，C有c个水平……类似于直观分析，计算出相应的

K_1、K_2，K_3。

表 9-6 双因素无交互作用的方差分析表

方差来源	平方和	自由度	均 方	F	临界值
因素 A	S_A	$a-1$	$\overline{S}_A=\dfrac{S_A}{a-1}$	$F_A=\dfrac{\overline{S}_A}{\overline{S}_e}$	$F_a=(f_1, f_2)$
因素 B	S_B	$b-1$	$\overline{S}_B=\dfrac{S_B}{b-1}$	$F_B=\dfrac{\overline{S}_B}{\overline{S}_e}$	
试验误差 e	S_e	$(a-1)(b-1)$	$\overline{S}_e=\dfrac{S_e}{(a-1)(b-1)}$		
总 和	S	$ab-1$			

表 9-7 L_9（3^4）的方差分析表

试验号	因素 A	因素 B	因素 C	试验指标	计 算
1	1	1	1	x_1	x_1^2
2	1	2	2	x_2	x_2^2
3	1	3	3	x_3	x_3^2
4	2	1	2	x_4	x_4^2
5	2	2	3	x_5	x_5^2
6	2	3	1	x_6	x_6^2
7	3	1	3	x_7	x_7^2
8	3	2	1	x_8	x_8^2
9	3	3	2	x_9	x_9^2
K_1	$x_1+x_2+x_3$	$x_1+x_4+x_7$	$x_1+x_6+x_8$		
K_2	$x_4+x_5+x_6$	$x_2+x_5+x_8$	$x_2+x_4+x_9$	$\sum_{i=1}^{n} x_i$	$\sum_{i=1}^{n} x_i^2$
K_3	$x_7+x_8+x_9$	$x_3+x_6+x_9$	$x_1+x_2+x_3$		

设因素 A 相同水平下的试验次数为 n_a，因素 B 相同水平下的试验次数为 n_b，因素 C 相同水平下的试验次数为 n_c，则

$$P=\frac{1}{n}\left(\sum_{i=1}^{n} x_i\right)^2, R=\sum_{i=1}^{9} x_i^2$$

$$Q_A=\frac{1}{n_a}(K_{A1}^2+K_{A2}^2+K_{A3}^2),\ Q_B=\frac{1}{n_b}(K_{B1}^2+K_{B2}^2+K_{B3}^2),\ Q_C=\frac{1}{n_c}(K_{C1}^2+K_{C2}^2+K_{C3}^2)$$

所以

$$S_A = Q_A - P \qquad f_A = a - 1$$
$$S_B = Q_B - P \qquad f_B = b - 1$$
$$S_C = Q_C - P \qquad f_C = c - 1$$
$$S_e = S - S_A - S_B - S_C = R - Q_A - Q_B - Q_C + 2P \qquad f_e = ab - a - b - c + 2$$
$$S = R - P \qquad f_T = ab - 1$$

(2) 无重复试验的交互作用的方差分析

在有交互作用的正交设计的方差分析中，若两因素有交互作用，可以把它当成一个新的因素看待。在正交试验设计时，除采用交互作用的正交表头设计以外，也可采用正常的正交表头设计。但是如果交互作用占据两列，则交互作用的变差平方和等于这两列的变差平方和，即 $S_{A\times B} = S_{(A\times B)1} + S_{(A\times B)2}$，总的 $S = S_{因} + S_{交} + S_e$，其两因素交互作用列的自由度等于两因素自由度的乘积，即 $f_{AB} = f_A \times f_B$。

(3) 有重复试验的交互作用的方差分析

重复试验就是对每个试验号重复多次，这样能很好地估计试验误差。重复试验的方差分析与无重复试验基本相同，但要注意以下几点：

①计算 K_1，K_2……时，要用各号试验 n 次重复数据之和。

②计算变差平方和公式中的“水平重复数”应为水平重复数与重复试验次数之积。

③总体误差的变差平方和 S_e 由两部分组成：空列误差 S_{e1} 和重复试验误差 S_{e2}。

设两因素 A、B。A 有 a 个水平，B 有 b 个水平，为研究交互作用的影响，在每一组合水平下重复 $m(m\geqslant2)$ 次试验，每个观察值记为 x_{ijk}，结果见表9-8。

表9-8　重复试验的试验结果表

	A_1	A_2	…	A_i	…	A_a	Σ
B_1	x_{11k}	x_{21k}	…	x_{i1k}	…	x_{a1k}	
B_2	x_{12k}	x_{22k}	…	x_{i2k}	…	x_{a2k}	
…	…	…				…	
B_j	x_{1jk}	x_{2jk}	…	x_{ijk}	…	x_{ajk}	
…	…	…				…	
B_b	x_{1bk}	x_{2bk}	…	x_{ibk}	…	x_{abk}	

其中 $i=1, 2, \cdots, a$；$j=1, 2, \cdots, b$；$k=1, 2, \cdots, m$

则 $$\bar{x}=\frac{1}{abm}\sum_{i=1}^{a}\sum_{j=1}^{b}\sum_{k=1}^{m}x_{ijk}, \bar{x}_{i..}=\frac{1}{bm}\sum_{j=1}^{b}\sum_{k=1}^{m}x_{ijk}, \bar{x}_{ij.}=\frac{1}{m}\sum_{k=1}^{m}x_{ijk}, \bar{x}_{.j.}=\frac{1}{am}\sum_{i=1}^{a}\sum_{k=1}^{m}x_{ijk}$$

$$S=\sum_{i=1}^{a}\sum_{j=1}^{b}\sum_{k=1}^{m}\left(x_{ijk}-\bar{x}\right)^2$$

$$S=S_A+S_B+S_C+S_e$$

式中 $$S_A=\frac{bm\sum_{i=1}^{a}(\bar{x}_{i..}-\bar{x})^2=\sum_{i=1}^{a}\sum_{j=1}^{b}\sum_{k=1}^{m}x_{ijk}^2-\left(\sum_{i=1}^{a}\sum_{j=1}^{b}\sum_{k=1}^{m}x_{ijk}\right)^2}{abm}$$

$$S_B=\frac{am\sum_{j=1}^{b}(\bar{x}_{\cdot j}-\bar{x})^2=\frac{1}{bm}\sum_{i=1}^{a}x_{i..}^2-\left(\sum_{i=1}^{a}\sum_{j=1}^{b}\sum_{k=1}^{m}x_{ijk}\right)^2}{abm}$$

$$S_{AB}=\frac{m\sum_{i=1}^{a}\sum_{j=1}^{b}(\bar{x}_{ij.}-\bar{x}_{i..}-\bar{x}_{.j.}+\bar{x})^2=\frac{1}{am}\sum_{j=1}^{b}x_{.j.}^2-\left(\sum_{i=1}^{a}\sum_{j=1}^{b}\sum_{k=1}^{m}x_{ijk}\right)^2}{abm}$$

$$S_e=\sum_{i=1}^{a}\sum_{j=1}^{b}\sum_{k=1}^{m}\left(x_{ijk}-x_{ij.}\right)^2=S_T-S_A-S_B-S_{AB}$$

相应的自由度为：

$$f_T=abm-1, f_A=a-1, f_B=b-1, f_{AB}=(a-1)(b-1)$$

$$f_e=abm-(a-1)-(b-1)-(a-1)(b-1)=ab(m-1)$$

相应的均方为：

$$\bar{S}_A=S_A/(a-1), \bar{S}_B=S_B/(b-1)$$

$$\bar{S}_{AB}=\frac{S_{AB}}{(a-1)(b-1)}, \bar{S}_e=\frac{S_e}{ab(m-1)}$$

根据均方差求出相应的 F 值：

$$F_A=\frac{\bar{S}_A}{\bar{S}_e}, F_B=\frac{\bar{S}_B}{\bar{S}_e}, F_{AB}=\frac{\bar{S}_{AB}}{\bar{S}_e}$$

由样本值，分别查出相应的临界值 $F_\alpha[a-1, ab(m-1)]$，$F_\alpha[b-1, ab(m-1)]$，$F_\alpha[(a-1)(b-1), ab(m-1)]$，比较 F_A 和 $F_\alpha[a-1, ab(m-1)]$，F_B 和 $F_\alpha[b-1, ab(m-1)]$，F_{AB} 和 $F_\alpha[(a-1)(b-1), ab(m-1)]$ 并判断 A、B 和 $A\times B$ 是否有显著性的影响。同样列出方差分析见表9-9。

表 9-9　重复试验的方差分析表

方差来源	平方和	自由度	均　方	F	临界值
因素 A	S_A	$a-1$	$\overline{S}_A=\frac{S_A}{a-1}$	$F_A=\frac{\overline{S}_A}{\overline{S}_e}$	$F_\alpha=(f_A, f_e)$
因素 B	S_B	$b-1$	$\overline{S}_B=\frac{S_B}{b-1}$	$F_B=\frac{\overline{S}_B}{\overline{S}_e}$	$F_\alpha=(f_B, f_e)$
$A\times B$	$S_{A\times B}$	$(a-1)(b-1)$	$\overline{S}_e=\frac{S_e}{(a-1)(b-1)}$	$F_{A\times B}=\frac{\overline{S}_{A\times B}}{\overline{S}_e}$	$F_\alpha=(f_{A\times B}, f_e)$
试验误差 e	S_e	$ab(m-1)$	$\overline{S}_e=\frac{S_e}{ab(m-1)}$		
总　和	S	$abm-1$			

(4) 其他正交设计中的方差分析

混合型正交设计和拟水平正交设计中的方差分析，本质上与一般水平数相等的正交设计相同，只是在计算时需要注意各列水平数不同，从而其相应的自由度也不相等。

对混合型正交表 $L_8(4\times2^4)$，其总变差的平方和依然是：

$$S = Q - P = \Sigma x_k^2 - \frac{1}{8}(\Sigma x_k)^2$$

对于因素的变差平方和分为两种情况：

①对于两水平的因素：$S=\frac{1}{8}(K_1-K_2)^2$，自由度 $f=2-1=1$；

②对于四水平的因素，因为每个水平下的试验次数为2，故

$$n_a = 2, S = \frac{1}{2}(K_1^2+K_2^2+K_3^2+K_4^2) - \frac{1}{8}\left(\sum_{i=1}^{8} x_i\right)^2, \text{自由度} f = 4-1 = 3。$$

9.2　回归分析

在建筑材料试验中，经常遇到一些参数与某些特性指标之间存在着相互关联，相互制约的关系。这些变量之间的关系，一般有两种类型。一种是变量之间相互有确定性关系，变量与变量之间可以用确定的函数式表示出来。例如材料的密度（ρ）与其质量（m）及体积（V）之间的关系 $\rho=\frac{m}{V}$，知道其中任意两个量，就可以确定另一个量。另一种是非确定性关系，不能由一个（或一个以上）的量值通过函数式计算，得到另一个量的确定值，但变量之间确实存在一定的制约关系，统计学上称为相关关系。例如混凝土抗压强度与灰水比之间就是这种关系。在一般情况下灰水比越大，混凝土抗压强度也越高，但是相同的灰水比，混凝土抗压强度不一定相等。

相关关系虽然不能用函数式将几个变量之间的关系确定下来，但是可以通过大量的试验，获得的大量数据，反映出这些变量之间的规律，从而建立起这些变量之间的经验公式。在统计学中，将处理这类相关关系的问题，称为回归分析。回归分析是研究相关关系的一种数学工具，在建筑材料试验中应用十分广泛。

回归分析按自变量的个数不同可分为一元回归分析和多元回归分析两类，每一类中又以自变量与因变量之间呈线性关系或非线性关系而分为线性回归分析与非线性回归分析两种。

9.2.1　一元线性回归分析

设有两个变量 x 与 y，x 为自变量（只有一个自变量），y 为因变量。根据两个变量 n 对的试验数据（x_1，y_1）、（x_2，y_2）、…、（x_n，y_n），找出它们之间的关系 $y=f(x)$，称为一元回归分析。若两个变量之间呈直线关系，则称为一元线性回归分析。

（1）回归线的求法

回归分析中为建立经验公式，一般分为两个步骤：

①确定变量之间的函数关系类型（即 $f(x)$ 属于哪一类型的函数）

首先将 n 对试验数据（x_1，y_1）（$i=1$，2，…，n）描绘在坐标系中，绘成散点图，观察散点图中散点分布的趋势，而确定它们是属于哪一类型的函数。如果散点大致分布为一条直线，则 $f(x)$ 为线性函数，即 $y=a+bx$。如果散点图为一抛物线，则 $f(x)$ 为抛物线函数 $y=b_0+b_1x+b_2x^2$。

②确定函数关系式中的系数

一般采用最小二乘法来确定系数。利用最小二乘法求系数时，假定所有自变量的给定值均无误差，因变量的各值则带有试验误差 ε_i，且 ε_i 是服从正态分布 $N(0,\sigma^2)$ 的随机变量。

如有几个互相独立的观测值（x_i，y_i）（$i=1$，2，…，n），首先绘制成 $y-x$ 曲线，根据曲线图形确定 x，y 大致的相关关系。当然，由于试验误差 ε_i 的存在，不会是一个严格的线性关系，设

$$y_i = a + bx_i + \varepsilon_i (i = 1,2,\cdots,n)$$

a，b 是常数，ε_i 为试验误差，如果忽略 ε_i，则 $\hat{y}_i=a+bx_i$，严格线性相关，我们称之为 y 对 x 的回归线。根据最小二乘法原理，该曲线应距离所有点的距离的平方和最小，即 $\sum_{i=1}^{n}(y_i-\hat{y}_i)^2=\sum_{i=1}^{n}(y_i-a-bx_i)^2$ 达到最小。

式中 a，b 虽为未知数，但为常数，所以对 a，b 求导应等于0，即

$$\begin{matrix}\text{对}\, b\, \text{求导} \\ \text{对}\, a\, \text{求导}\end{matrix}\left\{\begin{aligned}&\sum_{i=1}^{n}(y_i-a-bx_i)(-x_i)=0\\&\sum_{i=1}^{n}(y_i-a-bx_i)(-1)=0\end{aligned}\right. \quad \text{即}\left\{\begin{aligned}&\sum_{i=1}^{n}(x_iy_i-ax_i-bx_i^2)=0\\&\sum_{i=1}^{n}(y_i-a-bx_i)=0\end{aligned}\right.$$

解方程组得

$$b=\frac{\sum_{i=1}^{n}x_iy_i-\frac{1}{n}\left(\sum_{i=1}^{n}x_i\right)\left(\sum_{i=1}^{n}y_i\right)}{\sum_{i=1}^{n}x_i^2-\frac{1}{n}\left(\sum_{i=1}^{n}x_i\right)^2}=\frac{L_{xy}}{L_{xx}} \tag{9-24}$$

令

$$L_{xy}=\sum_{i=1}^{n}x_iy_i-\frac{1}{n}\left(\sum_{i=1}^{n}x_i\right)\left(\sum_{i=1}^{n}y_i\right) \tag{9-25}$$

$$L_{xx}=\sum_{i=1}^{n}x_i^2-\frac{1}{n}\left(\sum_{i=1}^{n}x_i\right)^2 \tag{9-26}$$

同时求出

$$L_{yy}=\sum_{i=1}^{n}(y_i-\bar{y})^2=\sum_{i=1}^{n}y_i^2-\frac{1}{n}\sum_{i=1}^{n}y_i^2 \tag{9-27}$$

则

$$a=\bar{y}-b\bar{x} \tag{9-28}$$

式中

$$\bar{x}=\frac{1}{n}\sum_{i=1}^{n}x_i,\bar{y}=\frac{1}{n}\sum_{i=1}^{n}y_i$$

将求得的 a，b 代入 $\hat{y}_i=a+bx_i$ 即为所求回归线，这条回归直线通过点 $(\bar{x},\ \bar{y})$，参数 b 称回归系数。

(2) 相关系数及显著性检验

用上述方法得出的回归线是否有意义，还需进一步检验，因为对任意两个变量所得的试验数据，都可以按上述方法得出一条直线，但在实际中，只有当 y 与 x 之间存在某种线性相关时得出的直线才有意义，这可以通过作图的方法或用相关系数 R 来检验（相关系数 R 检验临界值见附录三）。

由于对每一个 x_i，只是 $y_i\approx a+bx_i$，y_i 与回归值 $\hat{y}=a+bx_i$ 之间存在一个差值，此差值称之为 x_i 处的残差，并称平方和 S_e 为残差平方和。即

$$S_e=\sum_{i=1}^{n}(y_i-\hat{y}_i)^2=\sum_{i=1}^{n}(y_i-a-bx_i)^2 \tag{9-29}$$

为了计算上的方便，常将 S_e 作如下的变形：

$$S_e = \sum_{i=1}^{n}(y_i - \hat{y}_i)^2 = \sum_{i=1}^{n}\left[(y_i - \bar{y}) - b(x_i - \bar{x})\right]^2$$

$$= \sum_{i=1}^{n}(y_i - \bar{y})^2 - 2b\sum_{i=1}^{n}(y_i - \bar{y})\cdot(x_i - \bar{x}) + b^2\sum_{i=1}^{n}(x_i - \bar{x})^2$$

$$= L_{yy} - 2bL_{xy} + b^2L_{xx}$$

将 $b = \dfrac{L_{xy}}{L_{xx}}$ 代入，则得

$$S_e = L_{yy} - b^2\cdot L_{xx} = L_{yy} - b\cdot L_{xy} \tag{9-30}$$

同样对 L_{yy} 作类似于 S_e 的变形，则

$$L_{yy} = \sum_{i=1}^{n}(y_i - \bar{y})^2$$

$$= \sum_{i=1}^{n}\left[(\hat{y}_i - \bar{y}) + (y_i - \hat{y}_i)\right]^2$$

$$= \sum_{i=1}^{n}(\hat{y}_i - \bar{y})^2 + \sum_{i=1}^{n}(y_i - \hat{y}_i)^2 + 2\sum_{i=1}^{n}(\hat{y}_i - \bar{y})(y_i - \hat{y}_i)$$

其中第三项为0，且 S_e 等于第二项，若记 S_g 为第一项，即 $L_{yy} = S_g + S_e$，且

$$S_g = \sum_{i=1}^{n}(\hat{y}_i - \bar{y})^2 = b^2\sum_{i=1}^{n}(x_i - \bar{x})^2 = b^2L_{xx}$$

或将式（9-30）代入，得

$$S_g = b^2L_{xx} = bL_{xy} \tag{9-31}$$

从而可看出，因素 y_i 的总平方和 $S = L_{yy} = \sum_{i=1}^{n}(y_i - \bar{y})^2$ 是由两部分组成：一部分是回归平方和 S_g，是由于 x 的变化而引起 y 变化的偏差平方和；另一部分是残差平方和 S_e，是由于试验误差所引起的，且 $S = S_g + S_e$。

令相关系数

$$R = \sqrt{\frac{S_g}{S}} = \sqrt{\frac{b^2L_{xx}}{L_{yy}}} = \frac{L_{xy}}{\sqrt{L_{xx}\cdot L_{yy}}}$$

R 有如下性质，其物理意义如图9-1所示。

①$|R| \leqslant 1$。

②当 $|R| = 1$ 时，总偏差 $S = 0$，即不存在试验误差。此时 y 与 x 之间呈线性关系，或称 y 与 x 完全线性相关，如图9-1（a）、（b）所示。

③当 $R = 0$ 时，S 值最大，即总偏差最大，$b = \dfrac{L_{xy}}{L_{xx}} = 0$，回归方程中一次项

x 的系数为零。这两种情况都说明 x 与 y 不存在线性相关关系，或不存在任何关系，如图 9-1（c）、（d）所示。

④当 $0<|R|<1$ 时，x 与 y 存在一定的线性相关关系。$|R|$ 值越接近于 1 时，总偏差 S 的值越小，此时 x 和 y 之间的相关关系越好；$|R|$ 越接近于零时，总偏差 S 的值越大，这时 x 与 y 之间的相关关系越差。

$0<R<1$ 时，$b>0$，此时 y 随变量 x 的增加而增加称为正相关，如图 9－1（f）所示；当 $-1<R<0$ 时，这时 y 随变量 x 的增加而减小，称为负相关，如图 9-1（e）所示。

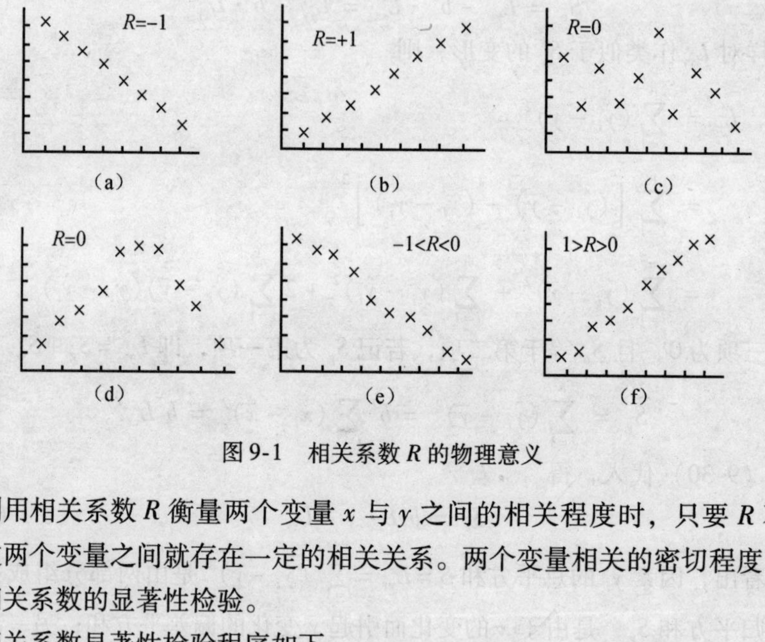

图 9-1　相关系数 R 的物理意义

利用相关系数 R 衡量两个变量 x 与 y 之间的相关程度时，只要 R 不等于零，这两个变量之间就存在一定的相关关系。两个变量相关的密切程度，则需进行相关系数的显著性检验。

相关系数显著性检验程序如下：

①由 n 对测试值（x_i，y_i）计算相关系数 R；

②给定检验水平 α（通常取 0.05 或 0.01）在相关系数检验表中查自由度 $n'=n-2$ 时临界值 R_α；

③比较 $|R|$ 与 R_α，作出判断。当 $|R|>R_\alpha$ 时，变量 x 与 y 之间的线性相关是显著的，所建立的回归方程是符合实际的；当 $|R|<R_\alpha$ 时，变量 x 与 y 之间线性相关性不显著，所建立的回归方程没有实用意义。

【例 9-4】　混凝土 28d 抗压强度试验，测得试验数据 8 组，见表 9-10，要求建立混凝土抗压强度与灰水比之间的回归方程，并进行显著性检验。

表 9-10　试验数据

组别	W/C	$x_i(C/W)$	$y_i(R_{28}$, MPa)	x_i^2	y_i^2	x_iy_i
1	0.40	2.50	36.3	6.25	1317.7	90.75
2	0.45	2.22	35.3	4.93	1246.1	78.37
3	0.50	2.00	28.2	4.00	795.2	56.40
4	0.55	1.82	24.0	3.31	576.0	43.68
5	0.60	1.67	23.0	2.79	529.0	38.41
6	0.65	1.54	20.6	2.37	424.4	31.72
7	0.70	1.43	18.4	2.04	338.6	26.31
8	0.75	1.33	15.0	1.77	225.0	19.95
Σ	—	14.51	200.8	27.46	5452.0	385.59

解：首先作灰水比与 28d 抗压强度的散点图，如图 9-2 所示，近似一直线，可建立直线回归方程 $y = a + bx$。

$$n = 8, \bar{x} = 1.814, \bar{y} = 25.1$$

$$\frac{1}{n}(\Sigma x_i)^2 = \frac{1}{8}(14.51)^2 = 26.32$$

$$\frac{1}{n}(\Sigma y_i)^2 = \frac{1}{8}(200.8)^2 = 5040.08$$

$$\frac{1}{n}(\Sigma x_i \Sigma y_i)^2 = \frac{1}{8}(14.51 \times 200.8) = 364.20$$

$$L_{XX} = \Sigma x_i^2 - \frac{1}{n}(\Sigma x_i)^2 = 27.46 - 26.32 = 1.14$$

$$L_{YY} = \Sigma y_i^2 - \frac{1}{n}(\Sigma y_i)^2 = 5452.0 - 5040.08 = 411.92$$

$$L_{XY} = \Sigma x_i y_i - \frac{1}{n}\Sigma x_i \Sigma y_i = 385.59 - 364.20 = 21.39$$

$$b = \frac{L_{XY}}{L_{XX}} = \frac{21.39}{1.14} = 18.76$$

$$a = \bar{y} - b\bar{x} = 25.1 - 18.76 \times 1.814 = -8.94$$

回归方程

$$R_{28} = 18.76\left(\frac{C}{W} - 8.94\right)$$

计算相关系数，判断混凝土抗压强度 R_{28} 与灰水比$\frac{C}{W}$之间是否存在显著的线性相关关系。

$$R = - \frac{L_{xy}}{\sqrt{L_{xx}L_{yy}}} = \frac{21.39}{\sqrt{1.14 \times 411.92}} = 0.987$$

令 $\alpha = 0.05$，$n' = n - 2 = 8 - 2 = 6$，查附录三得 $R_{0.05} = 0.707$，$R > R_{0.05}$，所以混凝土抗压强度与 C/W 之间存在显著的线性相关关系，所建立的方程是符合实际的。

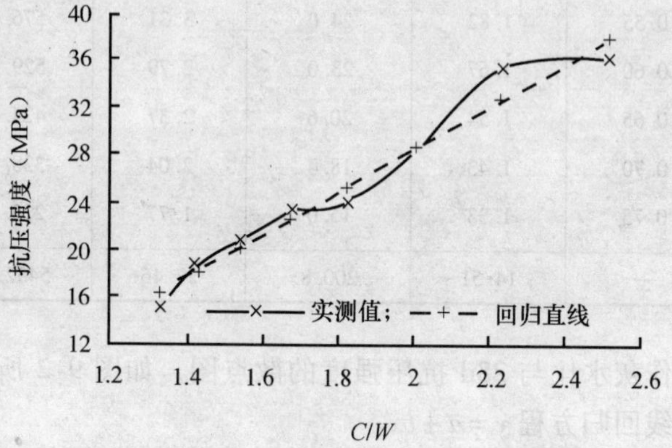

图 9-2　$C/W - R_{28}$ 散点图

9.2.2　一元非线性回归分析

（1）化非线性回归为线性回归

建筑材料试验中两个变量之间的关系，并非都呈线性关系，还有一些是非线性的曲线关系，例如混凝土抗压强度 R_{28} 与龄期的关系，其散点图近似双曲线，如果用线性回归方程表示，经检验线性相关性不显著。

要直接求出非线性回归方程很困难，大多数情况下都可以将非线性函数关系化为线性函数关系后，再用线性回归方法分析。

（2）常见曲线类型及变换公式

双曲线的函数方程及变换公式在前例中已说明，其他形式的公式如：

①幂函数

$$y = cx^{b}$$

变换公式，等式两边取对数得

$$\lg y = \lg c + b\lg x$$

令 $y' = \lg y$，$x' = \lg x$，$a = \lg c$，

则有

$$y' = a + bx'$$

混凝土的抗拉强度 $R_{拉}$ 与其抗压强度 $R_{压}$ 的相关关系，近似幂函数。$R_{拉}=cR_{压}^{b}$

②指数函数

$$y = ce^{be}$$

变换公式，等式两边取得对数得

$$\lg y = \lg c + bx$$

令 $y'=\lg y$，$a=\lg c$，则有

$$y' = a + bx$$

③对数函数

$$y = a + b\lg x$$

变换公式，令 $x'=\lg x$，则有：

$$y - a + bx'$$

混凝土的抗拉强度与其龄期的关系即近似对数关系。

9.2.3　多元线性回归分析

考察因变量 y 与两个（或多个）自变量 x 之间的线性关系，称为多元线性回归分析。在建筑材料试验中，这种情况是很多的，例如水泥的水化热与四种主要矿物成分的含量有关；沥青胶的耐热性与沥青软化点、掺量及矿粉的掺量有关。在分析试验中为抓住主要矛盾，常将次要因素排除而简化为一元或二元线性回归分析。二元（或多元）线性回归分析原理和方法与一元线性回归分析原理方法基本相同，下面着重介绍二元线性回归分析。

(1) 二元线性回归方程的建立

设有两个自变量分别为 x_1 和 x_2，因变量为 y，且 x_1、x_2 与因变量 y 之间存在线性关系，则 $y=b_0+b_1x_1+b_2x_2+\varepsilon$，如果忽略 ε，则二元线性回归方程可表示为

$$y = b_0 + b_1x_1 + b_2x_2 \tag{9-32}$$

式中 b_0 为常数项，b_1 和 b_2 分别为 y 对 x_1 和 x_2 的偏回归系数，分别反映了自变量 x_1 和 x_2 对因变量 y 影响的程度。通过一系列测定值（x_{11}，x_{21}，y_1），（x_{12}，x_{22}，y_2），…，（x_{1n}，x_{2n}，y_n）用最小二乘法可以确定常数项 b_0 及偏回归系数 b_1 和 b_2。

与一元线性回归相似，二元线性回归方程的残差平方和可以表示为：

$$S_e = \sum_{j=1}^{n}[y_j - (b_0 + b_1x_{1j} + b_2x_{2j})]^2 \tag{9-33}$$

在最小二乘法中，满足残差平方和最小的条件是 S_e 分别 b_0，b_1 和 b_2 求偏导数=0，即

$$\frac{\partial S_e}{\partial b_0} = -2\sum_{j=1}^{n}[y_j - (b_0 + b_1x_{1j} + b_2x_{2j})] = 0$$

$$\frac{\partial s_e}{\partial b_1} = -2\sum_{j=1}^{n}[y_j - (b_0 + b_1x_{1j} + b_2x_{2j})]x_{1j} = 0$$

$$\frac{\partial S_e}{\partial b_2} = -2\sum_{j=1}^{n}[y_j - (b_0 + b_1x_{1j} + b_2x_{2j})]x_{2j} = 0$$

从上面三式分别可推出：

$$\sum_{j=1}^{n}(b_0 + b_1x_{1j} + b_2x_{2j}) = \sum_{j=1}^{n}y_j \tag{9-34}$$

$$b_0\sum_{j=1}^{n}x_{1j} + b_1\sum_{j=1}^{n}x_{1j}^2 + b_2\sum_{j=1}^{n}x_{1j}x_{2j} = \sum_{j=1}^{n}x_{1j}y_i \tag{9-35}$$

$$b_0\sum_{j=1}^{n}x_{2j} + b_1\sum_{j=1}^{n}x_{1j}x_{2j} + b_2\sum_{j=1}^{n}x_{ij}^2 = \sum_{j=1}^{n}x_{2j}y_i \tag{9-36}$$

由式（9-34）可得出：

$$b_0 = \frac{1}{n}\sum_{j=1}^{n}y_j - \frac{b_1}{n}\sum_{j=1}^{n}x_{1j} - \frac{b_2}{n}\sum_{j=1}^{n}x_{2j} = \bar{y} - b_1\bar{x}_1 - b_2\bar{x}_2 \tag{9-37}$$

将式（9-37）代入式（9-35）和式（9-36）得到：

$$b_1\sum_{j=1}^{n}(x_{1j} - \bar{x}_1)^2 + b_2\sum_{j=1}^{n}(x_{1j} - \bar{x}_1)(x_{2j} - \bar{x}_2) = \sum_{j=1}^{n}(x_{1j} - \bar{x}_1)(y_j - \bar{y})$$

$$b_1\sum_{j=1}^{n}(x_{2j} - \bar{x}_2)^2 + b_2\sum_{j=1}^{n}(x_{1j} - \bar{x}_1)(x_{2j} - \bar{x}_2) = \sum_{j=1}^{n}(x_{2j} - \bar{x}_2)(y_j - \bar{y})$$

且令

$$L_{11} = \sum_{j=1}^{n}(x_{1j} - \bar{x}_1)^2 = \sum_{j=1}^{n}x_{1j}^2 - \frac{1}{n}\left(\sum_{j=1}^{n}x_{1j}\right)^2$$

$$L_{22} = \sum_{j=1}^{n}(x_{2j} - \bar{x}_2)^2 = \sum_{j=1}^{n}x_{2j}^2 - \frac{1}{n}\left(\sum_{j=1}^{n}x_{2j}\right)^2$$

$$L_{12} = L_{21} = \sum_{j=1}^{n}(x_{1j} - \bar{x}_1)(x_{2j} - \bar{x}_2) = \sum_{j=1}^{n}x_{1j}x_{2j} - \frac{1}{n}\left(\sum_{j=1}^{n}x_{1j}\right)\left(\sum_{j=1}^{n}x_{2j}\right)$$

$$L_{1y} = \sum_{j=1}^{n}(x_{1j} - \bar{x}_1)(y_j - \bar{y}) = \sum_{j=1}^{n}x_{1j}y_j - \frac{1}{n}\left(\sum_{j=1}^{n}x_{1j}\right)\left(\sum_{j=1}^{n}y_j\right)$$

$$L_{2y} = \sum_{j=1}^{n}(x_{2j} - \bar{x}_2)(y_j - \bar{y}) = \sum_{j=1}^{n}x_{2j}y_j - \frac{1}{n}\left(\sum_{j=1}^{n}x_{2j}\right)\left(\sum_{j=1}^{n}y_j\right)$$

$$L_{yy} = \sum_{j=1}^{n} (y_j - \bar{y})^2 = \sum_{j=1}^{n} y_j^2 - \frac{1}{n}\left(\sum_{j=1}^{n} y_j\right)^2$$

则

$$b_1 = \frac{L_{1y}L_{22} - L_{2y}L_{12}}{L_{11}L_{22} - L_{21}L_{12}} \tag{9-38}$$

$$b_2 = \frac{L_{2y}L_{11} - L_{1y}L_{21}}{L_{11}L_{22} - L_{21}L_{12}} \tag{9-39}$$

（2）回归方程显著性检验

相关系数检验

二元回归用全相关系数 R 进行检验。全相关系数

$$R = \sqrt{\frac{b_1 L_{1y} + b_2 L_{2y}}{L_{yy}}} \tag{9-40}$$

全相关系数的意义与一元回归的相关系数 R 完全一样，只是 $1 \geqslant R \geqslant 0$，不取负值。$R$ 的自由度 n' 为观测组数减方程组的数目，二元回归的自由度 $n' = n - 3$。R 的临界值仍然查附录三。具体检验方法与步骤与一元回归的检验基本相同。

附 录

附录一 正交表及其表头设计

附表 1-1 $L_4(2^3)$

试验号 \ 列号	1	2	3	试验号 \ 列号	1	2	3
1	1	1	1	3	2	1	2
2	1	2	2	4	2	2	1

附表 1-2 $L_8(2^7)$

试验号 \ 列号	1	2	3	4	5	6	7
1	1	1	1	1	1	1	1
2	1	1	1	2	2	2	2
3	1	2	2	1	1	2	2
4	1	2	2	2	2	1	1
5	2	1	2	1	2	1	2
6	2	1	2	2	1	2	1
7	2	2	1	1	2	2	1
8	2	2	1	2	1	1	1

附表 1-3 $L_8(2^7)$ 两列间的交互作用

试验号	1	2	3	4	5	6	7
	(1)	3	2	5	4	7	6
		(2)	1	6	7	4	5
			(3)	7	6	5	4
				(4)	1	2	3
					(5)	3	2
						(6)	1
							(7)

附表 1-4　$L_8(2^7)$ 表头设计

因素数 \ 列号	1	2	3	4	5	6	7
3	A	B	$A\times B$	C	$A\times C$	$B\times C$	
4	A	B	$A\times B$ $C\times D$	C	$A\times C$ $B\times D$	$B\times C$ $A\times D$	D
	A	B $C\times D$	$A\times B$	C $B\times D$	$A\times C$	D $B\times C$	$A\times D$
5	A $D\times E$	B $C\times D$	$A\times B$ $C\times E$	C $B\times D$	$A\times C$ $B\times E$	D $A\times E$ $B\times C$	E $A\times D$

附表 1-5　$L_8(4\times2^4)$

试验号 \ 列号	1	2	3	4	5
1	1	1	1	1	1
2	1	2	2	2	2
3	2	1	1	2	2
4	2	2	2	1	1
5	3	1	2	1	2
6	3	2	1	2	1
7	4	1	2	2	1
8	4	2	1	1	2

附表 1-6　$L_8(4\times2^4)$ 表头设计

试验号 \ 列号	1	2	3	4	5
2	A	B	$(A\times B)_1$	$(A\times B)_2$	$(A\times B)_3$
3	A	B	C		
4	A	B	C	D	
5	A	B	C	D	E

附表 1-7 $L_9(3^4)$

试验号 \ 列号	1	2	3	4
1	1	1	1	1
2	1	2	2	2
3	1	3	3	3
4	2	1	2	3
5	2	2	3	1
6	2	3	1	2
7	3	1	3	2
8	3	2	1	3
9	3	3	2	1

附表 1-8 $L_{12}(2^{11})$

试验号 \ 列号	1	2	3	4	5	6	7	8	9	10	11
1	1	1	1	1	1	1	1	1	1	1	1
2	1	1	1	1	1	2	2	2	2	2	2
3	1	1	2	2	2	1	1	1	2	2	2
4	1	2	1	2	2	1	2	2	1	1	2
5	1	2	2	1	2	2	1	2	1	2	1
6	1	2	2	2	1	2	2	1	2	1	1
7	2	1	2	2	1	1	2	2	1	2	1
8	2	1	2	1	2	2	2	1	1	1	2
9	2	1	1	2	2	2	1	2	2	1	1
10	2	2	2	1	1	1	1	2	2	1	2
11	2	2	1	2	1	2	1	1	1	2	1
12	2	2	1	1	2	1	2	1	2	2	2

附表 1-9 $L_{16}(2^{15})$

试验号 \ 列号	1	2	3	4	5	6	7	8	9	10	11	12	13	14	15
1	1	1	1	1	1	1	1	1	1	1	1	1	1	1	1
2	1	1	1	1	1	1	1	2	2	2	2	2	2	2	2
3	1	1	1	2	2	2	2	1	1	1	1	2	2	2	2
4	1	1	1	2	2	2	2	2	2	2	2	1	1	1	1

续表

列号 试验号	1	2	3	4	5	6	7	8	9	10	11	12	13	14	15
5	1	2	2	1	1	2	2	1	1	2	2	1	1	2	2
6	1	2	2	1	1	2	2	2	2	1	1	2	2	1	1
7	1	2	2	2	2	1	1	1	1	2	2	2	2	1	1
8	1	2	2	2	2	1	1	2	2	1	1	1	1	2	2
9	2	1	2	1	2	1	2	1	2	1	2	1	2	1	2
10	2	1	2	1	2	1	2	2	1	2	1	2	1	2	1
11	2	1	2	2	1	2	1	1	2	1	2	2	1	2	1
12	2	1	2	2	1	2	1	2	1	2	1	1	2	1	2
13	2	2	1	1	2	2	1	1	2	2	1	1	2	2	1
14	2	2	1	1	2	2	1	2	1	1	2	2	1	1	2
15	2	2	1	2	1	1	2	1	2	2	1	2	1	1	2
16	2	2	1	2	1	1	2	2	1	1	2	1	2	2	1

附表 1-10 L_{16}（4×2^{12}）

列号 试验号	1	2	3	4	5	6	7	8	9	10	11	12	13
1	1	1	1	1	1	1	1	1	1	1	1	1	1
2	1	1	1	1	1	2	2	2	2	2	2	2	2
3	1	2	2	2	2	1	1	1	1	2	2	2	2
4	1	2	2	2	2	2	2	2	2	1	1	1	1
5	2	1	1	2	2	1	1	2	2	1	1	2	2
6	2	1	1	2	2	2	2	1	1	2	2	1	1
7	2	2	2	1	1	1	1	2	2	2	2	1	1
8	2	2	2	1	1	2	2	1	1	1	1	2	2
9	3	1	2	1	2	1	2	1	2	1	2	1	2
10	3	1	2	1	2	2	1	2	1	2	1	2	1
11	3	2	1	2	1	1	2	1	2	2	1	2	1
12	3	2	1	2	1	2	1	2	1	1	2	1	2

续表

试验号＼列号	1	2	3	4	5	6	7	8	9	10	11	12	13
13	4	1	2	2	1	1	2	2	1	1	2	2	1
14	4	1	2	2	1	2	1	1	2	2	1	1	2
15	4	2	1	1	2	1	2	2	1	2	1	1	2
16	4	2	1	1	2	2	1	1	2	1	2	2	1

附表 1-11　$L_{16}(4^2 \times 2^9)$

试验号＼列号	1	2	3	4	5	6	7	8	9	10	11
1	1	1	1	1	1	1	1	1	1	1	1
2	1	2	1	1	1	2	2	2	2	2	2
3	1	3	2	2	2	1	1	1	2	2	2
4	1	4	2	2	2	2	2	2	1	1	1
5	2	1	1	2	2	1	2	2	1	2	2
6	2	2	1	2	2	2	1	1	2	1	1
7	2	3	2	1	1	1	2	2	2	1	1
8	2	4	2	1	1	2	1	1	1	2	2
9	3	1	2	1	2	2	1	2	2	1	2
10	3	2	2	1	2	1	2	1	1	2	1
11	3	3	1	2	1	2	1	2	1	2	1
12	3	4	1	2	1	1	2	1	2	1	2
13	4	1	2	2	1	2	2	1	2	2	1
14	4	2	2	2	1	1	1	2	1	1	2
15	4	3	1	1	2	2	2	1	1	1	2
16	4	4	1	1	2	1	1	2	2	2	1

附表 1-12　$L_{16}(4^3 \times 2^6)$

试验号＼列号	1	2	3	4	5	6	7	8	9
1	1	1	1	1	1	1	1	1	1
2	1	2	2	1	1	2	2	2	2
3	1	3	3	2	2	1	1	2	2
4	1	4	4	2	2	2	2	1	1

续表

试验号＼列号	1	2	3	4	5	6	7	8	9
5	2	1	2	2	2	1	2	1	2
6	2	2	1	2	2	2	1	2	1
7	2	3	3	1	1	1	2	2	1
8	2	4	4	1	1	2	1	1	2
9	3	1	3	1	2	2	2	2	1
10	3	2	4	1	2	1	1	1	2
11	3	3	1	2	1	2	2	1	2
12	3	4	2	2	1	1	1	2	1
13	4	1	4	2	1	2	1	2	2
14	4	2	3	2	1	1	2	1	1
15	4	3	2	1	2	2	1	1	1
16	4	4	1	1	2	1	2	2	2

附表 1-13　$L_{16}(4^4 \times 2^3)$

试验号＼列号	1	2	3	4	5	6	7
1	1	1	1	1	1	1	1
2	1	2	2	2	1	2	2
3	1	3	3	3	2	1	2
4	1	4	4	4	2	2	1
5	2	1	2	3	2	2	1
6	2	2	1	4	2	1	2
7	2	3	4	1	1	2	2
8	2	4	3	2	1	1	1
9	3	1	3	4	1	2	2
10	3	2	4	3	1	1	1
11	3	3	1	2	2	2	1
12	3	4	2	1	2	1	2
13	4	1	4	2	2	1	2
14	4	2	3	1	2	2	1
15	4	3	2	4	1	1	1
16	4	4	1	3	1	2	2

附表 1-14　$L_{16}(4^5)$

试验号＼列号	1	2	3	4	5
1	1	1	1	1	1
2	1	2	2	2	2
3	1	3	3	3	3
4	1	4	4	4	4
5	2	1	2	3	4
6	2	2	1	4	3
7	2	3	4	1	2
8	2	4	3	2	1
9	3	1	3	4	2
10	3	2	4	3	1
11	3	3	1	2	4
12	3	4	2	1	3
13	4	1	4	2	3
14	4	2	3	1	4
15	4	3	2	4	1
16	4	4	1	3	2

附表 1-15　$L_{16}(8\times2^8)$

试验号＼列号	1	2	3	4	5	6	7	8	9
1	1	1	1	1	1	1	1	1	1
2	1	2	2	2	2	2	2	2	2
3	2	1	1	1	1	2	2	2	2
4	2	2	2	2	2	1	1	1	1
5	3	1	1	2	2	1	1	2	2
6	3	2	2	1	1	2	2	1	1
7	4	1	1	2	2	2	2	1	1
8	4	2	2	1	1	1	1	2	2

续表

试验号＼列号	1	2	3	4	5	6	7	8	9
9	5	1	2	1	2	1	2	1	2
10	5	2	1	2	1	2	1	2	1
11	6	1	2	1	2	2	1	2	1
12	6	2	1	2	1	1	2	1	2
13	7	1	2	2	1	1	2	2	1
14	7	2	1	1	2	2	1	1	2
15	8	1	2	2	1	2	1	1	2
16	8	2	1	1	2	1	2	2	1

附表 1-16　$L_{16}(8\times3^7)$

试验号＼列号	1	2	3	4	5	6	7	8
1	1	1	1	1	1	1	1	1
2	1	1	2	2	2	2	2	2
3	1	1	3	3	3	3	3	3
4	1	2	1	1	2	2	3	3
5	1	2	2	2	3	3	1	1
6	1	2	3	3	1	1	2	2
7	1	3	1	2	1	3	2	3
8	1	3	2	3	2	1	3	1
9	1	3	3	1	3	2	1	2
10	2	1	1	3	3	2	2	1
11	2	1	2	1	1	3	3	2
12	2	1	3	2	2	1	1	3
13	2	2	1	2	3	1	3	2
14	2	2	2	3	1	2	1	3
15	2	2	3	1	2	3	2	1
16	2	3	1	3	2	3	1	2
17	2	3	2	1	3	1	2	3
18	2	3	3	2	1	2	3	1

附表 1-17 $L_{20}(2^{19})$

试验号 \ 列号	1	2	3	4	5	6	7	8	9	10	11	12	13	14	15	16	17	18	19
1	1	1	1	1	1	1	1	1	1	1	1	1	1	1	1	1	1	1	1
2	2	2	1	1	2	2	2	2	1	2	1	2	1	1	1	1	2	2	1
3	2	1	1	2	2	2	2	1	2	1	2	1	1	1	1	2	2	1	2
4	1	1	2	2	2	2	1	2	1	2	1	1	1	1	2	2	1	2	2
5	1	2	2	2	2	1	2	1	2	1	1	1	1	2	2	1	2	2	1
6	2	2	2	2	1	2	1	2	1	1	1	1	2	2	1	2	2	1	1
7	2	2	2	1	2	1	2	1	1	1	1	2	2	1	2	2	1	1	2
8	2	2	1	2	1	2	1	1	1	1	2	2	1	2	2	1	1	2	2
9	2	1	2	1	2	1	1	1	1	2	2	1	2	2	1	1	2	2	2
10	1	2	1	2	1	1	1	1	2	2	1	2	2	1	1	2	2	2	2
11	2	1	2	1	1	1	1	2	2	1	2	2	1	1	2	2	2	2	1
12	1	2	1	1	1	1	2	2	1	2	2	1	1	2	2	2	2	1	2
13	2	1	1	1	1	2	2	1	2	2	1	1	2	2	2	2	1	2	1
14	1	1	1	1	2	2	1	2	2	1	1	2	2	2	2	1	2	1	2
15	1	1	1	2	2	1	2	2	1	1	2	2	2	2	1	2	1	2	1
16	1	1	2	2	1	2	2	1	1	2	2	2	2	1	2	1	2	1	1
17	1	2	2	1	2	2	1	1	2	2	2	2	1	2	1	2	1	1	1
18	2	2	1	2	2	1	1	2	2	2	2	1	2	1	2	1	1	1	1
19	2	1	2	2	1	1	2	2	2	2	1	2	1	2	1	1	1	1	2
20	1	2	2	1	1	2	2	2	2	1	2	1	2	1	1	1	1	2	2

附表 1-18 $L_{25}(5^6)$

试验号 \ 列号	1	2	3	4	5	6
1	1	1	1	1	1	1
2	1	2	2	2	2	2
3	1	3	3	3	3	3
4	1	4	4	4	4	4
5	1	5	5	5	5	5

续表

试验号 \ 列号	1	2	3	4	5	6
6	2	1	2	3	4	5
7	2	2	3	4	5	1
8	2	3	4	5	1	2
9	2	4	5	1	2	3
10	2	5	1	2	3	4
11	3	1	3	5	2	4
12	3	2	4	1	3	5
13	3	3	5	2	4	1
14	3	4	1	3	5	2
15	3	5	2	4	1	3
16	4	1	4	2	5	3
17	4	2	5	3	1	4
18	4	3	1	4	2	5
19	4	4	2	5	3	1
20	4	5	3	1	4	2
21	5	1	5	4	3	2
22	5	2	1	5	4	3
23	5	3	2	1	5	4
24	5	4	3	2	1	5
25	5	5	4	3	2	1

附表 1-19 $L_{27}(3^{13})$

试验号 \ 列号	1	2	3	4	5	6	7	8	9	10	11	12	13
1	1	1	1	1	1	1	1	1	1	1	1	1	1
2	1	1	1	1	2	2	2	2	2	2	2	2	2
3	1	1	1	1	3	3	3	3	3	3	3	3	3

续表

试验号 \ 列号	1	2	3	4	5	6	7	8	9	10	11	12	13
4	1	2	2	2	1	1	1	2	2	2	3	3	3
5	1	2	2	2	2	2	2	3	3	3	1	1	1
6	1	2	2	2	3	3	3	1	1	1	2	2	2
7	1	3	3	3	1	1	1	3	3	3	2	2	2
8	1	3	3	3	2	2	2	1	1	1	3	3	3
9	1	3	3	3	3	3	3	2	2	2	1	1	1
10	2	1	2	3	1	2	3	1	2	3	1	2	3
11	2	1	2	3	2	3	1	2	3	1	2	3	1
12	2	1	2	3	3	1	2	3	1	2	3	1	2
13	2	2	3	1	1	2	3	2	3	1	1	2	3
14	2	2	3	1	2	3	1	3	1	2	1	2	3
15	2	2	3	1	3	1	2	1	2	3	2	3	1
16	2	3	1	2	1	2	3	3	1	2	2	3	1
17	2	3	1	2	2	3	1	1	2	3	3	1	2
18	2	3	1	2	3	1	2	2	3	1	1	2	3
19	3	1	3	2	1	3	1	1	3	2	1	3	2
20	3	1	3	2	2	1	3	2	1	3	2	1	3
21	3	1	3	2	3	2	1	3	2	1	3	2	1
22	3	2	1	3	1	3	2	2	1	3	3	2	1
23	3	2	1	3	2	1	3	3	2	1	1	3	2
24	3	2	1	3	3	2	1	1	3	2	2	1	3
25	3	3	2	1	1	3	2	3	2	1	2	1	3
26	3	3	2	1	2	1	3	1	3	2	3	2	1
27	3	3	2	1	3	2	1	2	1	3	1	3	2

附录二 $F_\alpha(f_1, f_2)$ 检验的临界值表

附表 2-1 F 分布表 $\alpha = 0.25$

f_2 \ f_1	1	2	3	4	5	6	7	8	9	10	12	15	20	60	∞
1	5.83	7.50	8.20	8.58	8.82	8.96	9.10	9.19	9.26	9.32	9.41	9.49	9.58	9.76	9.85
2	2.57	3.00	3.15	3.23	3.28	3.31	3.34	3.35	3.37	3.38	3.39	3.41	3.43	3.46	3.48
3	2.00	2.28	2.36	2.39	2.41	2.42	2.43	2.44	2.44	2.44	2.45	2.46	2.46	2.47	2.47
4	1.81	2.00	2.05	2.06	2.07	2.08	2.08	2.08	2.08	2.08	2.08	2.08	2.08	2.08	2.08
5	1.69	1.85	1.88	1.89	1.89	1.89	1.89	1.89	1.89	1.89	1.89	1.89	1.88	1.87	1.87

续表

f_2 \ f_1	1	2	3	4	5	6	7	8	9	10	12	15	20	60	∞
6	1.62	1.76	1.78	1.79	1.79	1.78	1.78	1.78	1.77	1.77	1.77	1.76	1.76	1.74	1.74
7	1.57	1.70	1.72	1.72	1.71	1.71	1.70	1.70	1.69	1.69	1.68	1.68	1.67	1.65	1.65
8	1.54	1.66	1.67	1.66	1.66	1.65	1.64	1.64	1.64	1.63	1.62	1.62	1.61	1.59	1.58
9	1.51	1.62	1.63	1.63	1.62	1.61	1.60	1.60	1.59	1.59	1.58	1.57	1.56	1.54	1.50
10	1.49	1.60	1.60	1.59	1.59	1.58	1.57	1.56	1.56	1.55	1.54	1.53	1.52	1.50	1.48
11	1.47	1.58	1.58	1.57	1.56	1.55	1.54	1.53	1.53	1.52	1.51	1.50	1.49	1.47	1.45
12	1.46	1.56	1.56	1.55	1.54	1.53	1.52	1.51	1.51	1.50	1.49	1.48	1.47	1.44	1.42
13	1.45	1.55	1.55	1.53	1.52	1.51	1.50	1.49	1.49	1.48	1.47	1.46	1.45	1.42	1.40
14	1.44	1.53	1.53	1.52	1.51	1.50	1.49	1.48	1.47	1.46	1.45	1.44	1.43	1.40	1.38
15	1.43	1.52	1.52	1.51	1.49	1.48	1.47	1.46	1.46	1.45	1.44	1.43	1.41	1.38	1.36
16	1.42	1.51	1.51	1.50	1.48	1.47	1.46	1.45	1.44	1.44	1.43	1.41	1.40	1.36	1.34
17	1.42	1.51	1.50	1.49	1.47	1.46	1.45	1.44	1.43	1.43	1.41	1.40	1.39	1.35	1.33
18	1.41	1.50	1.49	1.48	1.46	1.45	1.44	1.43	1.42	1.42	1.40	1.39	1.38	1.34	1.32
19	1.41	1.49	1.49	1.47	1.46	1.44	1.43	1.42	1.41	1.41	1.40	1.38	1.37	1.33	1.30
20	1.40	1.49	1.48	1.47	1.45	1.44	1.43	1.42	1.41	1.40	1.39	1.37	1.36	1.32	1.29
21	1.40	1.48	1.48	1.46	1.44	1.43	1.42	1.41	1.40	1.39	1.38	1.37	1.35	1.31	1.28
22	1.40	1.48	1.47	1.45	1.44	1.42	1.41	1.40	1.39	1.39	1.37	1.36	1.34	1.30	1.28
23	1.39	1.47	1.47	1.45	1.43	1.42	1.41	1.40	1.39	1.38	1.37	1.35	1.34	1.30	1.27
24	1.39	1.47	1.46	1.44	1.43	1.41	1.40	1.39	1.38	1.38	1.36	1.35	1.33	1.29	1.26
25	1.39	1.47	1.46	1.44	1.42	1.41	1.40	1.39	1.38	1.37	1.36	1.34	1.33	1.28	1.25
30	1.38	1.45	1.44	1.42	1.41	1.39	1.38	1.37	1.36	1.35	1.34	1.32	1.30	1.26	1.23
40	1.36	1.44	1.42	1.40	1.39	1.37	1.36	1.35	1.34	1.33	1.31	1.30	1.28	1.22	1.19
60	1.35	1.42	1.41	1.38	1.37	1.35	1.33	1.32	1.31	1.30	1.29	1.27	1.25	1.19	1.15
120	1.34	1.40	1.39	1.37	1.35	1.33	1.31	1.30	1.29	1.28	1.26	1.24	1.22	1.16	1.10
∞	1.32	1.39	1.37	1.35	1.33	1.31	1.29	1.28	1.27	1.25	1.24	1.22	1.19	1.12	1.00

附表 2-2　F 分布表 $\alpha=0.10$

f_2 \ f_1	1	2	3	4	5	6	7	8	9	10	12	15	20	60	∞
1	39.86	49.50	53.59	55.83	57.24	58.20	58.91	59.44	59.86	60.19	60.71	61.22	61.74	62.79	63.33
2	8.53	9.00	9.16	9.24	9.29	9.33	9.35	9.37	9.38	9.39	9.41	9.42	9.44	9.47	9.49
3	5.54	5.46	5.39	5.34	5.31	5.28	5.27	5.25	5.24	5.23	5.22	5.20	5.18	5.15	5.13
4	4.54	4.32	4.19	4.11	4.05	4.01	3.98	3.95	3.94	3.92	3.90	3.87	3.84	3.79	3.76
5	4.06	3.78	3.62	3.52	3.45	3.40	3.37	3.34	3.32	3.30	3.27	3.24	3.21	3.14	3.10
6	3.78	3.46	3.29	3.18	3.11	3.05	3.01	2.98	2.96	2.94	2.90	2.87	2.84	2.76	2.72
7	3.59	3.26	3.07	2.96	2.88	2.83	2.78	2.75	2.72	2.70	2.67	2.63	2.59	2.51	2.47
8	3.46	3.11	2.92	2.81	2.73	2.67	2.62	2.59	2.56	2.54	2.50	2.46	2.42	2.34	2.29
9	3.36	3.01	2.81	2.69	2.61	2.55	2.51	2.47	2.44	2.42	2.38	2.34	2.30	2.21	2.16
10	3.29	2.92	2.73	2.61	2.52	2.46	2.41	2.38	2.35	2.32	2.28	2.24	2.20	2.11	2.06
11	3.23	2.86	2.66	2.54	2.45	2.39	2.34	2.30	2.27	2.25	2.21	2.17	2.12	2.03	1.97
12	3.18	2.81	2.61	2.48	2.39	2.33	2.28	2.24	2.21	2.19	2.15	2.10	2.06	1.96	1.90
13	3.14	2.76	2.56	2.43	2.35	2.28	2.23	2.20	2.16	2.14	2.10	2.05	2.01	1.90	1.85
14	3.10	2.73	2.52	2.39	2.31	2.24	2.19	2.15	2.12	2.10	2.05	2.01	1.96	1.86	1.80
15	3.07	2.70	2.49	2.36	2.27	2.21	2.16	2.12	2.09	2.06	2.02	1.97	1.92	1.82	1.76
16	3.05	2.67	2.46	2.33	2.24	2.18	2.13	2.09	2.06	2.03	1.99	1.94	1.89	1.78	1.72
17	3.03	2.64	2.44	2.31	2.22	2.15	2.10	2.06	2.03	2.00	1.96	1.91	1.86	1.75	1.69
18	3.01	2.62	2.42	2.29	2.20	2.13	2.08	2.04	2.00	1.98	1.93	1.89	1.84	1.72	1.66
19	2.99	2.61	2.40	2.27	2.18	2.11	2.06	2.02	1.98	1.96	1.91	1.86	1.81	1.70	1.63
20	2.97	2.59	2.38	2.25	2.16	2.09	2.04	2.00	1.96	1.94	1.89	1.84	1.79	1.68	1.61
21	2.96	2.57	2.36	2.23	2.14	2.08	2.02	1.98	1.95	1.92	1.87	1.83	1.78	1.65	1.59
22	2.95	2.56	2.35	2.22	2.13	2.06	2.01	1.97	1.93	1.90	1.86	1.81	1.76	1.64	1.57
23	2.94	2.55	2.34	2.21	2.11	2.05	1.99	1.95	1.92	1.89	1.84	1.80	1.74	1.62	1.55
24	2.93	2.54	2.33	2.19	2.10	2.04	1.98	1.94	1.91	1.88	1.83	1.78	1.73	1.61	1.53
25	2.92	2.53	2.32	2.18	2.09	2.02	1.97	1.93	1.89	1.87	1.82	1.77	1.72	1.59	1.52
30	2.88	2.49	2.28	2.14	2.05	1.98	1.93	1.88	1.85	1.82	1.77	1.72	1.67	1.54	1.46
40	2.84	2.44	2.23	2.09	2.00	1.93	1.87	1.83	1.79	1.76	1.71	1.66	1.61	1.47	1.38
60	2.79	2.39	2.18	2.04	1.95	1.87	1.82	1.77	1.74	1.71	1.66	1.60	1.54	1.40	1.29
120	2.75	2.35	2.13	1.99	1.90	1.82	1.77	1.72	1.68	1.65	1.60	1.55	1.48	1.32	1.19
∞	2.71	2.30	2.08	1.94	1.85	1.77	1.72	1.67	1.63	1.60	1.55	1.49	1.42	1.24	1.00

附表 2-3 F 分布表 $\alpha=0.05$

f_2 \ f_1	1	2	3	4	5	6	7	8	9	10	12	15	20	60	∞
1	161.4	199.5	215.7	224.6	230.2	234.0	236.8	238.9	240.5	241.9	243.9	245.9	248.0	252.2	254.3
2	18.51	19.00	19.16	19.25	19.30	19.33	19.35	19.37	19.38	19.40	19.41	19.43	19.45	19.48	19.50
3	10.13	9.55	9.28	9.12	9.01	8.94	8.89	8.85	8.81	8.79	8.74	8.70	8.66	8.57	8.53
4	7.71	6.94	6.59	6.39	6.26	6.16	6.09	6.04	6.00	5.96	5.91	5.86	5.80	5.69	5.63
5	6.61	5.79	5.41	5.19	5.05	4.95	4.88	4.82	4.77	4.74	4.68	4.62	4.56	4.43	4.36
6	5.99	5.14	4.76	4.53	4.39	4.28	4.21	4.15	4.10	4.06	4.00	3.94	3.87	3.74	3.67
7	5.59	4.74	4.35	4.12	3.97	3.87	3.79	3.73	3.68	3.64	3.57	3.51	3.44	3.30	3.23
8	5.32	4.46	4.07	3.84	3.69	3.58	3.50	3.44	3.39	3.35	3.28	3.22	3.15	3.01	2.93
9	5.12	4.26	3.86	3.63	3.48	3.37	3.29	3.23	3.18	3.14	3.07	3.01	2.94	2.79	2.71
10	4.96	4.10	3.71	3.48	3.33	3.22	3.14	3.07	3.02	2.98	2.91	2.85	2.77	2.62	2.54
11	4.84	3.98	3.59	3.36	3.20	3.09	3.01	2.95	2.90	2.85	2.79	2.72	2.65	2.49	2.40
12	4.75	3.89	3.40	3.26	3.11	3.00	2.91	2.85	2.80	2.75	2.69	2.62	2.54	2.38	2.30
13	4.67	3.81	3.41	3.18	3.03	2.92	2.83	2.77	2.71	2.67	2.60	2.53	2.46	2.30	2.21
14	4.60	3.74	3.34	3.11	2.96	2.85	2.76	2.70	2.65	2.60	2.53	2.46	2.39	2.22	2.13
15	4.54	3.68	3.29	3.06	2.90	2.79	2.71	2.64	2.59	2.54	2.48	2.40	2.33	2.16	2.07
16	4.49	3.63	3.24	3.01	2.85	2.74	2.66	2.59	2.54	2.49	2.42	2.35	2.28	2.11	2.01
17	4.45	3.59	3.20	2.96	2.81	2.70	2.61	2.55	2.49	2.45	2.38	2.31	2.23	2.06	1.96
18	4.41	3.55	3.16	2.93	2.77	2.66	2.58	2.51	2.46	2.41	2.34	2.27	2.19	2.12	1.92
19	4.38	3.52	3.13	2.90	2.74	2.63	2.54	2.48	2.42	2.38	2.31	2.23	2.16	1.98	1.88
20	4.35	3.49	3.10	2.87	2.71	2.60	2.51	2.45	2.39	2.35	2.28	2.20	2.12	1.95	1.84
21	4.32	3.47	3.07	2.84	2.68	2.57	2.49	2.42	2.37	2.32	2.25	2.18	2.10	1.92	1.81
22	4.30	3.44	3.05	2.82	2.66	2.55	2.46	2.40	2.34	2.30	2.23	2.15	2.07	1.89	1.78
23	4.28	3.42	3.03	2.80	2.64	2.53	2.44	2.37	2.32	2.27	2.20	2.13	2.05	1.86	1.76
24	4.26	3.40	3.01	2.78	2.62	2.51	2.42	2.36	2.30	2.25	2.18	2.11	2.03	1.84	1.73
25	4.24	3.39	2.99	2.76	2.60	2.49	2.40	2.34	2.28	2.24	2.16	2.09	2.01	1.82	1.71
30	4.17	3.32	2.92	2.69	2.53	2.42	2.33	2.27	2.21	2.16	2.09	2.01	1.93	1.74	1.62
40	4.08	3.23	2.84	2.61	2.45	2.34	2.25	2.18	2.12	2.08	2.00	1.92	1.84	1.64	1.51
60	4.00	3.15	2.76	2.53	2.37	2.25	2.17	2.10	2.04	1.99	1.92	1.84	1.75	1.53	1.39
120	3.92	3.07	2.68	2.45	2.29	2.17	2.09	2.02	1.96	1.91	1.83	1.75	1.66	1.43	1.25
∞	3.84	3.00	2.60	2.37	2.21	2.10	2.01	1.94	1.88	1.83	1.75	1.67	1.57	1.32	1.00

附表 2-4　F 分布表 $\alpha=0.025$

f_2 \ f_1	1	2	3	4	5	6	7	8	9	10	12	15	20	60	∞
1	647.8	799.5	864.2	899.6	921.8	937.1	948.2	956.7	963.3	968.6	976.7	984.9	993.1	1010	1018
2	38.51	39.00	39.17	39.25	39.30	39.33	39.36	39.37	39.39	39.40	39.41	39.43	39.45	39.48	39.50
3	17.44	16.04	15.44	15.10	14.88	14.73	14.62	14.54	14.47	14.42	14.34	14.25	14.17	13.99	13.90
4	12.22	10.65	9.98	9.60	9.36	9.20	9.07	8.98	8.90	8.84	8.75	8.66	8.56	8.36	8.26
5	10.01	8.43	7.76	7.39	7.15	6.98	6.85	6.76	6.68	6.62	6.52	6.43	6.33	6.12	6.02
6	8.81	7.26	6.60	6.23	5.99	5.82	5.70	5.60	5.52	5.46	5.37	5.27	5.17	4.96	4.85
7	8.07	6.54	5.89	5.52	5.29	5.12	4.99	4.90	4.82	4.76	4.67	4.57	4.47	4.25	4.14
8	7.57	6.06	5.42	5.05	4.82	4.65	4.53	4.43	4.36	4.30	4.20	4.10	4.00	3.78	3.67
9	7.21	5.71	5.08	4.72	4.48	4.32	4.20	4.10	4.03	3.96	3.87	3.77	3.67	3.45	3.33
10	6.94	5.46	4.83	4.47	4.24	4.07	3.95	3.85	3.78	3.72	3.62	3.52	3.42	3.20	3.08
11	6.72	5.26	4.63	4.28	4.04	3.88	3.76	3.66	3.59	3.53	3.43	3.33	3.23	3.00	2.88
12	6.55	5.10	4.47	4.12	3.89	3.73	3.61	3.51	3.44	3.37	3.28	3.18	3.07	2.85	2.72
13	6.41	4.97	4.35	4.00	3.77	3.60	3.48	3.39	3.31	3.25	3.15	3.05	2.95	2.72	2.60
14	6.30	4.86	4.24	3.89	3.66	3.50	3.38	3.29	3.21	3.15	3.05	2.95	2.84	2.61	2.49
15	6.20	4.77	4.15	3.80	3.58	3.41	3.29	3.20	3.12	3.06	2.96	2.86	2.76	2.52	2.40
16	6.12	4.69	4.08	3.73	3.50	3.34	3.22	3.12	3.05	2.99	2.89	2.79	2.68	2.45	2.32
17	6.04	4.62	4.01	3.66	3.44	3.28	3.16	3.06	2.98	2.92	2.82	2.72	2.62	2.38	2.25
18	5.98	4.56	3.95	3.61	3.38	3.22	3.10	3.01	2.93	2.87	2.77	2.67	2.56	2.32	2.19
19	5.92	4.51	3.90	3.56	3.33	3.17	3.05	2.96	2.88	2.82	2.72	2.62	2.51	2.27	2.13
20	5.87	4.46	3.86	3.51	3.29	3.13	3.01	2.91	2.84	2.77	2.68	2.57	2.46	2.22	2.09
21	5.83	4.42	3.82	3.48	3.25	3.09	2.97	2.87	2.80	2.73	2.64	2.53	2.42	2.18	2.04
22	5.79	4.38	3.78	3.44	3.22	3.05	2.93	2.84	2.76	2.70	2.60	2.50	2.39	2.14	2.00
23	5.75	4.35	3.75	3.41	3.18	3.02	2.90	2.81	2.73	2.67	2.57	2.47	2.36	2.11	1.97
24	5.72	4.32	3.72	3.38	3.15	2.99	2.87	2.78	2.70	2.64	2.54	2.44	2.33	2.08	1.94
25	5.69	4.29	3.69	3.35	3.13	2.97	2.85	2.75	2.68	2.61	2.51	2.41	2.30	2.05	2.91
30	5.57	4.18	3.59	3.25	3.03	2.87	2.75	2.65	2.57	2.51	2.41	2.31	2.20	1.94	1.79
40	5.42	4.05	3.46	3.13	2.90	2.74	2.62	2.53	2.45	2.39	2.29	2.18	2.07	1.80	1.64
60	5.29	3.93	3.34	3.01	2.79	2.63	2.51	2.41	2.33	2.27	2.17	2.06	1.94	1.67	1.48
120	6.15	3.80	3.23	2.89	2.67	2.52	2.39	2.30	2.22	2.16	2.05	1.94	1.82	1.53	1.31
∞	5.02	3.69	3.12	2.79	2.57	2.41	2.29	2.19	2.11	2.06	1.94	1.83	1.71	1.39	1.00

附表 2-5　F 分布表 $\alpha = 0.01$

f_2 \ f_1	1	2	3	4	5	6	7	8	9	10	12	15	20	60	∞
1	4052	4.999	5403	5625	5764	5859	5928	5982	6022	6056	6106	6157	6209	6313	6366
2	98.50	99.00	99.17	99.25	99.30	99.33	99.36	99.37	99.39	99.40	99.42	99.43	99.45	99.48	99.50
3	34.12	30.82	29.46	28.71	28.24	27.91	27.67	27.49	27.35	27.23	27.05	26.87	26.69	26.32	26.13
4	21.20	18.00	16.69	15.98	15.52	15.21	14.98	14.80	14.66	14.55	14.37	14.20	14.02	13.65	13.46
5	16.26	13.27	12.06	11.39	10.97	10.67	10.46	10.29	10.16	10.05	9.89	9.72	9.55	9.20	9.02
6	13.75	10.92	9.78	9.15	8.75	8.47	8.26	8.10	7.98	7.87	7.72	7.56	7.40	7.06	6.88
7	12.25	9.55	8.45	7.85	7.46	7.19	6.99	6.84	6.72	6.62	6.47	6.31	6.16	5.82	5.65
8	11.26	8.65	7.59	7.01	6.63	6.37	6.18	6.03	5.91	5.81	5.67	5.52	5.36	5.03	4.86
9	10.56	8.02	6.99	6.42	6.06	5.80	5.61	5.47	5.35	5.26	5.11	4.96	4.81	4.48	4.31
10	10.04	7.56	6.55	5.99	5.64	5.39	5.20	5.06	4.94	4.85	4.71	4.56	4.41	4.08	3.91
11	9.65	7.21	6.22	5.67	5.32	5.07	4.89	4.74	4.63	4.54	4.40	4.25	4.10	3.78	3.60
12	9.33	6.93	5.95	5.41	5.06	4.82	4.64	4.50	4.39	4.30	4.16	4.01	3.86	3.54	3.36
13	9.07	6.70	5.74	5.21	4.86	4.62	4.44	4.30	4.19	4.10	3.96	3.82	3.66	3.34	3.17
14	8.86	6.51	5.56	5.04	4.69	4.46	4.28	4.14	4.03	3.94	3.80	3.66	3.51	3.18	3.00
15	8.68	6.36	5.42	4.89	4.56	4.32	4.14	4.00	3.89	3.80	3.67	3.52	3.37	3.05	2.87
16	8.53	6.23	5.29	4.77	4.44	4.20	4.03	3.89	3.78	3.69	3.55	3.41	3.26	2.93	2.75
17	8.40	6.11	5.18	4.67	4.34	4.10	3.93	3.79	3.68	3.59	3.46	3.31	3.16	2.83	2.65
18	8.29	6.01	5.09	4.58	4.25	4.01	3.84	3.71	3.60	3.51	3.37	3.23	3.08	2.75	2.57
19	8.18	5.93	5.01	4.50	4.17	3.94	3.77	3.63	3.52	3.43	3.30	3.15	3.00	2.67	2.49
20	8.10	5.85	4.94	4.43	4.10	3.87	3.70	3.56	3.46	3.37	3.23	3.09	2.94	2.61	2.42
21	8.02	5.78	4.67	4.37	4.04	3.81	3.64	3.51	3.40	3.31	3.17	3.03	2.88	2.55	2.36
22	7.95	5.72	4.62	4.31	3.99	3.76	3.59	3.45	3.35	3.26	3.12	2.98	2.83	2.50	2.31
23	7.88	5.66	4.76	4.26	3.94	3.71	3.54	3.41	3.30	3.21	3.07	2.93	2.78	2.45	2.26
24	7.82	5.61	4.72	4.22	3.90	3.67	3.50	3.36	3.26	3.17	3.03	2.89	2.74	2.40	2.21
25	7.77	5.57	4.68	4.18	3.85	3.63	3.46	3.32	3.22	3.13	2.99	2.85	2.70	2.36	2.17
30	7.56	5.39	4.51	4.02	3.70	3.47	3.30	3.17	3.07	2.98	2.84	2.70	2.55	2.21	2.01
40	7.31	5.18	4.31	3.83	3.51	3.29	3.12	2.99	2.89	2.80	2.66	2.52	2.37	2.02	1.80
60	7.08	4.98	4.13	3.65	3.34	3.12	2.95	2.82	2.72	2.63	2.50	2.35	2.20	1.84	1.60
120	6.85	4.79	3.95	3.48	3.17	2.96	2.79	2.66	2.56	2.47	2.34	2.19	2.03	1.66	1.38
∞	6.63	4.61	3.78	3.32	3.02	2.80	2.64	2.51	2.41	2.32	2.18	2.04	1.88	1.47	1.00

附录三　相关系数 *R* 检验临界值表

附表 3-1

自由度 $f=n-p-1$	5%水平 变量总数（$P+1$）				1%水平 变量总数（$P+1$）			
	2	3	4	5	2	3	4	5
1	0.997	0.999	0.999	0.999	1.000	1.000	1.000	1.000
2	0.950	0.975	0.983	0.987	0.990	0.995	0.997	0.998
3	0.878	0.930	0.950	0.961	0.959	0.976	0.983	0.987
4	0.811	0.881	0.912	0.930	0.917	0.949	0.962	0.970
5	0.754	0.836	0.874	0.898	0.874	0.917	0.937	0.949
6	0.707	0.795	0.839	0.867	0.834	0.886	0.911	0.927
7	0.666	0.758	0.807	0.838	0.798	0.855	0.885	0.904
8	0.632	0.726	0.777	0.811	0.765	0.827	0.860	0.882
9	0.602	0.697	0.750	0.786	0.735	0.800	0.836	0.861
10	0.576	0.671	0.726	0.763	0.708	0.776	0.814	0.840
11	0.553	0.648	0.703	0.741	0.684	0.753	0.793	0.821
12	0.532	0.627	0.683	0.722	0.661	0.732	0.773	0.802
13	0.514	0.608	0.664	0.703	0.641	0.712	0.755	0.785
14	0.497	0.590	0.646	0.686	0.623	0.694	0.737	0.768
15	0.482	0.574	0.630	0.670	0.606	0.677	0.721	0.752
16	0.468	0.559	0.615	0.655	0.590	0.662	0.706	0.738
17	0.456	0.545	0.601	0.641	0.575	0.647	0.691	0.724
18	0.444	0.532	0.587	0.628	0.561	0.633	0.678	0.710
19	0.433	0.520	0.575	0.615	0.549	0.620	0.665	0.698
20	0.423	0.509	0.563	0.604	0.537	0.603	0.652	0.685
21	0.413	0.498	0.552	0.592	0.526	0.596	0.641	0.674
22	0.404	0.488	0.542	0.582	0.515	0.585	0.630	0.663
23	0.396	0.479	0.532	0.572	0.505	0.574	0.619	0.652
24	0.388	0.470	0.523	0.562	0.496	0.565	0.609	0.642
25	0.381	0.462	0.514	0.553	0.487	0.555	0.600	0.633
26	0.374	0.454	0.506	0.545	0.478	0.546	0.530	0.626
27	0.367	0.446	0.498	0.536	0.470	0.538	0.582	0.615
28	0.361	0.439	0.490	0.529	0.463	0.530	0.573	0.603
29	0.355	0.432	0.482	0.521	0.456	0.522	0.565	0.598
30	0.349	0.426	0.475	0.514	0.449	0.514	0.558	0.591

续表

自由度 $f=n-p-1$	5%水平 变量总数（$P+1$）				1%水平 变量总数（$P+1$）			
	2	3	4	5	2	3	4	5
35	0.325	0.397	0.445	0.482	0.418	0.481	0.528	0.556
40	0.304	0.373	0.419	0.455	0.393	0.454	0.494	0.526
45	0.288	0.358	0.397	0.432	0.372	0.430	0.470	0.501
50	0.273	0.336	0.379	0.412	0.354	0.410	0.449	0.479
60	0.250	0.308	0.348	0.380	0.325	0.377	0.414	0.442
70	0.232	0.286	0.324	0.354	0.302	0.351	0.386	0.413
80	0.217	0.269	0.304	0.332	0.233	0.330	0.362	0.389
90	0.205	0.254	0.288	0.315	0.267	0.312	0.343	0.368
100	0.195	0.241	0.274	0.300	0.251	0.297	0.327	0.351
125	0.174	0.216	0.246	0.269	0.228	0.266	0.294	0.316
150	0.159	0.198	0.225	0.247	0.208	0.244	0.270	0.290
200	0.138	0.172	0.196	0.215	0.181	0.212	0.234	0.253
300	0.113	0.141	0.160	0.176	0.148	0.174	0.192	0.208
400	0.098	0.122	0.130	0.153	0.128	0.151	0.167	0.180
500	0.088	0.109	0.124	0.137	0.115	0.135	0.150	0.162
1000	0.062	0.077	0.088	0.097	0.108	0.096	0.106	0.115

注：式中 n 为试验总数，P 为自变量个数。

参考文献

1. 蒋聚桂，龚七一．建筑材料实验技术［M］．重庆：重庆建筑工程学院讲义，1993.
2. 费业泰．误差理论与数据处理（第4版）［M］．北京：机械工业出版社，2001.
3. 金宝森，卢智先．材料力学实验［M］．北京：机械工业出版社，2003.
4. 田文玉．建筑材料质量控制与检测［M］．重庆：重庆大学出版社，2006.
5. 韦德骏．材料力学性能与应力测试［M］．长沙：湖南大学出版社，1997.
6. 陈融生，王元发．材料物理性能检验［M］．北京：中国计量出版社，2007.
7. 王吉会等．材料力学性能［M］．天津：天津大学出版社，2006.
8. 蔡中民等．混凝土结构试验与检测技术［M］．北京：机械工业出版社，2005.
9. 吴新璇．混凝土无损检测技术手册［M］．北京：人民交通出版社，2005.
10. 庞超明，秦鸿根等．试验设计与混凝土无损检测技术［M］．北京：中国建材工业出版社，2006.
11. 周克印，周在杞，姚恩涛．建筑工程结构无损检测技术［M］．北京：化学工业出版社，2006.
12. 王育平，边力，滕桂荣等．材料力学实验［M］．北京：北京航空航天大学出版社，2004.
13. 钱士强．材料检验［M］．上海：上海交通大学出版社，2007.